智能建造新技术新产品

创新服务典型案例集（第一批）

（下册）

智能建造新技术新产品创新服务典型案例集（第一批）编写委员会
组织编写

中国建筑工业出版社

目　　录

建筑产业互联网平台
典型案例

基于 BIM-GIS 的城市轨道交通工程
产业互联网平台

北京市轨道交通建设管理有限公司
北京市轨道交通设计研究院有限公司

一、基本情况

（一）案例简介

基于 BIM-GIS 的城市轨道交通工程产业互联网平台，通过对线路各类 BIM 模型（建筑物、地质、市政管线、轨道交通等）及业务数据在 GIS 环境下轻量化及组织处理，实现模型数据统一集成和动态调度组织。平台功能服务轨道交通规划设计、前期工程、进度控制、风险管控、安全质量、联调联试、数字资产移交、设备资产智能运维等全周期管理，辅助建设管理从"二维平面化"向"三维立体化"升级，提升智慧建造水平及管理能力（图1）。

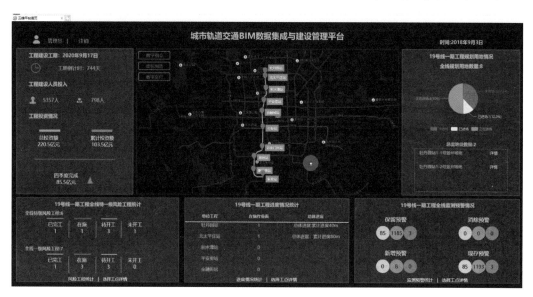

图 1　基于 BIM-GIS 的城市轨道交通工程产业互联网平台

（二）申报单位简介

北京市轨道交通建设管理有限公司于 2003 年 11 月成立，是北京市负责组织城市轨道交通建设的专业管理公司，负责轨道交通新建线路的初步设计；施工设计、施工队伍、车辆设备的招标、评标和决标；组织轨道交通新建线路的土建结构、建筑装修、设备安装工程及相应市政配套工程的实施；组织轨道交通新建线路的系统调试、开通、验收直至交付试运营全过程的建设管理。

北京市轨道交通设计研究院有限公司成立于 2012 年 11 月，在城市轨道交通快速发展的背景下，为满足城市轨道网络化建设运营需要，实现网络化资源共享，提高网络运行效率而组建的研究型设计院。业务范围涵盖轨道交通设计、网络总体设计咨询、BIM 信息技术研发、人防工程总承包和系统集成研发五大业务板块，以高标准的专业资质能力引领高质量的技术创新。

二、案例应用场景和技术产品特点

（一）技术方案要点

基于 BIM-GIS 的城市轨道交通工程产业互联网平台围绕"以数据信息管理为核心、以优化管理理念为根本、以信息化开发为依托、以全生命期应用为目标"的总体工作目标，在项目的实施过程中，以建设三维数字轨道交通数据库为主线，采用数据采集、管理、服务、应用成体系性分离的构架思想（图 2），实现多样数据采集的标准化、数据入库及管理的规范化、服务的智能化、应用的实效化。

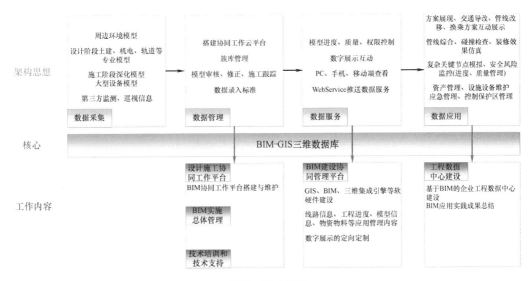

图 2　技术架构

依托全过程的管理平台保证数据的传递和共享符合工程建设应用要求，同时，依托工作开展建立创新型工作体系，保障全生命期各阶段、各参建单位的 BIM 协同、共享、数据传递。

（二）关键技术和创新点

1. 轨道交通工程进度智能采集与分析。地铁施工复杂多变，一般每个月进行进度计划布置。平台实现进度计划管理，对线性构件进行合理的粒度划分，满足日工作计划的可视化与管控。

2. 轨道交通工程风险数据实时采集与风险识别。平台结合 BIM 技术三维可视化以及 GIS 技术大场景真实再现的特点，优化工程信息、监测点位置、监测信息等数据的显示，实现在系统上分层次、动态展示安全风险监测信息。通过设定风险源影响的空间范围，结合工程的进度、工况等动态信息，可以对重点关注的问题及范围突出显示，并实时提醒。

3. 轨道交通工程隐患排查过程实时采集。建立完善的隐患排查制度，全面总结归纳隐患清单，充分发挥全员参与现场管理的作用，依靠安全巡查管理制度和隐患清单，由巡查人员和项目部管理人员进行现场巡查，对现场安全隐患问题进行拍照、描述、上传；将整改、返工等信息发送给对应的管理人，系统将自动提醒其整改期限；整改完毕后拍照、描述、上传，并提醒问题发起人审核，最终实现现场安全、质量隐患问题的闭环管理。

4. 轨道交通工程质量控制采集与管理。将施工过程中的质量信息上传平台并关联三维模型，实现对信息的保存与追踪；对质量问题进行上报和整改监控，实现质量问题的整改闭环，避免缺漏等；对主要质量步序进行卡控，监督施工过程中可能出现的问题。

5. 施工现场人员与机械实时定位。通过在基坑周边布设信号基站，在腰梁、塔式起重机等已建成结构物上布设 Beacon 节点，以及施工人员、作业机械佩戴的 RFID 标签，由此形成一个闭合的网络系统，通过虚拟场景中定义的安全风险区域，实现在真实环境下对安全隐患的预警、降低安全事故发生概率。

6. 基于群智能的通风空调管控。通过底层的设备数据接口的深度开发以及上层 BIM 可视化场景应用交互，突破软硬件层面的若干关键技术，实现从"只监不控"到"既监又控"，形成完全自主化的软件产品，可实现多场景高效运行和一键开关机。系统融合设备监控、通风空调系统风水联动控制、故障报警、节能分析、环境监控等功能，能够进行数据积累和统计分析，为智能运维提供数据基础。

（三）产品特点与优势

目前，现有 BIM 工程项目管理平台存在以下问题：

一是适用于工业和民用建筑领域，在城市轨道交通领域缺乏相应的设计、施工管理经验；二是轻量化处理的效率不佳，导致在性能普通的电脑上无法有效运行，推广程度低；三是未解决建设全过程中数据标准统一问题，各环节存在数据标准不一致、模型粒度不统一、各模块之间存在数据孤岛等问题；四是未有效解决行业内普遍关注的数字资产移交问题。

本平台与上述平台对比有以下特点：一是国内开发适用于城市轨道交通施工管理应用的 BIM-GIS 数据库平台；二是形成一套基于 BIM 模型、以分项工程标准化管理为目标的进度、质量及安全管理方法；三是将物联网技术、移动互联网、大数据技术应用于城市轨道交通现场质量采集、分析、追溯；四是将图像识别、增强现实、激光扫描等多种技术应用于 BIM 模型和施工现状的比对，辅助质量验收；五是将进度的智能采集与风险源的动态管理相结合，实现风险工程的动态提示与管理，补充既有安全风险管理体系；六是兼容性与数据承载能力强，支持 rvt、dgn、dwg、3ds 等多种格式数据；七是模型无损轻量化技术，具有很强的数据承载能力；八是支持设备资产的编码内置，基于 BIM 的正向数字资产移交与智能运营。

（四）应用场景

基于 BIM-GIS 的城市轨道交通工程产业互联网平台适用于建筑工程建设全过程各环节，目前主要在城市轨道交通工程、枢纽工程、民航运输工程等不同类型的工程项目建设管理中应用，受地域、规模、环境等因素影响小。

三、案例实施情况

北京地铁 19 号线一期工程线路穿越中心城区，多次下穿既有线路，途经道路狭窄、管线密集地区，线路埋深大，风险性高；工程施工作业面多、工程量大、工期以及施工场地紧张，整体部署、资源调配及项目管理难度大。平台将 BIM 技术与工程自身特性相结合，着力解决城市轨道交通建设过程中的技术与管理难题。

（一）实施模式

北京城市轨道交通由业主单位总牵头；BIM 总体单位统一 BIM 应用标准、搭建管理平台，过程实施总体管理；BIM 实施方（勘察、设计、施工、设备供应、第三方检测等单位）落实 BIM 技术应用。

（二）实施过程及重点措施

以"落实 BIM 的工具属性，保障信息时效性和'图—模—建'一致性，发挥 BIM 工作先导性和实用性，提高各方参与度"为重点，从技术体系和管理体系两大方面进行重点落实，统一创建和应用标准，统一软件平台，明确工作机制与工作流程，集中开展构件库建设，总体把控数据采集、管理和应用，最终实现全线的数字化移交。

1. 规划设计阶段

以"图模同步提交"为管理手段，保证数据采集的及时性（图 3）。平台研发轻量化插件优化模型数据，以及网页端数据集成平台及运行插件，最终实现全线、全专业、全过程模型数据的快速准确集成。

图 3　数据集成

在设计过程中实施协同管理，包括对技术资料及信息的有效采集与管理，对文件版本进行合理控制，保障 BIM 模型和图纸等数据的有效性、唯一性、完整性、及时性，保证工点 BIM 模型方便、实时的浏览、查阅与审核（图 4）。

图 4　设计协同功能

2. 施工实施阶段

致力形成以模型数据为基础、进度管理为主线、安全质量风险为重点、投资控制为目标、管理平台为工具的基于BIM的创新管理体系，以实现施工全过程的三维化和数字化管理为方向，并为后期工程移交整合过程数据。

基于"一张图"全面掌控工程建设过程，集成方案数据，施工现场看得见，进度状态控得住，安全质量摸得清，风险状态可监控，竣工移交数字化（图5）。

图 5　数据集成平台页面图示

进度管理方面，在平台中通过三维模型所展现的形象进度，对于情况复杂的施工竖井横通道、暗挖车站，工作难度很大，施工工艺转换频繁，形象进度的变化会导致每一施工工艺下的工程量都跟着变化，计划人员编制修改工作量很大，通过平台相关功能开发，能够切实减少工作量，提高工作效率。

基于三维形象进度，根据公司节点计划和施工流程、步序建立集成模型数据，导入施工计划，定期自动形成施工进度报表，统计形象进度、投资完成情况数据，并与施工计划进行分析，具备计划模型加载和施工模型加载的动态切换，满足于公司层级至项目层级的工程进度管理和工程建设调度会的需求（图 6）。

风险管理方面，按照设计图纸完成测点布设模型及摄像头布置模型，模型与现场保持一致；集成后的模型数据包含环境风险模型、自身风险模型、监测点模型、摄像头模型四部分。其中，监测管理与轨道公司安控中心的风险平台已实现风险监测数据及监测预警数据的实时对接（图 7）。

图 6　工程进度模拟　　　　　　　　图 7　风险管理

为 BIM 土建施工阶段的工程量计算工作提供标准化的 BIM 工作方法（图 8），避免因各方标准不统一而导致工作交接的误解和构件工程量信息丢失，减少变更与返工，最大限度地保证工程量提取的准确性，严格参照《建设工程工程量清单计价规范》GB 50500—2013，平台开发计量清单模板。

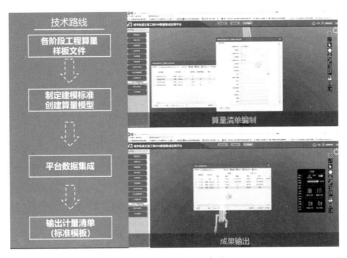

图 8　平台计量功能

3. 竣工交付阶段

实现 BIM 与竣工验收相结合，实现基于 BIM 的竣工验收全过程数据的采集、集成、归档，在设施设备 BIM 族库基础上，完善资产编码、设备编号等信息，保证数据的可追溯性，为后期运维提供数据服务（图 9）。

基于设施设备资产清册，满足财务、维修、资产管理的需求，搭建"固定资产管理"子系统，实现资产从注册登记、盘点、变更、资产拆分组合、调拨直至报废的全生命周期管理，实现可视化、数字化、精细化管理。

基于 BIM 的数字化特性（直观的空间位置、拓扑结构、完整的属性信息）、集成化特性（外部系统和物联网传感器），结合建设期的 BIM 技术应用，打造国内城市轨道交通数字化样板工程。

图 9　资产可视化全过程管理

4. 运营维护阶段

实现基于 BIM 的资产管理，进行设备运行状态的监测与空间管理，通过电子标签、物联网传感器、系统接口等多种手段，集成设施设备的实时运行数据，进行数据分析和设施设备运维监控，实现运维精细化、可视化、智能化管理（图 10）。

图 10　数据集成与运营管理

四、应用成效

通过对基于 BIM-GIS 的城市轨道交通工程产业互联网平台的应用，以三维可视化的方式集成全专业多源异构数据，实现城市轨道交通设计、施工全过程数据的自动采集、多方共享、无损传递和智能分析。提升城市轨道交通系统复杂数据信息的智能化应用水平。结合 BIM 设计技术研究成果，全面突破城市轨道交通大数据建设和应用的成套关键技术，推进自主化的数字城市轨道交通建设，为实现我国城市轨道交通建设的信息化和智慧化奠定坚实基础。

1. 规划设计阶段，平台内嵌了针对勘察、初步设计、施工和设备族模型的审核流程，提供了模型快速传递和审查意见线上留痕途径；减少了线下纸质审核记录单以及模型传递时间，提高参建单位 BIM 工作效率达 50% 以上。

2. 施工管理阶段，平台实现在 Web 端、手机端的可视化浏览，能够快速掌握施工过程中隐蔽工程（地质、市政管线、工程自身）的空间位置关系，减少施工现场的管线开挖事故。具备了进度数据、安全风险数据和隐患排查数据的集成能力，可实施获取相关监测、预报警、巡视、视频监控等数据，基于三维场景进行项目管控。

3. 施工深化阶段，利用 BIM 技术优化管线碰撞，设计和施工单位联合解决复杂节点管线排布，发现遗漏系统管线和孔洞预留问题，优化风道隔墙、风阀墙、设备机房布置。以 BIM 模型优化设计、指导机电施工，解决 95% 以上安装空间不足导致的现场问题（变更）及其导致的窝工情况，节省工期、减少投资。

4. 在建设过程积累设施设备的分类编码、设计信息、厂家信息、施工安装信息等，智能输出资产清册，实现基于 BIM 的可视化数字移交，领先于行业内通车后组织施工单位现场集中梳理 1~2 年时间的现状模式。避免了对于隐蔽工程无法及时核验的情况，提高了资产盘点、现场核验等管控能力，为运营阶段开展数字化资产管理、维保管理和智慧车站应用，提供了数据基础。

5. 数据资源积累。平台集中存储轨道交通设备实施模型，向设计单位、施工单位、设备供应商等单位开放使用。为全线网提供统一的构件库资源，满足施工深化模型和数字化交付的需要。通过形成一套完整的资源库平台管理体制，确保资源库的不断更新及充分共享，提升 BIM 技术应用的效率及质量。

执笔人：
北京市轨道交通建设管理有限公司（张志伟、曹伍富）
北京市轨道交通设计研究院有限公司（马矗、王浩任、桑学文）

审核专家：
叶浩文（中建集团，战略研究院特聘研究员）
马智亮（清华大学，土木工程系教授）

"装建云"装配式建筑产业互联网平台

北京和创云筑科技有限公司

一、基本情况

装配式建筑产业信息服务平台（以下简称"装建云"）是由住房和城乡建设部科技与产业化发展中心牵头、北京和创云筑科技有限公司提供技术支撑，联合江苏省住房和城乡建设厅住宅与房地产业促进中心等单位研发的装配式建筑产业互联网平台。装建云依托《建筑工业化发展行业管理与政策机制》《工业化建筑标准化部品库研究》等国家重点研发计划和多个省部级课题成果，利用大数据、人工智能、物联网等新一代信息技术建立了"6+6+6"体系（图1），即6大行业管理类系统、6大产业链企业类系统和6大数据库，能够为装配式建筑策划、设计、生产、施工、监理、运维等全产业链提供系统解决方案。

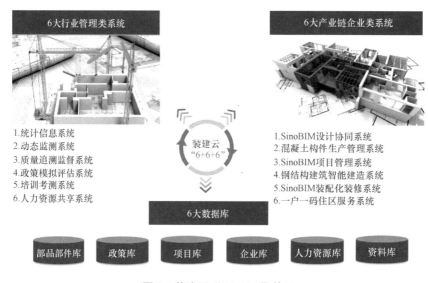

图 1 装建云"6+6+6"体系

二、案例应用场景和技术产品特点

（一）技术方案要点

1. 装建云将行业管理和产业链企业应用有机结合。6大行业管理类系统包括统计信息系统、动态监测系统、质量追溯监督系统、政策模拟评估系统、培训考测系统和人力资源共享系统。6大产业链企业类系统包括 SinoBIM 设计协同系统、混凝土构件生产管理系统、SinoBIM 项目管理系统、钢结构建筑智能建造系统、SinoBIM 装配化装修系统和一户一码住区服务系统（图 2）。

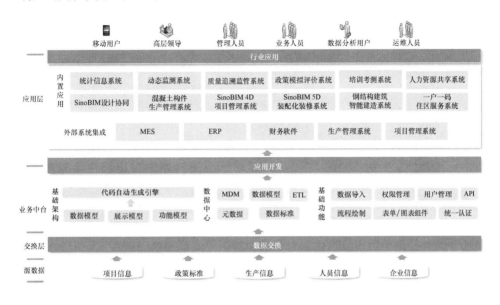

图 2　装建云架构图

2. "一模到底"。可用于全产业链 BIM 的设计、生产、施工、运维等，做到同一模型全过程流转，适合建筑全生命周期线上数据同步线下流程的全过程打通及交互式应用。

3. 跨区域、跨企业、跨部门的软件服务模式。装建云便于全产业链企业间数据共享，打破企业间信息壁垒，便于整合各企业各环节的离散数据，融合设计、生产、施工、管理和控制等要素，通过工业化、信息化、数字化和智能化的集成建造和数据互通，辅助智能建造。

4. 可进行个性化定制。装建云提供基于模型驱动架构的无代码开发平台，可快速高效进行个性化定制，为行业主管部门和全产业链企业提供全面软件应用服务和信息化解决方案。并可通过快速开发工具，为产业链企业研发个性化需求的生产管理和项目管理系统。

5. 装配工具有助于"正向设计"。引导装配式建筑的标准化，引导部品部件的系列化和通用化，便于"少规格、多组合"的正向设计。针对不同的技术体系特点，提供具有不同使用功能、不同安装条件的标准连接件 BIM 模型。

（二）关键技术经济指标

装建云可为混凝土构件生产企业节约策划及制造时间 35%、减少在制品滞留数量 32%、提升多部门协同效率 65%、减少统计人员工作量 90%、无纸化办公降低耗材 80%、提高制造效率 22%，构件质量达标率 99% 以上。

装建云是施工单位优化方案和设计交底的有效工具，有助于节约人工、机械费用等。如大连绿城诚园项目通过装建云应用，节约人工成本约 240 万元、机械费用约 200 万元，系统方案优化节省约 300 万元。

（三）创新点

1. 研发具有自主产权三维造型和约束求解内核的 SinoBIM 协同设计系统。该系统可采用浏览器直接建模的方式进行部品部件建模，基于装建云部品部件库进行"正向设计"，快速形成多方案建筑设计；可支持 Windows、Linux、iOS、Andriod、鸿蒙等操作系统；可支持 PC 机、平板电脑、手机等设备，实现多专业、多主体的跨操作系统、跨终端、跨区域使用。

2. 三维模型高效轻量化引擎。使用并行计算、mash 面简化、同类组件合并、数模分离等技术，实现建筑数据在云端的互联互通，提高设计信息在建筑各环节的传输效率和信息准确率，实现从设计到建造一体化互联互通和"数字孪生"。并可兼容常用模型格式，如 Revit、Tekla、Sketchup 等。

3. 基于 BIM 的全过程应用。在部品部件建模初期，即将部品部件数据按照过程分为生产特征、装配特征、管理特征等数据，为部品部件的生产设备提供数据接口、为施工阶段的自动化装配、为运维管理提供基于三维模型的数据支撑。

4. 基于自主知识产权的无代码开发平台。该平台可快速响应多类主体个性化需求，具有先进的标准功能模块和个性柔性定制融合度（图3）。

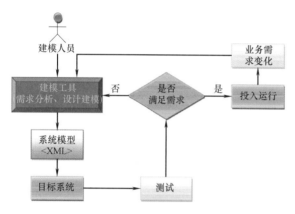

图3　无代码开发平台开发流程

（四）与国内外同类先进技术的比较

1. 与普通信息化平台相比，装建云针对装配式建筑提供行业管理和全产业链企业有机结合的产业互联网。

2. SinoBIM 协同设计系统，研发完成完全自主知识产权的造型内核和三维约束求解器，解决了"卡脖子"难题。

3. 混凝土构件生产管理系统、SinoBIM 项目管理系统、装配式建筑部品部件库、钢结构建筑智能建造系统等经过大量企业实际应用和多轮迭代，达到"易用、好用、管用"。

（五）市场应用总体情况

截至 2021 年 9 月，装建云注册企业 1405 家，包含建设单位、生产单位、施工单位、设计单位和监理单位，分布于全国 26 个省市；涵盖 822 个装配式建筑项目，4532 个单体工程，14570064 条构件生产、检验、入库、运输、吊装等信息。

三、案例实施情况

（一）6 大行业管理类系统及案例实施情况

第一，统计信息系统已有主要省市 4 年的装配式建筑相关信息，可对装配式建筑产业链数据深度整合、挖掘，形成统一的数据视图，进行多维度的数据查询和分析，为决策提供数据支撑。第二，动态监测系统已在长沙、南京、南昌、天津等地持续使用，成为地方住房和城乡建设主管部门管理装配式建筑的重要工具。第三，质量追溯监督系统追溯项目已达 822 个，单体工程 4532 个。第四，政策模拟评估系统已对北京、深圳、南京、沈阳、济南、唐山、常州 7 市 9 类政策的协同效应进行了模拟评估。第五，培训考测系统已培训装配式建筑人才 51899 人。第六，人力资源共享系统初步积累装配式建筑人力资源数据，自动对从业人员绘制人员画像。篇幅所限，拟以南京市江宁区为例介绍动态监测系统和质量追溯监督系统的应用情况（图 4）。

图 4　江宁区动态监测系统应用

　　江宁区从 2018 年试点应用装建云，作为全区引导装配式建筑及其产业发展的数据支撑。2021 年 1～9 月动态监测数据如下：一是动态监测 244 个装配式建筑项目。二是监测辖区内 215 家装配式建筑相关企业。三是通过装配率计算工具对 1843 个单体工程进行装配率计算并上报。四是碳排放概算。基于 BIM 模型和装建云构件生产碳排放因子和运输碳排放因子库进行估算，通过装配式建筑替代传统现浇建筑，2021 年前 9 个月江宁区减少碳排放约 40 万吨。五是对 244 个项目的 1223815 个预制构件进行了赋码和全过程全产业链追溯，以倒逼机制保障了装配式建筑质量，并形成了构件生产企业的诚信数据。六是对供应江宁区的 176 家混凝土构件生产企业进行系统评价。七是通过系统进行项目审批、项目装配率核算审查等无纸化办公功能，高效进行业务处理。八是可每月自动生成江宁区装配式建筑月度报告。通过以上举措，江宁区达到了实时监测本辖域内装配式建筑和产业发展情况的目标，高效管理工具和数据支持了江宁区科学决策和产业发展。

（二）6 大产业链企业类系统及案例实施情况

　　6 大产业链企业类系统以部品部件编码和 BIM 贯穿设计、生产、运输、施工、运维全过程。第一，SinoBIM 设计协同系统是基于完全自主知识产权的造型内核和三维约束求解器，江苏省建筑设计研究院、北京交大建筑勘察设计院等多家设计院已率先使用。第二，混凝土构件生产管理系统已在 377 家企业投入运行，支持企业内财务管理和项目管理、生产管理等深度融合。第三，SinoBIM 项目管理系统将项目管理与 BIM 深度集成，已应用于大连绿城、大连移动、青岛中粮创智锦云项目等 30 多个项目。第四，钢结构建

筑智能建造系统包含基于 BIM 的钢结构建筑数字设计、钢构件生产"ERP＋MES"、钢结构建筑项目管理等功能模块，已应用于中川机场、兰州新区瑞岭嘉园等项目。第五，Si-noBIM 装配化装修系统包括快速设计系统，装修部品部件生产管理和施工管理功能模块，北京丁各庄保障房、副中心周转房（北区）、昆泰、华润公寓和南京健康城、浙江海盐君悦广场等 35 个项目。第六，一户一码住区服务系统为每栋楼、每户提供数字身份证和建筑（住房）详细档案，已应用于山东高速绿城蘭园等项目。

下面以江西省抚州市西津家园项目为例简要介绍。西津家园项目采用装配式整体式现浇剪力墙结构和装配式装修，装配率为 62％，在构件生产、项目主体施工及装饰装修阶段应用装建云相关系统（图 5）。

图 5　西津家园项目效果图

在设计阶段，西津家园项目选用装建云的部品部件库 BIM 模型，并进行项目建模和设计交底，通过装建云 BIM 轻量化引擎，使设计成果可以在不同的操作系统、不同的使用介质中得以共享。通过部品库颗粒度高的标准化部品参数化模型，缩短了设计时间，降低了设计成本。同时通过协同设计模块，实现生产、施工、运维的前置参与，使设计阶段就可以进行全过程的模拟预验，优化了生产、施工方案。

在生产阶段，玉茗建设集团通过"装建云—混凝土"构件生产管理系统，将项目设计模型自动轻量化，并将项目数据、构件数据进行数模分离，自动生成西津家园项目的构件 BOM、构件的材料 BOM，实现从设计、生产到运输的全过程数据流动和不断丰富。构件数据自动生成项目的材料预算及材料需求计划，并通过系统自动生成采购订单、采购预警等功能，对项目所需材料进行跟踪监控。通过设计阶段轻量化时存储于数据库的构件 BOM，进行生产阶段构件的自动赋码和单件管理。并可直接与施工单位进行交互，随时接收施工单位的要货申请，系统智能排产，管理人员确认后精准生产，准时运输，按时交货（图 6）。

在施工阶段，西津家园项目通过装建云的 SinoBIM 项目管理系统实现了有效管理。SinoBIM 项目管理系统共有 16 个模块，包括投标管理、项目立项、招标管理、成本管理、进度管理、施工管理、质量管理、设备管理、安全管理、材料管理、人员（含劳务）管理、合同管理、分包管理、资料管理、增值税管理、环境管理模块，系统对人、机、料、法、环进行了全面的管控，使施工现场更透明，过程管控更及时到位（图 7）。

人：通过装建云的实名制进行考勤，尤其是系统提供的移动闸机功能，为新冠疫情期间避免人员聚集，起到了很好的效果。移动闸机和实名制管理，通过人脸识别、定位等功能，解决了代打卡问题。装配式建筑人力资源积分体系等功能，确保了西津家园项目施工有序实施。

材：西津家园项目实现了部品部件及材料质量追溯，同时和 BIM 模型进行关联，可以通过模型对构件进行可视化的追溯。同时，装建云提供了材料计划、出入库、库存盘

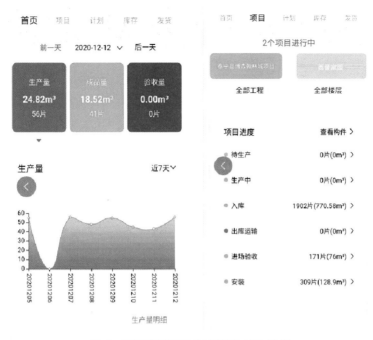

图 6　西津家园项目生产管理 APP 应用

图 7　SinoBIM 项目管理系统功能模块

点、材料检验、试块的报告等功能，将工地现场的材料及材料相关的资料进行了很好的分类及管理（图 8）。

　　机：通过装建云将西津家园项目施工现场机械设备分为特种设备、大型机械、小型机械、智能设备四类，根据不同类型设备的管理特点，分别建立状态监测和预警机制。通过设置预警时间，保证设备安全运转。

　　西津家园项目通过装建云实现了整体的提质增效。从质量上看，现场预制构件安装全过程质量追溯 100％监控；项目检查整改完成率提高 40％。从安全上看，塔式起重机平均每日吊次提高 25％，作业塔机事故"0"发生；现场安全隐患发生率下降 40％，有效节约项目人力管理成本 25％；现场临边防护事故"0"发生，节约项目安全巡查管理成本 30％。从人员上看，培养教育近千名高素质装配式建筑产业施工人员；工人考勤率达到 100％，劳务纠纷"0"发生。

图8　西津家园项目构件扫码展示

四、应用成效

（一）有利于装配式建筑相关部门加强行业管理

装建云为装配式建筑相关部门提供了有针对性的高效管理工具和数据支撑，有助于装配式建筑项目和产业健康有序发展。动态监测系统在长沙、南京、南昌、天津等地持续使用；政策模拟评估系统对北京、深圳、南京、沈阳、济南、唐山、常州7市进行9类政策的协同效应模拟评估；装建云装配率计算、碳排放因子测算等功能，可协助各地引导投资方和设计单位，在项目策划和设计阶段，进行多方案装配率测算、碳排放概算，通过多维度权衡和比选，引导装配式建筑绿色低碳发展。

（二）赋能企业数字化、智能化转型升级

装建云为装配式建筑企业提供产业互联网平台。通过跨系统、跨企业信息互通，为解决企业间信息壁垒，解决企业内信息孤岛提供了解决方案。如装建云 SinoBIM 设计协同系统，一方面解决了"卡脖子"问题，另一方面又可解决各阶段各企业各自建模、信息孤岛、模型信息利用率低等问题，引导装配式建筑项目设计模型、施工模型、运维模型"一模到底"。

（三）行业提供知识服务

已构建6大数据库，包括部品部件库、政策库、项目库、企业库、人力资源库、资料

库。部品部件库含装配式混凝土结构、钢结构、木结构、装饰装修、设备管线、拆装式建筑的部品部件 BIM 模型，已有 11553 个参数化模型供项目和企业使用。项目库项目信息包括项目五方责任主体、单体装配率、单体工程数、建筑面积、所在位置、项目进度、部品部件使用情况、构件生产厂家等。 《装配式建筑部品部件分类和编码标准》T/CCES14—2020、《预制混凝土构件生产企业评价标准》《装配式建筑预制构件碳排放计量》等标准要求已内置于装建云，已为 822 个装配式建筑项目的部品部件进行了赋码，对 372 家混凝土构件生产企业进行了试评价。

（四）有利于加强装配式建筑行业人才培养

装建云平台培训考测系统与人力资源共享系统为装配式建筑项目管理人员、产业工人提供线上学习资源，已编写装配式建筑系列教材，服务学校 232 所，线上培训 5.2 万人，累计学习时长 24 万余小时。人力资源共享系统完成在线订单任务 1.3 万个，进行人力资源考核 2.5 万人次，可根据培训考测、项目信息、管理系统工作记录、论文发表等多维度信息进行人员画像。

执笔人：
北京和创云筑科技有限公司（刘云龙、王乐帅、李云华、刘焕柱、霍文婷）

审核专家：
叶浩文（中建集团，战略研究院特聘研究员）
马智亮（清华大学，土木工程系教授）

"筑享云"建筑产业互联网平台

三一筑工科技股份有限公司

一、基本情况

(一) 案例简介

"筑享云"建筑产业互联网平台（以下简称"'筑享云'平台"）依托树根互联的工业互联网技术，打造了项目"全周期、全角色、全要素"的在线协同平台，可以为智能建造提供数字化整体解决方案。平台包含项目计划管理、深化设计管理、构件生产管理、现场施工管理、BIM数字孪生交付5个核心模块，支持用户进行平台策划、定制化设计、数字工厂自动化生产、数字工地智能化施工、一件一码孪生交付及数据化运营，有利于实现建筑产业链的互联互通（图1）。

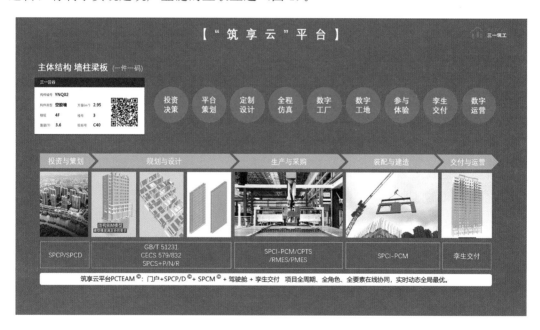

图 1　平台业务蓝图

(二) 申报企业简介

三一筑工科技股份有限公司创立于2016年，是三一集团全资子公司，致力于把建筑工业化，定位于数字科技驱动的建筑工业化公司。主要业务有装备研发与销售、结构体系研发、构件生产与销售、示范工程、互联网平台建设。

二、技术产品特点及应用场景

(一) 技术方案要点

平台在树根互联工业互联网平台的基础上，全面梳理装配式建筑的核心流程和关键场景，定义并设计为建筑工业化赋能的核心数字化产品，通过整合集成业内优秀软件应用，形成三一筑工数字化平台的整体技术架构（图2），支撑项目全周期、全角色、全要素的在线协同，实时动态全局最优。

图 2　平台技术架构

(二) 产品技术特点及创新优势

1. 基于物联网的装配式建筑行业应用

集成树根互联的物联网平台和工业互联网技术，对装配式建筑场景中的设备进行实时监控与算法分析（图3）。如跟踪采集分析现场视频数据，智能抓拍并警示不规范作业行为；统计分析工厂和工地水、电、燃气等能源消耗数据，制定节能策略，助力实现"双碳"战略目标；机械设备之间互连互通，设备作业时长和运行效率得以线上化呈现与统计；环境监测设备动态记录空气质量、粉尘、噪声、温度、湿度等环境指数，有针对性地改善施工条件。

2. 一件一码的构件全生命周期管理

平台启用一件一码标准化构件管理（图4），构件的唯一编码贯穿设计图纸、销售订单、生产计划、构件生产、质量检验、堆场发运、施工吊装、阶段验收等环节，实现构件全生命周期的数字化交付。采用二维码和RFID技术，提高构件的信息采集效率。据统计，工厂排产、质检、发运等环节的作业效率提升1倍以上，效果显著。

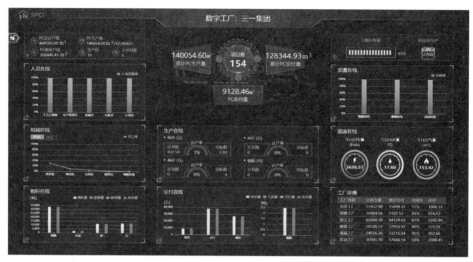

图 3　数字工厂驾驶舱

图 4　构件一件一码卡片

3. BIM 连通制造和施工

基于自主可控的 BIM 技术，平台提供装配式建筑设计的自动拆分、快速优化、合规计算、智能优化，一键输出三维模型、构件图纸、构件清单和物料清单。平台让设计工作更轻松，同时，提升了物料需求统计、BIM 施工模拟的工作效率。

4. 数据驱动生产

基于平台的构件生产流程（图 5），支持以数据驱动生产，融合混凝土预制技术、物联网技术、工业 4.0 思想，采用数字化、信息化的智能设备，严格按照 JIT（Just In Time）生产模式，实现混凝土构件从 BIM 图纸到成品的高效自动解析转化，提高了建筑标准化部品产线的自动化和智能化程度（图 5）。

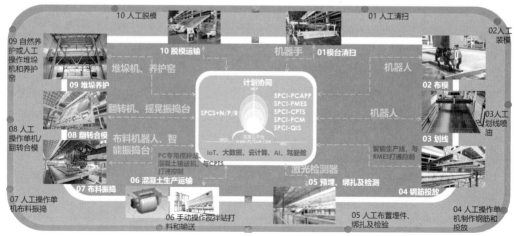

图 5　基于平台的构件生产流程

5. 工厂和工地紧密协同

平台围绕构件的吊装施工过程，打通构件生产管理数据，在工地和工厂之间进行要货协同，可以跟踪运输车辆轨迹，自动触发车辆出发与到达提醒，方便安排现场施工。吊装员扫描构件二维码，基于数字化图纸进行安装定位，利用物联网设备实现一件一码施工记录，大幅提升构件生产和吊装施工的协同能力和效率。

（三）应用场景介绍

平台借助工业互联网、物联网、卫星导航定位、数字孪生、云计算、大数据分析应用等技术，发挥软硬件的组合优势，以实际应用场景为落脚点，对业主方、总包方、建筑设计院、构件工厂、施工单位等角色精准赋能，促进高效在线协同。平台覆盖了投资策划、计划运营、深化设计、构件生产制造、吊装施工、孪生交付、数字运营等多种场景的智能化应用。

三、案例实施情况

（一）案例基本信息

天津市国家合成生物技术创新中心核心研发基地项目（以下简称"天津项目"），位于天津市滨海新区，总用地面积 8.4 万 m^2，总建筑面积 17.7 万 m^2（图 6），由中建八局华北分公司承建。四栋新建公寓采用装配式混凝土预制构件，应用面积 2.6 万 m^2。本项目基于"筑享云"平台，进行全流程数字化管理，是典型的平台应用案例。

图 6　天津项目鸟瞰图

平台的数字化技术在天津项目中的应用分为五个方面：项目计划管理、深化设计管理、构件生产管理、现场施工管理、BIM 数字孪生交付。

（二）应用过程

1. 项目计划管理

天津项目应用平台的项目管理模块对项目计划进行编制和反馈，将文档成果与业务工作流程结合，使各参与方紧密联系，真正实现项目全周期、全要素、全角色的在线协同管理（图 7）。具体应用在如下几个方面：

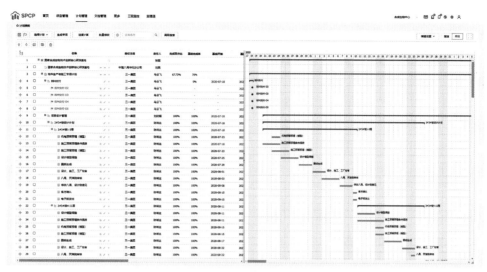

图 7　项目管理模块

（1）计划高效编制及项目建设进度实时共享。总包方编制项目整体计划，构件工厂和吊装施工单位分别编制构件生产和吊装施工专项计划。计划之间建立联动关系，生产计划和施工计划之间形成动态协同的能力。任务负责人每日反馈工作实际进展（图 8），平台将进展分发给相关单位，提高了计划协同效率。

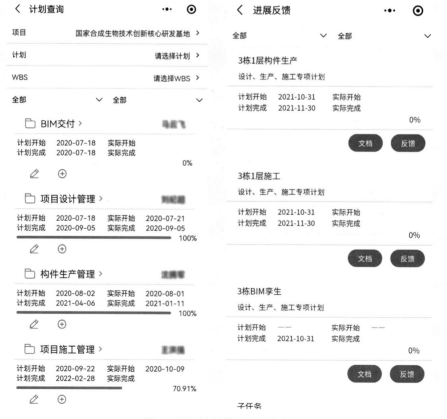

图 8　项目计划管理移动应用

（2）项目数据和文档共享。总包方通过平台将 BIM 模型、构件清单等数据向所有协作单位进行分享，并且在平台上共享图纸、文件等文档资料。施工各方人员通过移动端应用，快速查询共享文件。

（3）全方面提示及预警功能

中建八局通过平台对里程碑、专项计划、任务进行监控，进度发生偏差时预警信息自动推送，提醒相关责任人关注并处理，有效提高了天津项目计划效率和管控能力，计划管理成为项目运营的重要引擎。

2. 深化设计管理

在天津项目中使用平台提供的深化设计工具，进行了模型创建、拆分设计、计算分析、配筋设计、预留预埋设计并输出了设计成果（图 9）。

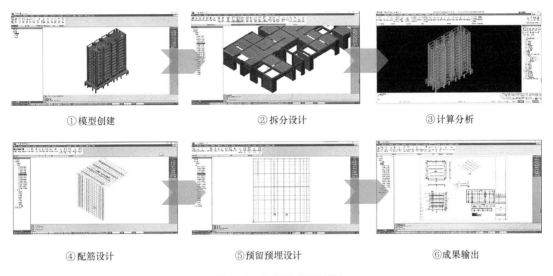

①模型创建　　②拆分设计　　③计算分析

④配筋设计　　⑤预留预埋设计　　⑥成果输出

图 9　深化设计主要流程

设计院通过平台输出了三维模型、构件清单和图纸。吊装施工单位基于三维模型进行施工进度模拟测算，优化工艺工法。构件工厂使用结构化的构件清单和图纸，完成自动化的物料统计和构件供应能力估算。数字化的模型和图纸提升了施工单位和构件工厂的工作效率，降低了整体成本。

天津项目中输出的深化设计数据，同时积累到设计院的成果库中，丰富了深化设计成果案例，为后续的标准化成果选配提供了参考依据。

3. 构件生产管理

天津项目委托三一城建住工（禹城）有限公司（以下简称"禹城工厂"）生产构件，全程应用平台构件生产管理模块，实现构件在排产、生产、质检、堆场、运输的全过程管理（图 10），禹城工厂累计为天津项目供应 4235 片构件。

（1）计划驱动，生产过程可监控

禹城工厂使用平台生产管理模块，针对项目构件清单编制每日生产计划，针对每一个生产环节，通过平台小程序进行检验和记录。生产情况和质量数据通过平台同步分享给天津项目，工厂和工地双方达成生产进度和质量在线跟踪。

图 10　天津项目构件生产管理示意图

（2）一件一码，全程数字孪生

禹城工厂在天津项目上，通过平台进行一件一码的构件管理，用二维码标签绑定每一块构件，数字构件与实体构件连接，实现虚实同步。

（3）数据驱动的自动化生产

禹城工厂在天津项目上，使用平台进行数字化图纸的解析，对生产工序自动排程，通过制造执行系统完成自动划线、拆模、布模、布料、振捣、堆垛、养护、翻转、质检等主要环节（图 11）。生产线各设备智能互联互通，高效协调运行，实现构件生产节拍不大于 8min。

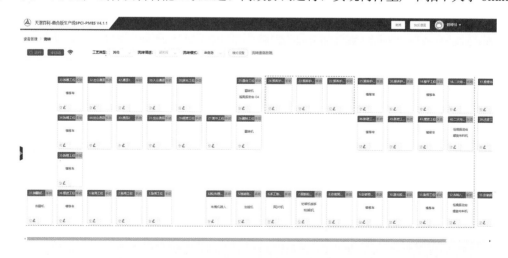

图 11　数据驱动的自动化生产流程

（4）自动报表，掌握工厂动态

天津项目通过平台可查阅生产管理、堆场管理和运输管理的看板数据，更好地掌握构件的生产供应情况，实时掌握工厂动态。

4. 现场施工管理

平台提供的施工管理数字化工具，大幅提高了天津项目现场施工效率。平台可基于单个构件的施工模拟，实现要货协同、进场验收、吊装施工、安装验收等施工全过程管理，实现构件全生命周期追踪溯源与 BIM 孪生交付。

（1）要货协同与运输跟踪

天津项目施工员在每一层构件吊装之前进行要货。禹城工厂实时收到要货信息，根据要货计划安排发货，构件从禹城工厂发出，平台小程序智能识别运输车辆驶离工厂与驶入天津项目现场，自动改变运输单状态并及时通知有关人员。现场施工员实时查看运输车辆运输轨迹，合理安排人员机械准备卸车。当构件运输车辆到达工地附近时，系统自动通知天津项目、禹城工厂双方。施工员收到通知后组织质量、物资人员和监理对构件进行进场验收（图 12）。

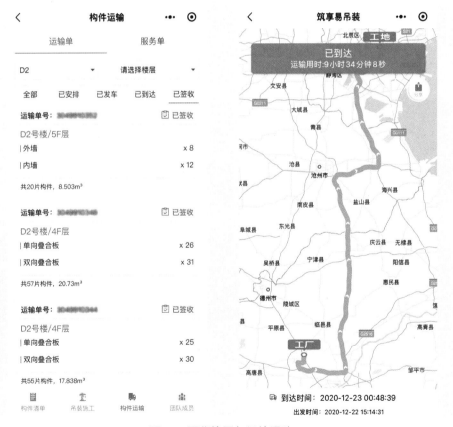

图 12 要货协同与运输跟踪

（2）吊装计划安排

天津项目施工员根据现场施工进度，编排吊装计划。通过微信向吊装队下达吊装计划，根据计划吊装的时间安排施工人员，协调塔式起重机准备吊装（图 13）。

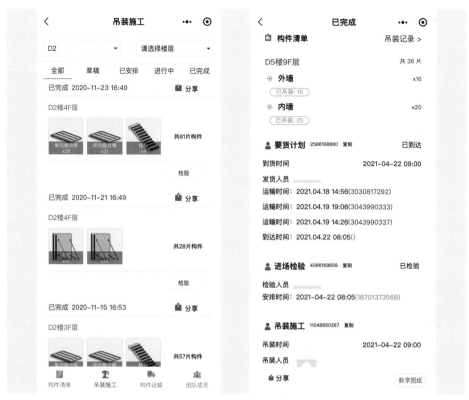

图 13　吊装计划在平台小程序的应用

（3）吊装协同施工

吊装时，吊装人员扫码识别数字图纸（图14），指导楼面施工，直观定位构件待安装的位置。管理人员实时掌握该楼层的构件吊装进度，通过小程序统计吊装用时，不断分析吊装效率，改进吊装流程，减少外部因素的影响，从而逐步提高吊装速度。

图 14　楼面吊装数字化图纸

5. BIM 数字孪生交付

天津项目设计的 BIM 模型与构件生产、运输、施工等环节打通关联，实现了数字孪生交付目标。构件状态实时同步到 BIM 模型（图 15），将模型渲染不同的色彩，管理人员可据此实时掌控施工进度，合理安排工序穿插，提高施工交付效率。

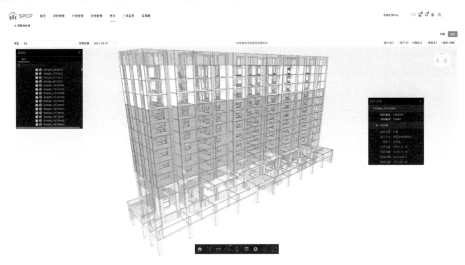

图 15　天津项目 BIM 数字孪生交付

在天津项目的观摩活动中，数字孪生交付成果得到了中建八局和观摩来宾的认可（图 16）。

图 16　天津项目观摩现场

四、应用成效

（一）解决的实际问题

传统建筑行业各阶段数据不互通，各参与方采用自有的软件系统，未基于统一的信息模型进行管理，数据在传递和应用过程中丢失或不对应的情况时有发生，影响整体的工作效率，最终影响构件的生产、施工质量，降低装配式建筑的品质。"筑享云"建筑产业互联网平台，是拥有自主知识产权的系统性软件与数据平台，推进了工业互联网平台在建筑领域的融合应用，为建筑工业化转型和发展提供了解决思路。

1. 提升项目管理协同效率

平台对项目进行跟踪记录，进行全周期的项目计划编制，全角色之间的在线协同，全要素的参与和监控，支持对项目进行全方位、平台化的管控。

2. 设计智能化、标准化

一是国产设计软件。从底层图形引擎到 BIM 平台均采用国产技术，解决被国外软件市场垄断和图形技术"卡脖子"等问题。

二是智能化程度高。软件内置结构体系的设计规则，使预制构件的建模、拆分设计、深化设计、图纸绘制等均可快速完成，有效提高设计效率。

三是数据上下游对接。软件上游可对接传统结构计算分析软件的模型数据，下游可导出对接工厂生产装备的加工数据以及用于生产、施工可视化管理的模型数据。

3. 一件一码管理构件

每块构件分配唯一编码贯穿生命周期，解决了构件生命周期中信息断层、口径不统一的问题。基于一件一码的构件清单，对设计成果、生产计划、质检数据、库存发运、吊装验收进行全过程管理和跟踪，使构件生产过程可控，交付进展可视。有效解决工厂、工地数据统计难、订单流转难、抢生产、堆场乱的痛点。

4. 提升要货、吊装施工协同效率

传统的要货环节通过打电话、发信息等方式进行，沟通与反馈不及时；吊装施工环节通过对讲机、线下图纸等方式进行沟通确认，作业效率低。通过启用平台施工管理模块，工厂和工地双向在线沟通，要货和发运实时跟踪反馈，地上和楼面信息同步，实现吊装过程在线协同，提高了作业效率和施工质量。

(二) 应用效果

平台的数字化产品和功能，在天津项目中得到了广泛的应用。构件生产管理模块，对上承接设计成果，对下提供 JIT 构件交付，累计保障 4235 片构件的按时交付。平台赋能现场施工，实现装配式标准层施工 2～3 天/层，比传统灌浆套筒方式效率提高 1 倍。

纵观装配式建筑产业链，平台支持地产项目同时在线对"人机料法环测"等项目数据的采集与应用。平台累计注册预制混凝土构件工厂近 600 家，累计触达项目 2643 个，月管理构件 60 万片。工厂年总产能提高 42%，人均产能提高 80%，堆场周转率提高 60%，经营资金占用量降低 40%，工地施工效率平均提升 30%。

为更好地向建筑产业赋能，提高产业整体效率，平台放眼未来，积极探索构件工厂联盟和产能共享的模式，打造共享产业链互联网 APP。一方面可以满足客户方的弹性需求，保证构件供应；另一方面通过产能共享，增加工厂获取订单的机会，充分利用闲置产能。通过预制构件共享，对产业链的利益进行再次分配，使整个产业链的经济效益最大化。

执笔人：

三一筑工科技股份有限公司（徐文浩、王路安、刘晓龙、李博群、刘保一）

审核专家：

叶浩文（中建集团，战略研究院特聘研究员）

马智亮（清华大学，土木工程系教授）

"铩锴"平台在中白工业园科技成果转化合作中心项目中的应用

北京建谊投资发展（集团）有限公司

一、基本情况

（一）案例简介

"铩锴"平台主要包括 4 个体系，一是从产品研发到以建筑产品模型体系为核心的建筑产品生产线，围绕建筑行业的纵向价值链实现数字化、平台化；二是地域经济系统，建立"横向＋纵向"的地域资源供给网络，精准地进行地域资源匹配和服务供给；三是平台功能系统，通过平台数字技术建构数字孪生世界；四是社群在线服务系统，围绕数字化建筑产品体系，提供顶层设计、在线办公、智能企业管理等一站式经营管理服务。同时，平台搭载建谊集团研发的钢结构建筑产品技术体系，可以实现钢结构建筑的智能建造（图 1）。

图 1 "铩锴"平台主要功能模块

（二）申报单位简介

北京建谊投资发展（集团）有限公司（以下简称"建谊集团"）创建于 1992 年，是一家涉及科技创投、资本运作、智慧城市、建筑产业互联网、BIM 自有知识产权、互联网科技、地产开发、设计施工一体化（EPC）、智慧物业运维等多业态的综合型集团公司。建谊集团将互联网平台技术与 BIM 管理手段相结合，致力于养老地产开发及钢结构建筑的推广。

二、案例应用场景和技术产品特点

（一）应用场景

在方案策划阶段，由业主组织设计人员在平台选择或创建建筑产品，在实施阶段平台通过地域供给的功能给建筑产品适配部品生产厂商，并将建筑产品导入智慧施工系统进行应用。这种建造模式可以根据地域特征、建筑体量和规模以及业主方其他要求进行调整，满足标准化和个性化的双重需求，自由灵活。

（二）技术方案要点

"铯镨"平台由网络层、技术中台、业务中台、业务前台、用户层和客户层6部分组成。在网络层，平台主要由公有云提供基础网络设施，同时采用私有云和混合云作为辅助设施。在技术中台，采用大数据、AI和IoT（物联网）技术为不同的业务实现提供技术支持。此外，平台自研的业务引擎和具有平台特色的API接口为建筑工程新模式的应用量身定制标准化服务。在业务中台，平台提供覆盖建筑工程全要素的业务功能模块，包括注册中心、订单中心、交易中心、结算中心等常规功能，最重要的是涵盖了模型设计中心、部品/构件库、供给中心、劳动资源中心、模型支付中心等平台特色功能模块。业务前台包括共性服务层、特性产品服务层和前端交互层三部分内容，其中共性服务层包括平台公共服务、店铺服务和认证服务等常规服务；特性产品服务层则是平台业务前台的核心，包括了模型建造服务、协同设计服务、部品供应服务、智慧工地管理服务、资源配置服务、运维数据监控服务等建筑全要素服务；前端交互层由建筑产品、平台工厂、智慧施工前台、金融支付、地域经济、智慧运维等网关组成。平台用户包括设计方、施工方、供给方、运维方、行业组织和其他业务团队。客户则是由投资机构、中小地产开放者、土地拥有者和小业主组成。用户利用平台提供的功能和服务为平台客户创造建筑工程价值，客户也可实时把控建筑工程服务的进度，并在合规范围内提出个性化需求（图2）。

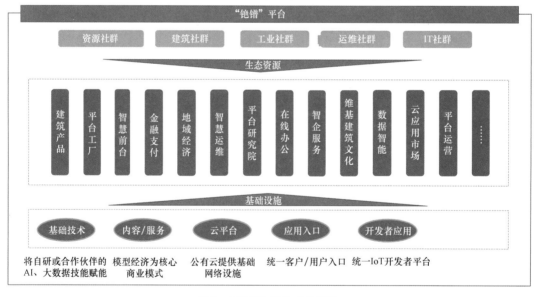

图2 "铯镨"平台总体架构

（三）产品创新点

1. 平台搭载建谊集团装配式钢结构建筑产品技术体系（图3）

整个体系分为4个层级：

第一级为完整的产品独立模型，它集合地基基础模型、结构模型、外围护模型、机电模型、装饰装修模型、市政园林模型6大功能模型，是平台的核心产品模型，是一整套装配式建筑解决方案。

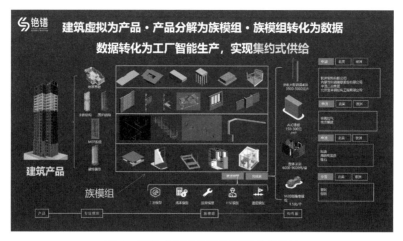

图3　装配式钢结构建筑产品技术体系

第二级即功能模型，按照建筑的专业组成划分出不同类别的功能模型、地基基础模型、主体结构模型、外围护模型、MEP 模型、装饰装修模型、市政园林模型。

第三级称之为族模组，由特定施工工艺的部品部件组合而成，并在数据结构上满足施工管理的需求，可以精确提取施工中人、材、机和可计量措施的消耗量，是平台中的最小产品单元。

第四级为部品部件模型，是由对于真实部品厂家的标准化的产品所建造的数字化的部品模型，是平台中最小的操作单元。

2. BIM 与互联网平台技术的融合

建筑产品由 BIM 作为载体创建并展示，但又不完全依赖 BIM 软件的数据格式。一方面，"铋锴"平台可以实现常用软件数据格式的无损转换。另一方面，平台构建了覆盖建筑全生命周期的数据库，建筑产品通过平台的数模分离技术应用于施工前台，实施过程中反馈的信息经过筛选再进入平台数据库。

3. 一套数据贯穿始终

从项目设计阶段（数据生产阶段）开始，"铋锴"平台就通过社群资源赋予了建筑产品部品供给、施工管理信息，真正实现建筑工程全流程、全要素的"正向设计"。在项目推进过程中，通过数据的传输与比对实时监控、反馈和修正，最终形成满足智慧运维需求的竣工模型。

三、案例实施情况

（一）工程项目基本信息

项目位于白俄罗斯明斯克州斯莫列维奇区中白工业园，建筑为地上4层，地下1层，按照白俄标准进行设计，选用白俄标准规格材料，是"一带一路"上首个装配式钢结构项目。项目最终确定采用钢框架的结构形式，并在 2020 年初竣工正式投入使用。

（二）应用过程

1. 运用平台"建筑产品"模块功能进行正向设计

平台上搭载拥有自主知识产权的，覆盖建筑设计、部品供应和智能建造全生命周期

BIM 集成软件，该软件在设计阶段覆盖建筑设计、结构设计、MEP 和装饰装修全专业设计功能。中国与白俄罗斯两国设计师通过调用部品族和族模组快速完成模型适配选型，同时，使用软件参数化建模功能，在软件中输入基础参数，系统快速完成模型创建。对于不同的使用习惯，两国设计师通过平台上的兼容数据格式实现数据的转化。

平台为用户提供云端协同设计功能，不同专业的设计师、项目决策者通过获取权限的方式对同一个模型进行设计和讨论。云端协同设计功能具有以下特点：首先，多人同时在一个文件上操作，工作中每个人都可以获得最新的设计信息，充分利用云端优势，避免复制替换的低效率工作方式。另外，通过可见性控制模型的加载内容，实现数据实时刷新和传输，不依赖本地计算机硬件性能。在云端快速调用平台中内置的族模型，平台工厂中部品族拥有唯一 ID 与之关联，避免建模过程中的重复，大大提升设计效率。在本项目设计管理中，平台的应用主要有以下几个方面：

项目实施前，通过权限设置为各专业设计团队、项目决策者和项目管理者赋予不同的权限范围。规范项目实施流程，保证过程中的有序组织。项目实施过程中，通过轻量化的 3D 视图查看模型的变更，分析模型变更引起的工程量变化，及时获得变更反馈，及时调整工作计划。设计成果内置工程管理信息，在进行 BIM 模型搭建的同时，施工人员在模型上协同创建工程管理模型，使设计方案与施工部署无缝贴合（图 4）。

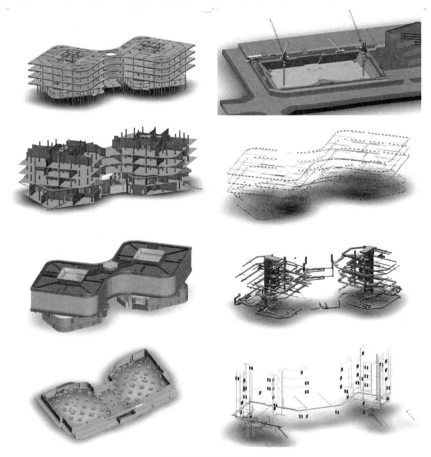

图 4　正向设计成果

通过这些应用，在本项目设计阶段构建了面向全生命周期的、基于 BIM 协同的、二维或三维的、多专业的设计协同体系，通过单一的工程数据源为跨专业、跨部门和跨企业的协同设计提供及时、准确、可追溯、统一的工程信息服务（图5）。

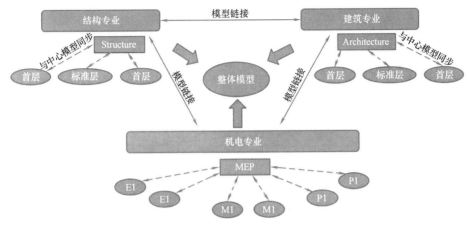

图 5　全专业设计协同体系

各专业设计人员以建筑产品智慧模型体系为核心，以 BIM 模型为载体，通过协同设计平台进行数据化的协同设计与管理工作。协同设计平台采用云管理模式进行精细化的权限管理，设计参与人员可以随时随地管理模型档案，设计过程中遇到问题可进行在线批注，直观展示问题所在，相关人员围绕批注开展点对点、点对面的沟通（图6）。

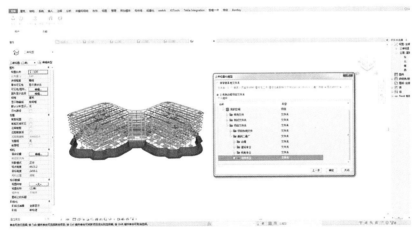

图 6　全专业协同设计场景

2. "平台工厂"供需体系

在实施过程中，项目执行者利用"平台工厂"供需体系将建筑产业链中的供应商聚合到供需平台上，供应商将产品与服务提供到平台上，并形成三维化与数据化的产品，为项目匹配对应的部品部件（图7）。在本项目中，"平台工厂"主要发挥了以下作用：

（1）以本项目钢结构建筑产品的配套部品部件为中心，实现部品部件的三维模型化和三维模型的数据化，以部品部件为纽带对接生产、加工、销售、运输物流企业，并将部品部件厂商资源聚合到平台上。

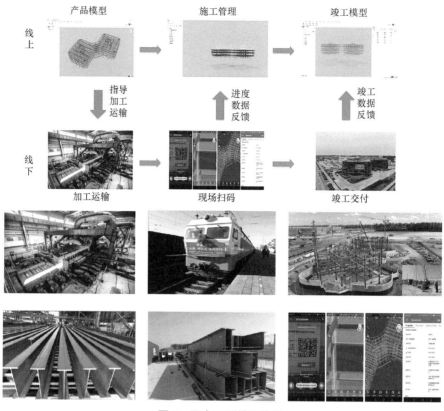

图7 平台工厂供需体系

（2）平台将部品部件厂商资源、部品部件三维模型、部品部件数据信息、部品部件选型订货、生产加工与运输装卸跟踪等全过程资源聚合并在线实施。

（3）在平台上，部品部件供应与本项目建筑工程实施优化相互配合，部品部件满足建筑产品的工艺工法、质量标准、施工安装、价格成本、运输装卸等要求，并与建筑产品形成技术融合与工艺优化的协同交互模式。

3. "智慧前台"智能建造管理系统

"智慧前台"工程管理体系是在建谊集团第三代装配式钢结构体系的基础上构建起来的，这个模块涵盖了工艺工法管理、工程质量管理、HSE管理、造价成本管理和工程进度管理五大功能，覆盖了安装现场全要素、全方位和全过程管控（图8）。在本项目中，"智慧前台"主要发挥了以下作用：

（1）以本项目钢结构建筑产品的配套族模组为中心，实现族模组的三维模型化和三维模型的数据化，同时挂接工程管理模型信息。以族模组为纽带对接设计、加工、施工、专业分包企业。

（2）在平台上整合包含族模组、厂商资源、劳动力、检测试验室、物流运输等建筑产业链上的各种资源。实现多方的协同工作与数据传递，形成完善的智能建造系统与网络协同基础。

（3）族模组及其挂接的工程管理信息是本项目建筑产品中最小的实施单元，通过远程

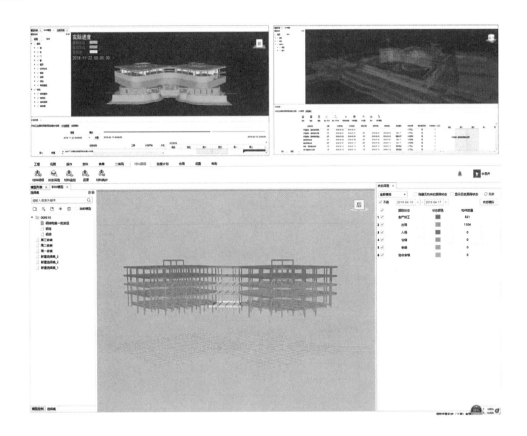

图 8 "智慧前台"工程管理

传感技术采集的信息与模型对比进行工程进度的管控，及时纠偏调正。通过点云扫描技术与施工模型进行比对，实现工艺工法、工程质量与 HSE 的实时管控。除此之外，成本可以在进度和质量管控的基础上进行线上监控，实时调整。出资方在线上根据施工进度进行模型支付，具有快捷、安全、可控的优势。

四、应用成效

一是解决两国协同设计的障碍。设计工作由中方设计师和白俄罗斯设计师合力进行，由于两国相距较远，并且语言交流存在障碍，两国设计师均使用平台功能以及平台上的设计软件进行实时协同，既实现了无障碍沟通，又能及时查看模型变更，各专业无缝协作完成设计。最终实现一次设计，无需转化，标准统一与融合（图 9）。

二是缩短建造周期，按期交付使用。该项目仅用时 3 个月就同白俄罗斯国家设计院完成设计一次出图，不需转换。解决困扰中白工业园推进全面建设的标准转换"老长难"等问题。该项目定轧型材生产及加工用时仅一个月。主体结构原计划半年的施工周期仅用时 2 个月，探索出一条基于平台协同的智能建造和智能制造相结合的新型数字化建设模式，刷新"一带一路"工程建设新纪录（图 10）。

三是优化构件种类。通过平台"建筑产品"与"平台工厂"模块，分析优化了原方案的构件种类，节省了用钢，提高了加工效率，钢材供应周期由原先的 3 个月缩短到 1 个

The table within image 1:

序号	规范名称	规范用途			
1	ТКП 45-2.01-111-2008	钢结构防腐规范	17	ТКП 45-1.03-236-2011	钢结构安装焊接工艺技术规范
2	ТКП 45-2.02-142-2011	防火规范	18	СТБ 1749-2007	钢结构工程质量控制技术规范
3	СНиП 2.01.07-85, СНиП II-23-81*	钢结构设计规范	19	ГОСТ 23118-99	钢结构通用规则
4	СТБ 2331-2015	建筑物复杂级别规范	20	ТКП 45-1.03-40-2006	钢结构安装规则
5	ГОСТ 27772-2015	建筑材料	21	ТКП 45-1.03-44-2006	文明施工规范要求
6	ГОСТ 9467-75*	手工焊接技术规范	22	ГОСТ 9.402-80*	建筑安全生产技术要求（包含表面清理及脱脂要求）
7	ГОСТ 7798-70*	螺栓精度	23	ГОСТ 25129-82*	涂漆前钢结构表面处理规范要求
8	ГОСТ 1759.4-87*	螺栓强度	24	ТКП 45.09-33-2006	防腐材料技术规范要求
9	ГОСТ 5915-70*	螺母强度等级	25	СТБ 1684-2006	建筑防腐材料质量控制要求
10	ГОСТ 1759.5-87	螺母规范要求	26	С345-3 ГОСТ 27772-2015	钢技术规格
11	ГОСТ 11371-78*	圆形垫圈	27	С245 ГОСТ 27772-2015	钢技术规格
12	ГОСТ 1759.0-87÷1759.5-87*	螺栓和螺母规范要求	28	ТКП 45.5.01-254-2012	技术勘探规则
13	ГОСТ 6402-70*	弹簧垫圈	29	ГОСТ 24379.1-80	垫圈的规范要求
14	ГОСТ 11371-78*	垫圈要求	30	ТКП 45.5.03-131-2009	整体式钢结构混凝土结构安装规则
15	ТКП 45-5.04-121-2009	钢结构加工规范要求	31	ГОСТ 535-88*	地脚螺栓
16	ТКП 45-5.04-41-2006	钢结构安装规范			

图 9　中白设计协同工作场景

图 10　项目施工场景

月，为项目快速实施提供了保证（图 11）。

结构模型原方案

结构模型新方案

原方案构件种类

新方案构件种类

序号	规格	重量(t)	材质
1	型钢 HM600X200	683.08	Q345
2	型钢 HN692X300	490.64	Q345
3	型钢 HW428X407	558.86	Q345
		1732.58	

方案优化：
调整原因：构件种类多，标准化程度低，不利于加工、安装。且大悬挑在极端环境下存在舒适度隐患。
调整后：构件种类3种，新工艺安装快捷，无舒适度隐患。

图 11　构件种类优化

执笔人：
北京建谊投资发展（集团）有限公司（张鸣、蒲育强、张品）

审核专家：
叶浩文（中建集团，战略研究院特聘研究员）
马智亮（清华大学，土木工程系教授）

基于 BIM 的城市轨道交通工程全生命期信息管理平台

上海市隧道工程轨道交通设计研究院

一、基本情况

（一）案例简介

为实现城市轨道交通全生命期管理，上海市隧道工程轨道交通设计研究院开发了基于 BIM 的城市轨道交通工程全生命期信息管理平台。该平台以 BIM 模型为数据基础，在设计阶段实现跨地域、跨单位、跨专业的三维协同设计，服务设计全过程的数字化协同管理，并提供建模效率工具包提升设计效率。在建设阶段，平台集成工程进度、质量、成本、安全等动态数据，结合标准化管理流程和职责对项目建设进行协同管理。在运维阶段，平台继承竣工数据和数字资产，通过自动化数据集成形成运维数据库，以数据驱动标准化车站运维管理业务流程，提升运维管理智能化水平。

（二）申报单位介绍

上海市隧道工程轨道交通设计研究院于 1965 年成立，是上海申通地铁集团的直属单位，是专业从事隧道、城市轨道交通等市政公用工程、公路工程、建筑工程、勘察与测量等岩土工程的综合型单位。上海市隧道工程轨道交通设计研究院先后完成了上海绝大多数已建、在建的越江隧道和港珠澳大桥主体工程岛隧工程等隧道的设计、研究及咨询工作；作为总体设计或分项设计单位参与了上海轨道交通线路的设计研究及国内外多个城市轨道交通前期研究、设计或咨询工作；积极开展地下工程领域 BIM 技术开发与应用。

二、案例应用场景和技术产品特点

（一）技术方案要点

基于 BIM 的城市轨道交通工程全生命期信息管理平台分为设计、建设、运维三大板块，共同服务于城市轨道交通工程全生命期管理（图 1）。

关键技术要点包括：

1. 轻量化/跨平台图形显示技术：为保证建立起的信息模型能在各类终端进行访问，需对信息模型进行轻量化处理，在保留模型精细度、外观材质的基础上保证模型的流畅展示。

2. 可视化精细管理技术：将模型进行深化拆分，集成各类设计、施工、运维数据，实现可视化展示、精细化把控、协同化管理。

3. 多系统数据集成技术：提供标准化数据接口，支持对多个系统数据的集成，实现

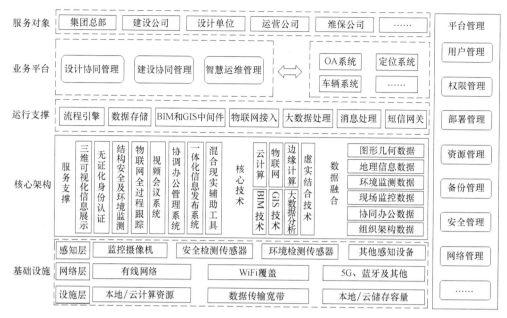

图1 平台架构图

统一平台协同工作，解决城市轨道交通全过程数据量大、参与方多、信息系统多而杂的问题。

4. 物联网技术：利用物联网技术的特点，将各种设施设备运行的相关信息集中到本平台，实现车站可视化动态管理，实现城市轨道交通信息由获取、传输到分析、综合应用的整个过程。

5. 大数据分析技术：利用大数据分析技术正确解读、综合分析轨道交通工程全过程多源异构的数据，并从中挖掘潜在的、事先未知的有用信息，让管理更加精细化。

6. 移动应用技术：通过移动应用技术实现数据采集、数据共享、流程流转，优化工作流及任务管理，让协同与沟通更高效。

7. 室内定位技术：采用室内定位技术对人员进行定位，实现轨迹查询、巡检打卡、重点区域出入监控、排班布岗等功能，提升人员管理水平。

（二）关键技术经济指标

基于BIM的城市轨道交通工程全生命期信息管理平台在CPU使用率、内存使用率、系统响应时间、应用报表响应时间、模型加载响应时间等方面具备较好的性能参数。

1. CPU使用率性能指标

在使用负荷最多时，应用服务器的CPU最大使用率小于70%，内存最大使用率小于70%。

2. 内存使用率指标

为确保系统各项应用功能正常，服务器内存使用率小于80%，数据库内存使用率小于90%，数据库活跃连接数小于90%。

3. 系统响应时间指标

系统响应时间小于5s，在用户心理所能承受的范围内。无论是客户端还是管理端，当用户登录，进行任何操作的时候，系统均及时进行反应，且系统可自行检测出各种非正常情况，并及时提示用户。

4. 应用报表响应时间指标

每个图表显示耗时最多不大于 15s。

5. 模型加载响应时间指标

（1）BIM 模型承载力≥10GB。

（2）构件数≥100 万个。

（3）模型加载时间≤5s，大体量模型≤10s。

（三）创新点

1. 跨平台的轻量化三维图形界面。平台对信息模型进行轻量化处理，为各业务板块调用 BIM 模型数据成为可能，实现对三维模型的可视化浏览、业务数据的结构化展示及存储。同时，平台具备跨平台的功能，用户可以通过任意的终端、浏览器访问、查看模型。

2. 可自定义的业务流程及标准化表单。平台提供可自定义的流程，便于灵活快速搭建操作、审核、管理等流程，并提供标准化表单，实现数据自动管理、统计报表自动生成等功能。

3. 丰富的系统数据接口。平台提供丰富的数据接口及统一的开发协议，结合各阶段不同等级的 BIM 模型数据和属性信息，可对既有的、异构的、分布的多个数据库系统进行统一集成，满足信息化自主可持续发展要求。

4. 物联网数据自动化集成及可视化。对物联网数据进行获取、表示及其内在联系进行综合处理和优化，并与 BIM 模型数据融合，实现不同应用场景的可视化表达。

5. 高效的项目数字化解决方案能力。平台基于 BIM 模型数据，紧密结合城市轨道交通全过程管理需求，全面提升数字化交付能力，是一套面向城市轨道交通工程全生命期信息化管理的解决方案。

（四）与国内外同类先进技术的比较

1. 适用范围不同。国内的同类产品仅适用于一般民用建设项目，不能完全满足城市轨道交通工程的需求，本成果适用于城市轨道交通项目，匹配轨道交通的工程特点。

2. 面向的用户群体不同。在设计阶段，实现跨地域、跨单位、跨专业 BIM 设计协同；在建设阶段，国内同类产品主要服务于施工单位的现场管理，本成果主要服务于项目建设方，侧重于管理者对项目的整体把控；在运维阶段，国内很少有满足城轨运营单位需求，结合 BIM 数据的车站运维管理平台。

3. BIM 与城市轨道交通业务需求结合。本平台经过多年的实际项目应用，已经把 BIM 技术与城市轨道交通企业的管理模式、业务流程进行了深度整合，形成了一套完善的平台应用及项目管理模式。

（五）市场应用总体情况

基于 BIM 的城市轨道交通工程全生命期信息管理平台自 2016 年 1 月以来，在上海在建地铁中全面推广，包括 17 号线、14 号线、18 号线、13 号线西延伸线等，同时推广至全国各地城市地铁项目，包括苏州 S1 线、6 号线、7 号线、8 号线，南通 1 号线，福州 6

号线，重庆 15 号线、27 号线、璧铜线等。

三、案例实施情况

本项目成果服务于城市轨道交通工程全生命期管理，在设计、建设、运维阶段分别满足不同的管理需求，探索了不同的技术路线和创新方法。

（一）设计阶段

以苏州轨道交通 6 号线、7 号线、8 号线、S1 线为应用案例说明实施情况。

一是，以 BIM 设计协同管理平台为核心，着眼于设计行为和设计成果的标准、规范管理，对传统设计管理流程中的痛点进行研究和梳理，打通设计—施工—运维全过程数据协同传递，完成 BIM 技术应用在设计管理的流程再造。

二是，平台围绕 BIM 设计软件体系，进行二次自主开发，参建人员可以通过电脑、手机、平板电脑在线查看三维轻量化模型，并进行批注等操作，批注意见与线上流程表单同步，实现广域网跨单位协同设计（图 2）。

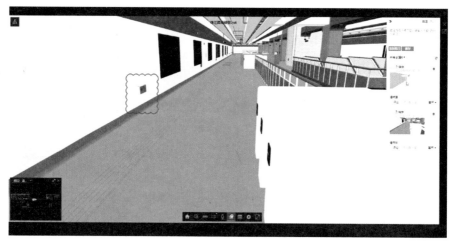

图 2　网页轻量化模型浏览审核

三是，为提升 BIM 技术本土化管理的现实需求，保证设计成果数据安全性，在既有协同设计产品的基础上进行二次开发优化，实现了轨道交通设计领域领先的分级授权管理。

平台于 2020 年 3 月启动需求调研，2020 年 6 月 15 日正式在 S1 线开展试运行，2020 年 9 月 16 日正式在 6 号线、7 号线、8 号线中投入运行使用，实现了企业级多线路广域网协同办公、轻量化审阅的应用目标。

（二）建设阶段

南通轨道交通 1 号线一期工程借助建设协同管理平台，建设单位、设计单位、施工单位等多方单位在统一的可视化施工平台内发现、协调、解决现场问题。在土建施工阶段形成了一套以模型为基础，WBS 拆分为导向，现场进度、照片、视频数据为结果的土建实施阶段数据资产库（图 3）。

福州轨道交通 6 号线工程注重现场情况的及时把控、工程进度的快速统计等方面的功

图 3　施工进度对比模拟

能，要求参建方全员配备移动端 APP，实时掌握现场进度情况（图 4）。

图 4　移动端施工进度

　　重庆铁路集团注重对综合业务的程序化管理、工程资料的规范化管理，通过定制规范的投资管理流程、进度管理流程，将数字资产采集移交作为平台的主要应用目标，开展无纸化协同办公模式（图 5）。

　　苏州轨道交通项目利用建管平台 GIS 地图、结合 BIM 技术模型，展示全线站点和区间的施工进度信息、预警信息，及时掌握施工情况；高效开展施工图模型深化工作，对 BIM 模型进行版本管理，并从模型中获取分部分项工程信息结构树，实现土建施工和机电安装模拟仿真、分析与进度预警；采集监理单位日常工作信息，记录和跟踪质量整改过程，把控现场施工质量。

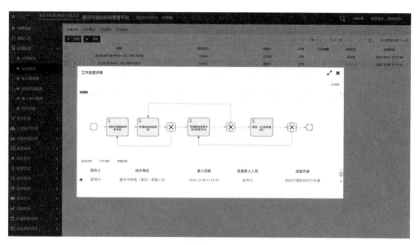

图5　前期报建流程管理

（三）运维阶段

以上海轨道交通18号线项目为应用案例说明实施情况。

一是，平台将运维管理需求前置，以实际业务和管理需求为出发点，设计系统功能架构、数据结构等，提前完成了系统功能开发。同时，通过相关专业落实了系统方案设计，并在建设过程中落实平台硬件和网络环境的建设，最终移交到运维阶段。

二是，通过数据接口直接与建设协同管理平台进行数据对接，实现数字资产信息从建设期到运维期的无缝传递，保证数据来源的唯一性、准确性及可用性，避免以往线路利用移动存储设备移交资料出现的数据遗失、数据格式不通用等问题。

三是，利用自动化集成技术，整合设备运行状态、视频监控、人员定位、客流、资产、设施设备资料、故障工单等动态数据，形成运维数据库，初步实现了"数字孪生"。平台以数据驱动设备管理、人员管理、事件管理、站务管理和统计分析等业务流程，辅助一线运维人员作业和协同管理，为车站运维管理提质增效（图6～图8）。

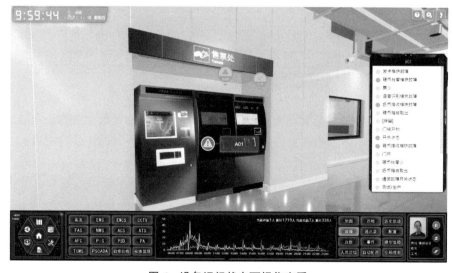

图6　设备运行状态可视化查看

图 7　人员可视化管理

图 8　移动端故障上报

四、应用成效

本项目成果为城市轨道交通工程全生命期管理提供了实际生产和管理工具，解决了轨道交通数字化转型的诸多技术问题，提高了人均效能，实现了提质增效。

（一）设计阶段

设计协同管理平台于 2020 年初在苏州轨道交通集团上线运行，克服新冠疫情影响，来自 9 座城市、34 家设计单位、978 位设计人员参与协同设计，形成以下突破：一是实现了广域网环境下跨阶段、跨单位、跨专业的设计协同一体化；二是打通了设计全过程管理，实现了 BIM 协同设计与工程项目管理一体化；三是打通了设计—施工—运营全过程数据协同传递，实现了全生命期 BIM 数据一体化；四是实现了协同建模权限管理，进行了平台权限管理功能完善与研发；五是整合了 BIM 设计施工管理流程，完成了无纸化管理流程再造，数据可追溯，形成了数字化档案。

（二）建设阶段

建设协同管理平台为项目各参建方提供了基于 BIM 技术的在线协同工作环境，实现了在管理过程中进度、成本、质量、安全的精细化、可视化管控，主要特色包括：

1. 充分利用 BIM 模型数字资产开展三维可视化、数字化的建设管理，支持在线审查、优化施工管线布置及施工方案，实现了施工前"所见即所得"。

2. 利用三维场景，辅助工程进度直观展示，支持在模型中对工程量进行统计复核。

3. 对设施设备产品模型进行了在线收集、审核、归档，并自动同步至运维管理平台，为运维管理提供了数字资产服务。

4. 提供了轻量化竣工模型的管理功能，辅助竣工验收及移交运营。

5. 为工程建设参建各方提供了协同工作工具，有效提高了项目管理水平。

（三）运维阶段

智慧运维管理平台为 BIM 技术在轨道交通车站运维管理中的应用提供了解决方案，通过在上海地铁 18 号线的全线推广应用，取得以下应用成效：

1. 建设了基于"BIM＋IoT"的轨道交通数字孪生底座。平台将轨道交通车站的各类静态、动态数据进行集成、共享和三维可视化展示，初步形成覆盖地铁车站各专业系统、设施设备的数字孪生底座。

2. 形成了数据驱动的标准化运维管理模式。平台在数字底座基础上，搭载设备管理、客运管理、人员管理、数据分析等核心应用，实现了轨道交通车站运维的办公电子化、管理精细化、数据一体化和分析智慧化，对管理模式有所创新。

3. 实现了基于统一数据标准的全业务链数据深度融合。平台制定了设备供应商数据交付技术指导要求，打通了制造业数据与BIM数据的深度融合。同时，与综合监控系统、视频监控系统、定位系统等多个外部系统进行了数据对接，形成了项目适用的标准数据接口，实现了全业务链数据深度融合。

4. 促进了数字资产与实物资产的同步移交。在18号线同步推进了实物资产移交和数字资产移交，两个移交流程实现初步整合，从资产管理层面保证数字孪生的虚实数据的统一性。

综上所述，基于BIM的城市轨道交通工程全生命期信息管理平台从顶层设计进行了整体的战略定位及统筹规划，促进了轨道交通BIM模型数据在项目全生命期各阶段的有效传递、项目各参与方的有效共享，为轨道交通工程规划设计、施工、运维提供了可靠的数据支撑，取得了较为显著的应用成效，为城市轨道交通数字化转型探索了可行的技术路线。

执笔人：
上海市隧道工程轨道交通设计研究院（陈鸿、辛佐先、孟柯、汲小涛、裴芳琼）

审核专家：
叶浩文（中建集团，战略研究院特聘研究员）
马智亮（清华大学，土木工程系教授）

特大型城市道路工程全生命周期协同管理平台

上海城投公路投资（集团）有限公司

一、基本情况

（一）案例简介

特大型城市道路工程全生命周期协同管理平台围绕规划期、设计期、施工期、运维期的核心管理目标，将工程全生命周期的过程信息融合在一起，打破不同阶段、不同专业、不同角色之间的信息沟通壁垒，使管理人员能够通过快速、形象、便捷的信息入口，进行工程全生命周期协同管理和智慧决策，有利于提高施工组织协调性、减少返工误工、降低环境影响，实现对项目建设的进度、成本、质量安全的动态控制，提升市政工程建设的效率和效益（图1）。

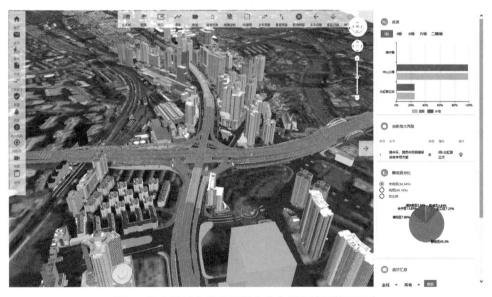

图1　特大型城市道路工程全生命周期协同管理平台

（二）申报单位简介

上海城投公路投资（集团）有限公司是上海城投（集团）有限公司的全资子公司，致力成为"卓越的交通基础设施投资建设集团"，承担了上海全市一半以上的市政、公路、水利基础设施建设项目，自"十五大"以来，先后建成中环线（浦段）上中路越江隧道、外滩通道综合改造工程、S6沪翔高速公路、S26沪常高速公路、西藏南路越江隧道、辰塔公路跨黄浦江大桥等一系列标志性、枢纽型、网络化的重大工程，承担了上海市494km、11 条高速公路以及东海大桥、外环隧道、复兴东路隧道以及郊环隧道的运营保障任务，运营管理高速公路里程约占全上海收费高速公路总里程的 72%。

二、案例应用场景和技术产品特点

(一) 技术方案要点

特大型城市道路工程全生命周期协同管理平台以通过 GIS 和 BIM 技术构建的三维空间模型为载体，将工程全生命周期的过

图 2 平台架构

程信息融合在一起，通过信息传递和交换中心，打破工程中不同阶段、不同专业、不同角色之间的信息沟通壁垒，实现信息的准确传递。以此为基础，建立的工程设计协同管理子系统和工程建设协同管理子系统围绕规划期、设计期、施工期、运维期的核心管理目标，使管理人员能够通过快速、形象、便捷的信息入口，进行工程全生命周期协同管理和智慧决策，改变市政行业传统管理模式，提升市政工程的质量 (图 2)。

(二) 产品特点

1. 工程模型、周围环境轻量化集成浏览。将工程模型、全线周围环境整合在平台上，进行 Web 浏览和漫游，可以通过旋转、平移等简单操作查看整个模型，并可通过模型树快速点选构件，并可进行隐藏，亦可以通过剖面框、开洞等控件对模型进行多角度、多方位的查看 (图 3)。

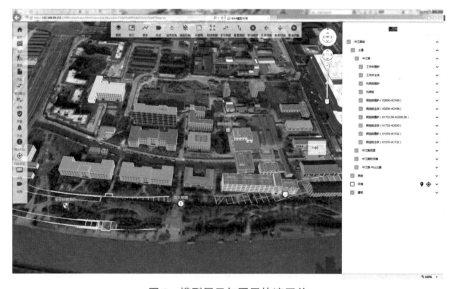

图 3 模型展示与图层快速开关

2. 建设信息快速可视化查询。将不同来源的各方数据汇总在统一平台上，用户可根据权限查询整个工程的相关设计、查看施工关键信息。用户既可以通过输入关键字查找设备并在三维场景中定位，也可以在三维场景中指定设备查询相关属性信息（图4），便于各方快速了解工程基本情况。

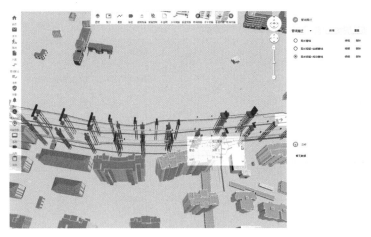

图 4　市政管线信息查询

3. 设计资料标准化。平台内置标准化设计图纸、模型、工程变更流程，对设计方上传的图纸、BIM 模型、BIM 应用成果等文件进行在线审查，并结构化归档，形成设计阶段数字资产。施工方根据权限下载各标段对应的设计资料。所有过程全记录，保障资料的完整性、合规性。

4. 工程进度动态跟踪。进度分析利用 WBS 编辑器，完成施工段划分、WBS 和进度计划创建，建立 WBS 与 Microsoft Project 的双向链接。通过 BIM 模型，对施工进度进行查询、调整和控制，使计划进度和实际进度既可以用甘特图表示，也可以以动态的 3D 图形展现出来，实现施工进度的 4D 动态管理（图5）。可提供任意 WBS 节点或施工段及构件工程信息的实时查询、计划与实际进度的追踪和分析等功能。

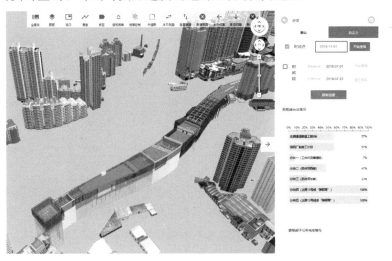

图 5　工程进度 4D 展示

5. 安全质量问题及时跟进。系统将安全质量报告与 BIM 信息模型相关联,可以实时查询任意 WBS 节点或施工段及构件的施工安全质量情况,并可自动生成工程安全质量统计分析报表,使相关人员能够对工程安全质量问题进行查看及处理回复(图6)。

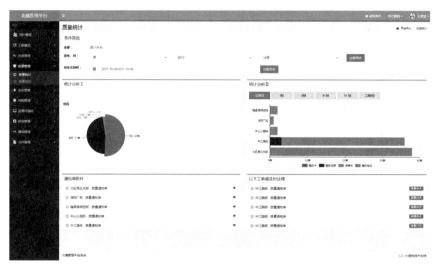

图 6　安全质量管理界面

6. 基于 BIM 的进度投资管理。主要基于 BIM 模型自动生成工程量表,并可根据进度情况自动生成周、月、季度的工程量统计和指定时间段的工程量,同时,可以根据施工进度预测下一计算区间的工程量。

7. 危大风险全面管控。针对不同风险源位置以及风险等级,标注相应的风险或安全标识;接入监测数据,与风险源关联,实现风险预警报警;危大风险专项技术方案在线流转审批;根据工程进度自动激活风险,每日两次向相关人员推送日报(图7)。

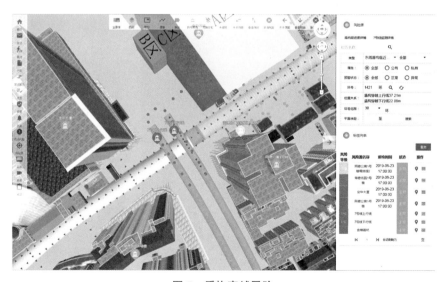

图 7　盾构穿越风险

8. 监测可视化及预警报警。以 BIM 模型为基础,将施工方、监理方以及第三方监测数据与 4D 信息模型相关联，可以反映当前工程安全状况（危险区域和预警区域）、实时查询任意施工段及周边环境的安全情况，并可进行预警信息自动推送（图 8）。

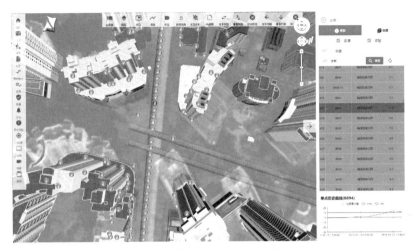

图 8　监测可视化管理界面

9. 现场施工面远程掌握。平台通过与施工现场监控摄像头的数据对接，能够获取即时的监控图像，相关人员也能够控制摄像头的方向，实现通过平台即可观察施工现场的具体情况。

10. 信访第一时间处理。将 12345、投诉信箱等投诉渠道获得的针对工程各施工工地产生的投诉工单，根据来源、时间、工段、地区、类型进行分类统计并关联模型，形成分析图表，推送至相关施工单位进行情况核实与反馈，并能根据时间维度导出信访工单的统计信息，帮助指挥部对确实存在的问题进行监管与督促整改（图 9）。

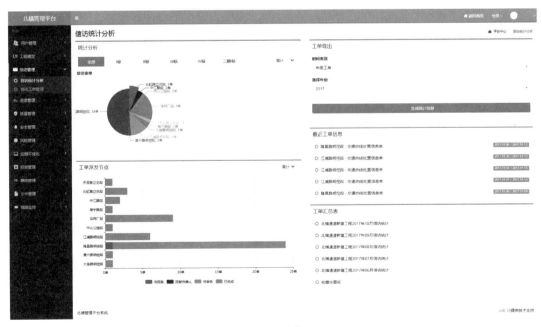

图 9　信访管理

11. 微信息沟通平台。用户可以通过移动端轻量化访问平台，如手机、平板电脑等各种移动设备随时随地记录与推送包括文字、声音、图片、视频等各类信息，实现实时沟通和信息共享（图10、图11）。

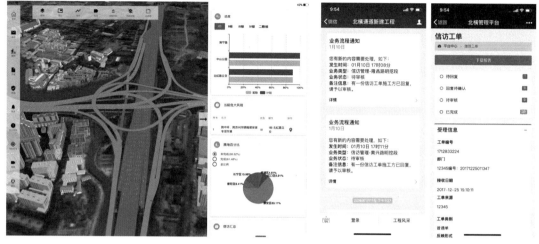

图 10　移动端模型展示界面　　　　　　　图 11　微信界面

（三）创新点

1. 针对特大型城市道路工程，研究了大体量模型数据自动分层分块、数据自动优化和动态加载技术，研究成果为大体量模型轻量化在线高速展现提供了解决路径，也为城市级工程信息管理的实现提供更多可能。

2. 从空间一体化和信息时间性的角度，研究施工信息、地理信息和模型信息的时空映射转换和表达方法，形成以漫游与动态交互为目标的 BIM 模型与 3D GIS 模型之间创新性的整合方法，以及特大型城市道路工程各类信息存储集成的技术路径。

3. 提出并建立了针对特大型城市道路工程的基于 BIM 全生命周期的协同管理平台，平台集成工程建设信息及面向运维管理的基础信息，形成一套可交付的建设全过程数字资产，各参建方可基于统一平台实现信息的追溯、共享和交互，并为全生命周期的运维提供数据基础。本项目以数据标准为基础，以模型为载体，以平台为信息汇集手段，为城市道路工程建设带来管理创新。

（四）项目先进性

特大型城市道路工程全生命周期协同管理平台及北横通道新建工程荣获第八届"创新杯"建筑信息模型（BIM）应用大赛最佳综合市政 BIM 应用奖，2018 年度上海市公路学会科学技术奖二等奖和 2019 年上海市首届 BIM 技术应用创新大赛最佳项目奖，并获得计算机软件著作权一项。

（五）应用场景

特大型城市道路工程全生命周期协同管理平台通过信息化、数字化手段对大型市政道路工程建设全过程进行精细化管理，主要服务于政府主管部门、建设单位、施工单位、设计单位等。

三、案例介绍

(一) 工程项目基本信息

北横通道新建工程是贯穿上海市北部中心城区的东西向的城市主干道，是上海市中心城区"三横三纵"骨架性主干路网的组成部分，全长约 19.1km。

(二) 应用过程

1. 进度管理应用

进度管理模块主要用于工程进度总览、实时进度填报、进度报告管控，并以动画的方式进行施工进程的回顾和展望。施工单位导入进度计划文件，并根据施工编号，对完工的构件进行勾选，并对实际开始、结束时间，实际工程量进行填报（图 12）。进度管理模块以甘特图、三维可视化展示等形式进行工程进度展示与模拟，反映工程实际进度。进度管理模块在北横通道新建工程上运行以来，现场已经累计填报构件量达到 37645 个，生成 2015 年 5 月—2020 年 12 月的进度报表。

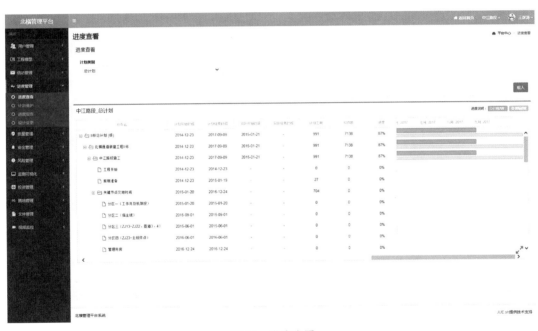

图 12　进度查看

2. 质量安全应用

质量安全模块给用户提供了针对施工过程的质量安全问题闭口管理流程，用户可以通过平台进行问题闭环与追溯。监管人员在现场发现问题后，通过移动端采集现场信息上传平台，施工单位人员对整改单进行回复，监管人员审核（图 13）。质量安全模块在北横通道新建工程上运行以来，生成了 206 起质量通知单，并完成了 231 起安全通知单的全程跟踪处理。

3. 风险管理应用

危大风险方案管理模块提供了危大风险方案数据库，实现对危险性大、规模性大的

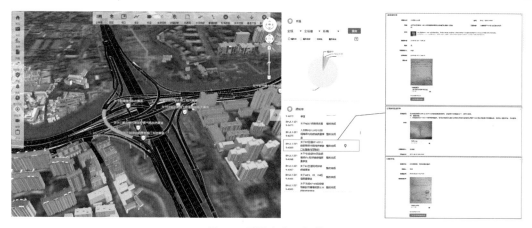

图 13　质量安全可视化

分部分项工程的施工组织设计（专项）方案的在线流转、汇总和归档。方案还能与模型构件和进度进行关联，提醒工程当前时间的风险点。施工单位上传文件，专监和总监根据权限进行审查，并上传审核意见和报审表，平台再将危大方案推送给项目部和事业部进行评审（图 14）。危大风险方案管理模块在北横通道新建工程上运行以来，共完成 77 起施工组织设计（专项）方案的在线审批。

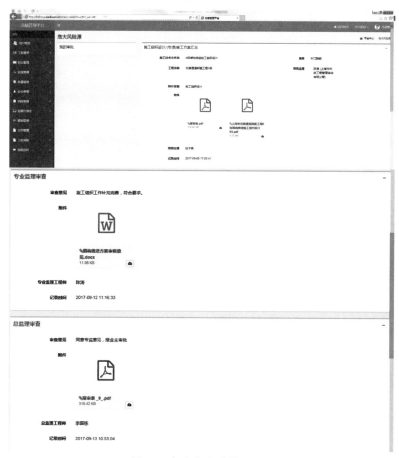

图 14　危大方案流转（一）

图 14 危大方案流转（二）

风险源模块将进度、风险、监测数据融合，进行信息集成和综合展示（图 15）。施工单位确定周边房屋风险等级，输入相关房屋数据，挂接危大风险技术方案。监测单位在平台上传最新的房屋沉降、房屋倾斜、地表沉降等监测数据。同时，平台接入轨道交通沉降电水平尺自动检测数据。每日两次推送监测日报至微信端，便于监管人员随时掌握工程风险情况。平台利用数字化手段协助北横西段盾构顺利完成下穿地铁 11 号线、7 号线的任务。

图 15 风险可视化展示

4. 信访管理应用

信访管理与市信访中心挂钩，事业部上传信访工单并发送至相关施工单位，施工单位收到后进行现场复核与回复，事业部对回复进行审核并将结果回复市信访中心（图16）。信访工单通过微信推送，可以在移动端实时查看。截至2021年11月，共计处理2074条信访工单。

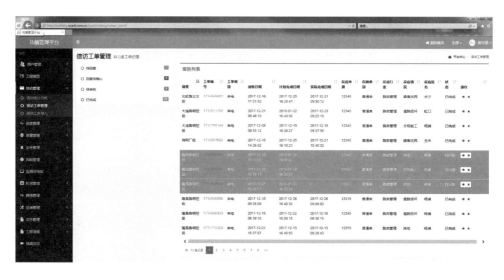

图16　信访工单在线流转

5. 监测可视化

可视化监测模块无缝对接外部监测单位，从第三方监测单位导入监测数据，根据用户设置的预警阈值，自动判定监测数据是否超标；通过二维曲线和三维模型，将监测结果呈现给用户（图17）。可视化监测模块在北横通道新建工程上运行以来，现场已经对接的监测数据量达到236746条。

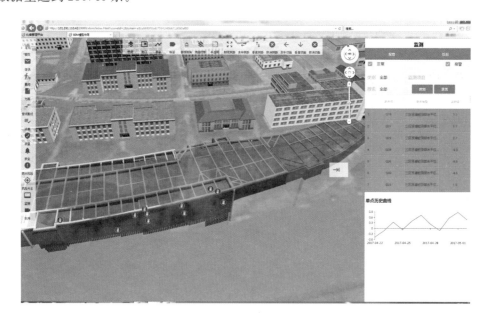

图17　可视化监测

四、应用成效

(一)解决的实际问题

1. 提升建设工程管理质量。通过预计工期与实际工期的可视化对比，形象生动的展示工程建设过程，做到施工关键节点可控；对施工质量安全问题处理全过程监控，通知单处理流程转为线上操作，提升流转效率，减少隐患，做到质量安全整改落实不放过。

2. 提高各方沟通效率。市政道路工程具有参与方众多，信息交互量大，外部接口多等特点，对项目组织管理沟通效率有极高的要求。通过平台进行数据集成、可视化展示，结合移动端，打通各阶段、各专业和各参与方之间的信息传递，保障信息共享精确性。

3. 促进各方数字化转型。按照政府城市精细化管理的要求，围绕北横通道建设目标，通过 BIM 技术和信息化平台应用，提升各参建方信息化、数字化管理水平，实现智慧建造。

(二)应用效益

特大型城市道路工程全生命周期协同管理平台为北横通道新建工程提供三维可视化信息模型、动态建设管理及全生命期的信息管理平台，在工程建设阶段，提高工程效率、减少失误、节省资源，使各利益参与方都能获益。更为重要的是，可合理降低和有效控制工程建设整体投资，为运维阶段提供一套完整的数字资产，便于在运维管理过程中对各个构件信息的快速查询与筛选，对中长期运维期产生巨大的经济效益。

本平台的使用推动 BIM 技术在市政工程建设中的应用与发展，对未来城市市政基础设施建设水平的提高产生积极的影响。同时，基于 BIM 技术的工程建设全生命周期管理，将为政府主管部门提供管理上的便利，为智慧城市提供基础数据。

执笔人：

上海城投公路投资（集团）有限公司（刘艳滨、江洪、郑斌、侯剑锋、李昊平）

审核专家：

叶浩文（中建集团，战略研究院特聘研究员）

马智亮（清华大学，土木工程系教授）

公共建筑智慧建造与运维平台

上海建工四建集团有限公司

一、基本情况

（一）案例简介

公共建筑智慧建造与运维平台针对目前公共建筑建造与运维信息断层严重、智能化水平低以及建造和运维管理粗放等问题，应用 BIM、物联网、大数据、人工智能和云计算技术，开发了公共建筑全生命期数据集成系统，可以提供建筑智慧建造与运维 SaaS 应用服务，实现从设计、施工到运营的全过程精细化管理，推动企业数字化转型，支撑城市精细化管理。

（二）申报单位简介

上海建工四建集团有限公司是上海市国资委所属国有企业，集团注册资本 10 亿元，年经营额 400 亿元。公司成立了数字建造研究中心，下辖五个专业研究室，负责企业数字化转型推进工作，包括软件研发人员 50 余人。目前，企业已经形成包括研究中心、基层单位 BIM 中心、项目 BIM 工程师的数字化人才梯队，总数超过 200 人。

二、案例应用场景和技术产品特点

（一）平台架构

本平台设计为四个层次。最底层是边缘层，上面是 IaaS 层即云基础设施及其连接通信层，第三层是 PaaS 层，这是功能集中的核心层，置于顶层的是 SaaS 概念下的应用层，包含各类建筑应用 APP、轻量化应用和创新的功能模块。

（二）主要特点和指标

1. 搭建建筑大数据，形成行业知识库。公共建筑智慧建造与运维平台为大量医院建筑、商业综合体等公共建筑提供统一的建筑全生命期大数据存储和处理平台，并通过大数据挖掘进行知识积累，辅助建筑更新改造决策、提供设备选型参考，甚至优化新建建筑建造方案。

2. 推进建筑产业互联网创新服务模式。本平台将 BIM 应用到现有公共建筑，并从运维端出发，实现对建筑模型、空间、布局、设备和能耗的全面监测和分析，有利于通过平台对新建建筑的设计、施工、机电采购安装等过程实施优化，形成一个能够融入更多由业务驱动的市场和买方因素的高效低耗的智慧建筑解决方案。实现对传统建筑行业的深度赋能，助力产业智能化升级。

3. 助力施工企业实现智慧建造服务模式。实现对施工现场设备、材料和质量的远程监控与管理；实现基于云端大数据的质量问题分析、设备安全诊断和工程资料自动分类等管理，提高管理效率。

4. 实现基于人工智能的主动式运维模式。应用大数据和人工智能技术，实现基于设备监测和报修大数据的设备故障预测功能、基于用能回路特征分析的用能异常诊断功能、基于报修工单语义分析的报修工单自动定位与维修知识推动功能，将传统"发现问题、处理问题"的被动应急管理模式转变为主动管理模式。支撑工程总承包企业、设备维保单位通过本平台对已交付的建筑和设备进行远程监控、分析、预测和维保，减少突发事故和现场维保工作，降低交付后的维保成本。

(三) 创新点

1. 研发了 BIM 模型质量自动审查方法。研发了模型与图纸一致性审查方法，保障设计模型与图纸的一致性；研发了基于 MR 的模型与现场一致性审查方法，保障竣工交付模型与建筑实体一致性；研发了模型合规性和模型元素关联关系计算方法，保障模型信息完整性，从而为基于 BIM 的数字建造和智慧运维提供数据基础。

2. 研发了建筑 AI 算法，支撑主动式运维。基于不同类型建筑的设备故障监测数据、维修维保数据、服务满意度评价数据，构建对设备供应商和维保供应商的智能评价算法，为建设单位和运营单位选择设备及服务厂商提供决策依据，形成运维数据驱动前期决策的新模式。

3. 研发了建筑节能管理方法，助力"双碳"目标。基于不同类型建筑的能耗分项计量数据，构建对各类型建筑的能耗评价、异常用能挖掘算法，建立智慧能源管理模式，辅助节能管理；基于设备监测数据和能耗运行大数据，建立关键回路的用能基准评估算法，为建设单位选择用能技术方案提供决策依据。通过双管齐下的方式，形成基于大数据的节能管理模式。

(四) 市场应用总体情况

平台适用医院、图书馆、商业办公楼等大型复杂公共建筑，要求工程网络基础设施较好，建筑智能化系统水平较高。目前，已在上海建工四建集团有限公司施工的医院、图书馆、音乐厅、商业综合体等工程项目开展了应用 (表1)。

应用平台的部分工程项目 表1

序号	项目名称	项目类型	应用阶段	应用功能
1	上海市东方医院老大楼	医院建筑	运维	运维总览、空间管理、机电设备管理、能耗管理、资产管理
2	上海交通大学医学院附属新华医院	医院建筑	施工运维	施工:项目首页、模型管理、进度管理、质量管理、安全管理、工程资料;运维:接管验收、运维总览、空间管理、运行管理、维修管理、机电设备管理、能耗管理、资产管理、安防管理
3	上海图书馆东馆	文化场馆	施工运维	项目首页、模型管理、进度管理、工厂管理、质量管理、安全管理、工程资料
4	中共一大纪念馆	文化场馆	施工	项目首页、模型管理、进度管理、工厂管理、智慧工地、质量管理、安全管理、工程资料
5	金地集团嘉定北菊园项目	装配式住宅	施工	项目首页、模型管理、进度管理、工厂管理、智慧工地、质量管理、安全管理、工程资料

三、案例实施情况

（一）应用案例项目简介

平台应用情况以上海新华医院新建儿科综合楼为例，该项目总建筑面积 57670m²，地上 18 层，地下 3 层，是包括门诊、急诊、手术、医技和病房等各种功能的综合性医疗建筑。其中，机电系统除了水暖电等常规系统外，还包括医用气体、气动物流、轨道小车等特有系统。医疗建筑工程参与方多，交叉作业频繁，施工现场的总承包协调工作纷繁复杂，院方在设计阶段提出基于 BIM 实现从建造到运维的全过程精细化管控（图 1）。

图 1　新华医院儿科综合楼

（二）设计阶段应用

1. BIM 模型管理。平台通过内置《建筑信息模型分类和编码标准》GB/T 51269—2017、《建筑工程施工质量验收统一标准》GB 50300—2013 以及开发 BIM 模型解析算法，解析各阶段上传的 BIM 模型，支持 BIM 应用服务。

2. 设计 BIM 模型智能审核。应用平台上的 AI 算法对上传的 BIM 模型进行审核，包括基于标准的合规性审核，机电系统物理连接审查与修复，机电系统逻辑关系审核等功能，节约了 50% 的模型审核工作量。

3. 图模一致性自动检查。通过平台积累的行业知识和开发的工程语义分析算法，实现图纸和模型中重要设备编号、位置等信息的自动匹配，节省了模型和图纸中重要设备、管件和门窗的一致性审查时间，支持后续施工、运维阶段模型应用。

（三）施工阶段应用服务

1. 4D 施工策划与进度模拟。基于融合的 700 多个项目数据，开发 4D 施工策划 AI 算法，对 BIM 模型自动进行施工任务分解，并关联进度计划形成 4D 模型，实现 4D 施工过程模拟，辅助施工决策。

2. 施工质量数据分析。基于质量问题数据，按照质量问题变化趋势、问题空间分布、问题大类分布、未关闭问题统计、各专业问题整改率进行分析展示。

3. 数字孪生工地建设与安全管理。平台通过集成智能门禁、AI 视频、智能地磅、车辆识别、能耗监测、空气监测、材料监测等系统，在节能降本、提高管理效率方面具有显著的提升效果。比如，使用智能能耗监控后，在无人的情况下系统自动关闭空调，每台空调每年可有效节约 4800 度电，约 7200 元；项目工地约有 50 台空调，每年即可节约 360000 元。

通过 AI 摄像头，使得现场管理人员可以更早、更及时地发现现场的危险源、人员未戴安全帽等情况，减少人员巡检的时间。通过对塔式起重机钢丝绳数据的实时检测，自动对应当前作业的塔式起重机的风险等级，实现塔式起重机安全的提前预警，防患于未然，降低安全风险。

4. 工程资料自动分类管理。基于平台融合的大量工程项目数据，开发文档管理系统，形成文档智能分析 AI 模型，包括文档语义分析和关键词智能图谱。文档语义分析是平台主要的人工智能模型之一。可以对包含文字的各种文件进行 AI 分析，提取主要内容，方便用户查看与搜索，不需要打开文件，就可以快速知道文件的核心思想。关键词智能图谱表达了当前项目成百上千个文档的关键词之间的联系。通过关联线，可以快速查询到相关资料，比如基坑降水、基坑开挖、降水运行等。

(四) 竣工交付阶段应用服务

模型与建筑实体一致性审核。应用混合现实技术，将模型 1∶1 投射到现场，直观对比模型和实体，测量和反馈误差；根据现场信息修改和完善模型，提高建筑接管效率，通过查看模型中设备的现场真实状态，如现场照片、设备的相关资料是否齐全、调试是否完毕、培训是否完成等，实现数字资产交付 (图 2)。

图 2　基于混合现实的模型与建筑实体一致性审查技术

(五) 运维阶段应用服务

1. 空间资产可视化管理。使用 BIM 模型查看各科室空间占用情况，辅助医院科室绩效考核评估；可快速查看房间的建筑荷载和墙顶地材料，辅助改造决策。新冠疫情期间，可以快速查询空间资产信息，进行有效调配及快速改造，满足防疫要求，可以减少 50% 的资料检索时间，提升更新改造决策效率 10% 以上。

2. 移动资产智能定位与精细化管理。通过室内定位和能耗监测，分析移动医疗设备所在房间、使用频次、历史轨迹，提高资产盘点效率，为资产采购提供数据支撑。基于海量报修数据，自动定位高频问题，降低电梯关人、医疗房间故障的发生频率，更好地服务医疗业务（图3）。

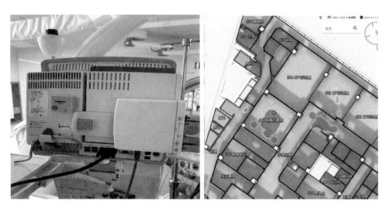

图3　资产智能定位与精细化管理

3. 建筑设备智能化运维管理。通过智能化系统对建筑机电设备和医院气体等专用设备进行实时监测。设备报警时，基于BIM分析影响范围和优先级，自动将故障设备位置、原因和处理建议推送至维修人员手机。处理完成后，维修人员上传处理结果等信息，实现闭环管理。BIM运维系统还根据设备的历史报修数据和运行监测数据，建立设备故障预测AI算法，支持空调箱、电梯等设备故障预测，实现主动式运维，减少突发故障，提高病人就医体验（图4）。

图4　设备远程智慧运维管理

4. 应急维修在线管理与高频重复工单挖掘。后勤维管人员可以通过移动端便捷地发起工单，异常设备也能够自动发起报警工单，将原来的被动式运维管理变成主动式管理。

重复维修工单页面，汇总了近期反复报修的问题，通过数据智能分析和主动推送，管理者可以及时了解哪些地方反复报修，分析是维修师傅水平有问题，还是配件需要更换。用数据指导运营管理决策，提升管理的精细化水平（图5）。

5.客流监测异常分析与主动式安防管理。应用人脸识别技术自动识别可疑人员和危险行为，同时调取监控画面和位置通知安保人员进行相应处理。自动分析医院各出入口客流情况，挖掘医患进出污物通道等异常情况，基于院区BIM模型实现网格化流向精细管控，合理规划人、车、物流，避免交叉感染（图6）。

图5 挖掘门急诊区域高频报修问题
图6 出入口客流分析

6.能耗分项计量与节能管理。将医院水、电、天然气的分项计量数据集成到BIM模型中，结合各回路逻辑关系和服务范围，挖掘能耗异常情况，及时发现漏水、过载等问题，辅助降低能源消耗（图7）。

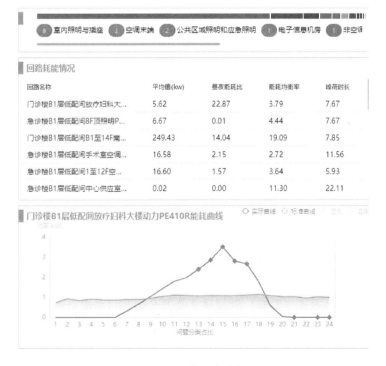

图7 用电异常分析

四、应用成效

(一) 经济效益

1. 通过本平台实现公共建筑设备和施工机械设备主动式、精细化运维，减少突发故障和报修数量 10%，减少设备运维费用 5%。

2. 通过本平台解决传统建筑行业施工方多、内容多、耗时长、耗人力，而且非常散乱的管理现状，实现基于 BIM 的建筑全生命周期精细化管理，降低建筑建造设计和施工成本。

3. 通过本平台对建造和运维能耗大数据分析，诊断异常用能点，辅助建筑节能管控和绿色施工，降低公共建筑运行成本。

4. 实现公共建筑远程数字化建造和运维管理，利用运维大数据优化设计和施工过程，提升建造企业对建筑产品的质保服务水平，降低施工单位后期质保成本。

(二) 社会效益

1. 从运维角度切入推动已有建筑信息化应用的互联互通，并反哺在建建筑的精细化设计与施工信息化应用，挖掘以 BIM 为代表的建筑信息技术在建筑全生命周期的价值。

2. 构建基于 BIM 的建筑全生命周期精细化管理应用，实现既有建筑的 BIM 模型化，促进公共建筑运维精细化管理。

3. 构建建筑全生命周期大数据，形成行业及建筑知识库，为行业提供基于 BIM 的三维可视化的建造和运维培训。

4. 保障公共建筑施工安全、平稳运营，减少突发事故，降低公共安全风险，助力城市数字化转型。

执笔人：
上海建工四建集团有限公司（余芳强、许璟琳、张铭、高尚、张明正）

审核专家：
叶浩文（中建集团，战略研究院特聘研究员）
马智亮（清华大学，土木工程系教授）

"乐筑"建筑产业互联网平台

江苏乐筑网络科技有限公司

一、基本情况

（一）案例简介

该案例是"乐筑"建筑产业互联网平台在江苏德澜仕环境科技有限公司扩建厂房项目建设管理全过程的应用。该平台以建筑产业全生命周期数字化解决方案为核心，包括供应链管理和智慧工地管理两大模块，有利于实现物料的数字化采购和施工现场的智能化管理，为建筑业企业提供集供应链金融、采购、运输、施工管理和售后为一体的产业链上下游整体解决方案，提升企业管理运营效率。

（二）申报单位简介

江苏乐筑网络科技有限公司（以下简称"乐筑科技"）成立于2015年，是一家立足于解决建筑业数字化转型的综合服务企业。公司面向建设工程施工企业提供全周期数字化管理服务，目前已服务中国建筑、中冶天工、中国中铁、润企集团、华天建设集团等企业。

二、案例应用场景和技术产品特点

（一）技术方案要点

"乐筑"建筑产业互联网平台包含智能设备、乐筑云计算、数据存储、数字化应用、终端展示五层体系架构（图1）。智能设备层涵盖智能安全帽、智能车载仪、智能充电柜机、无人机、智能摄像头、塔机监控、扬尘监测、升降机监控等乐筑全系列智能物联产品。通过乐筑云计算（包含音视频编解码、AI图像分析、大数据分析、智能匹配算法等）实现企业平台、乐筑平台、政府平台三方独立存储或联动数据存储。数字化应用层包含数字采购、智慧工地和安全监管三大应用功能，打造政企融合的数据监管平台，为建筑产业数字化转型和发展提供解决思路。

1. 数字采购模块

（1）数字采购流程。将材料采购询价、比价、选商、签订合同、收货等采购环节由传统的线下采购流程数据同步统筹到线上云平台。在符合材料采购生态的同时，优化原有采购供应链，实现材料发布标准化、供需双方智能配对高效化、电子合同无纸化、采购全过程留痕可视、在线协同办公等功能，所有材料源头可追溯、数据可留存（图2）。

（2）线上担保交易。银行担保交易充分确保平台用户在采购过程中的资金安全，为用户提供"专业平台＋金融机构"的双重安全保障（图3）。

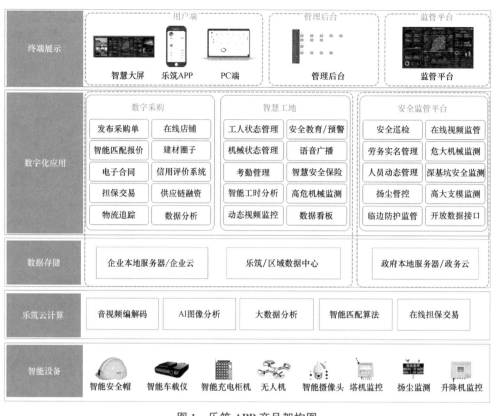

图 1　乐筑 APP 产品架构图

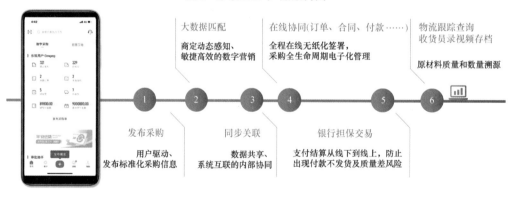

图 2　乐筑采购流程图

图 3　平台交易担保流程

（3）供应链金融。基于采购数据，依托核心企业为其上游供应商提供授信，降低融资成本，加速资金流动（图4）。

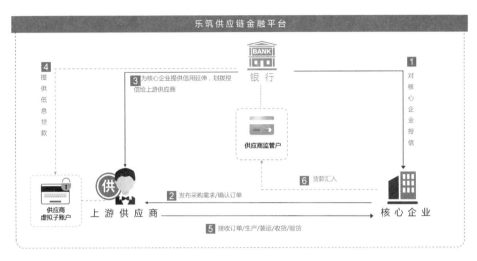

图4　供应链金融业务流程

2. 智慧工地模块

以建设工程项目现场管理为中心，通过自主研发的"守护者"穿戴系统、"鹰眼"机载系统、无人机巡检系统（图5）等智能物联网前端设备，构建全方位智能监控防护体系

图5　智慧工地智能物联设备布局图

（图6），通过一个中心、两个管理维度（"政府监管＋企业管理"）、四级监控体系（省—市—县—企业项目）、打造"6＋X"业务场景模块，全面集成工程项目信息管理、安全预警、劳务人员动态、扬尘监测、项目巡检、危大工程监管和高处防护预警等功能信息，实现监管一张网，为施工项目管理提供便捷服务，也为政府部门的安全决策提供决策信息支撑。

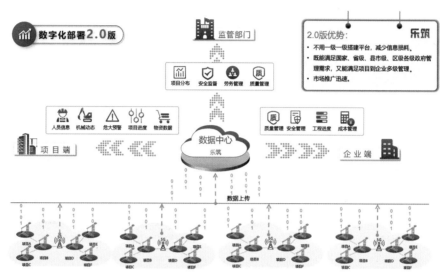

图6　平台智慧工地部署方案

（二）产品特点和创新点

1. 高效数字化采购。平台拥有数量庞大的建筑企业、供应企业等行业上下游参与方，满足全行业链条发展需求。真正实现全流程线上操作，包括大宗资金的在线担保交易，单笔500万元，全天不限额交易，并且免交易费和佣金（图7）。

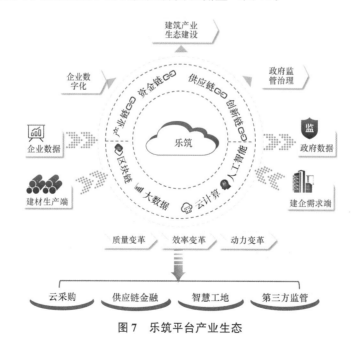

图7　乐筑平台产业生态

2. 多功能集成，全场景开发。平台兼具开放性和融通性，平台同步支持集成多种安全监测设备，包括基坑监测、塔式起重机监测、升降机监测、卸料平台监测等，可快速接入海量智能设备，设备安装简单，搭建周期短，企业可快速接入使用，产品可实现市场快速扩张。平台围绕建筑施工生态、难点及痛点进行快速迭代（图8）。

图8　平台智能硬件集成图

3. 基于智能终端的 AI 识别及深度学习。AI 深度自学习，可精确计算人、机、料相关的出围栏时长、空闲时长和工作时长。对安全帽佩戴、工服穿着、安全带使用、外来人员闯入等识别判断，准确率达 93.8% 以上。平台通过 AI 算法从海量数据中更迅速地完成数据价值的"提纯"，寻找数据关联关系，建立有效模型，发掘应用数据应用价值。

4. 戴帽上险，为施工安全提供保障。乐筑科技开发工人意外险服务，通过绑定智能安全帽，工人戴上帽子保险即生效，具有脱帽停保，戴帽自动续保功能，避免施工现场无保、错保、漏保等现象，为施工安全保驾护航，为企业经营降低风险。

（三）应用场景

乐筑科技自主开发的建筑产业互联网平台适用于建筑企业、供应企业及政府监管部门等，可满足行业材料采购、施工管理、产品销售、建筑监管等多种需求。平台不受地域、规模等因素影响，具有可复制性和推广性。

三、案例实施情况

（一）项目详情

江苏德澜仕环境科技有限公司扩建厂房项目，位于江苏省徐州市西朱大桥和京杭大运河交汇处，是徐州市重点工程项目，项目占地面积 $26665.58m^2$，施工周期 12 个月。

（二）应用情况

根据江苏德澜仕环境科技有限公司对项目数字化管理的需求，乐筑科技为项目研发了德澜仕环境科技有限公司智慧工地管理平台，整个数字化解决方案基于乐筑科技 SaaS 云平台，从实施、培训到交付仅用了短短 2 周时间。

1. 施工物料数字采购

项目将材料采购询价、采购订单、合同签订、供应商管理、线上交易、采购数据留存等环节统筹至"数字采购平台"，并引入线上金融服务。采购平台流程展示：本次以采购钢筋混凝土承插管的建材为例，用图例逐级展现采购平台的日常应用（图 9、图 10）。

图 9　采购详细操作流程 1

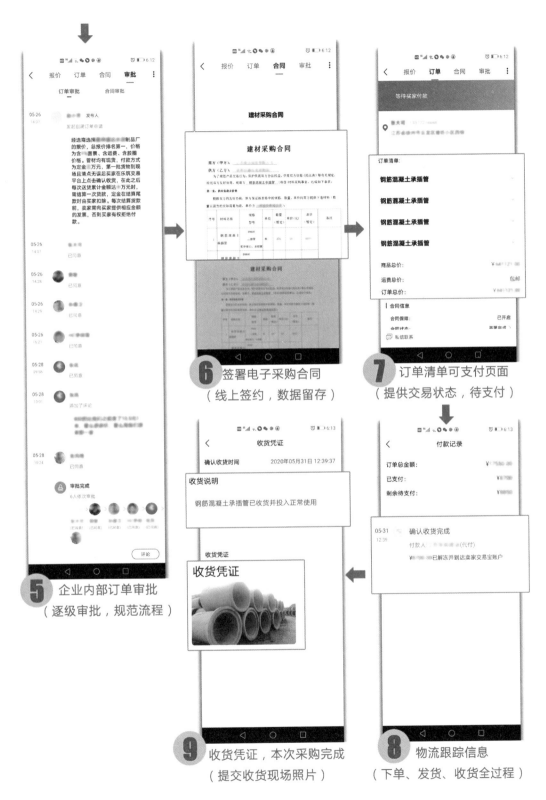

图 10　采购详细操作流程 2

平台优化了各类商品的规格属性，方便精准匹配，对询价、报价、交易、收货过程进行全程跟踪，整个采购数据数字化留存（图11），在线协同办公，节约了询价成本，提升了业务处理效率。

序号	日期	供应商	联系电话	商品名称	规格型号	单位	数量	单价(元)	金额(元)	运费(元)	总价	备注	付款方式
\multicolumn{14}{c}{2020-02-01至2020-10-01江苏▓▓▓公司采购台账}
26	2020-09-0	徐州▓▓▓料有限公司	1392▓▓	钢筋砼承插管		米	110		7700.00	0.00			全款支付
29	2020-08-0	徐州▓▓▓程公司	1333▓▓	光伏发电	层压太阳能电池板/组件	m²	1			1.00			全款支付
30	2020-08-0	徐州▓▓▓程有限公司	1333▓▓	光伏发电	太阳能逆变器	个	1			1.00			全款支付
31	2020-08-0	徐州▓▓▓程有限公司	1333▓▓	工艺玻璃	10,1800×2400,橄榄色					2.00			全款支付
32	2020-08-0	徐州▓▓▓程有限公司	1333▓▓	航空障碍灯	LED灯,10×2,不锈钢,30以上	套	10						全款支付
47	2020-09-0	沛县▓▓▓务部	1875▓▓	石子	10-30	t	400						定金支付
47	2020-09-0	沛县▓▓▓务部	1875▓▓	黄沙	天然砂,中砂:3.0~2.3	t	300						定金支付
49	2020-08-2	徐州▓▓▓工程有限公司	1305▓▓	水泥稳定碎石	4.5,不限,不限,否,不限,黑色	吨	11000						定金支付
50	2020-09-0	江苏▓▓▓程有限公司	1810▓▓	市电路灯	不锈钢,250瓦钠灯,220,IP65	套	8						定金支付
54	2020-09-0	江苏▓▓▓公司	1511▓▓	防尘网		t	30000						全款支付
61	2020-08-2	江苏▓▓▓公司	1875▓▓	水泥	P.C 32.5,袋装,32.5,不限	t	20						全款支付
62	2020-08-2	江苏▓▓▓科技有限公司	1885▓▓	接地角钢	不限,50×50,热镀锌	t	1.2						全款支付
63	2020-08-2	徐州▓▓▓科技有限公司	1885▓▓	土工布_土工布	4~5,涤纶,不限	m²	6000						全款支付
63	2020-08-2	徐州▓▓▓有限公司	1585▓▓	钢管	Q235,DN100(4寸管),不限	m	84						全款支付
70	2020-09-0	阳谷▓▓▓公司	1595▓▓	砂	普通砌筑黄砂,中砂:3.0~2.3	t	500						定金支付
70	2020-09-0	阳谷▓▓▓公司	1506▓▓	电缆	YJLHV-1KN-4*35,不限,不限	m	870						全款支付
70	2020-09-1	徐州▓▓▓公司	1506▓▓	电缆	BVV-3*25,不限,不限	m	310						全款支付
73	2020-09-0	江苏▓▓▓公司	1515▓▓	混凝土	自卸,30,不限,不限	m²	50						全款支付
73	2020-09-0	江苏▓▓▓有限公司	1368▓▓	液压油		桶	1						全款支付

图 11　采购单台账导出

2. 智能物联设备部署使用

通过集成智能物联网设备快速部署搭建云服务"智慧工地平台"（图12），满足管理者对项目建设过程的实时监管。将施工过程中的人、机、料、管、商等要素进行实时动态采集，督促现场作业人员及项目管理者提高施工质量和进度水平。

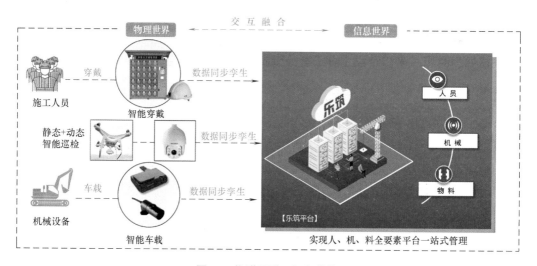

图 12　物联互联，远程监管

（1）智能柜机实现人员实名制。在工地入口安装乐筑智能柜机（图13），用于智能安全帽充电存储以及数据上传，首次使用者需要刷身份证进行劳务实名认证，以后进出工地只需刷脸识别，便可领取自己的安全帽并自动生成考勤记录。

（2）基于智能安全帽实现人员动态监管。智能安全帽具备事前预警、事中数据记录和事后责任溯源及保险理赔功能。产品可精准定位人员运动轨迹（图14），内置撞击、跌落感应器，后台设置电子围栏，遇到撞击、跌落、超围栏、擅自脱帽等危险情况，能立即发

图13 "守护者"系统配套柜机现场照片

出语音警报。其"随手拍照"功能，可将工地上不文明行为、危险行为通过自查、互查上报，让每个工人都成为隐患的发现者。实现对施工现场人员的真实考勤管理，提供人员工时统计（图15）、薪资计算等功能，为项目管理提质增效。

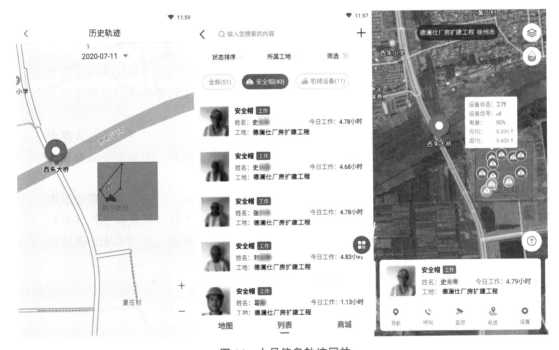

图14 人员信息轨迹回放

（3）提供人员意外伤害保险保障。企业给施工工人开通安全保障服务，人帽绑定，戴帽自动上险，该保障服务适用于一般房建、安装工程、市政道路等，保身故、保伤残及意外伤害。

（4）施工机械设备监管。在工程车、挖机、塔机（图16）等机械设备上安装"鹰眼"

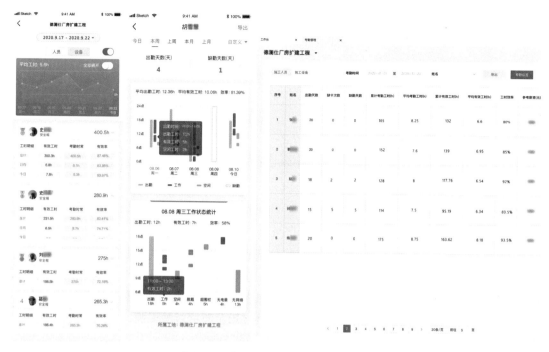

图 15　手机端和 PC 端工时统计表单

智能机载监控设备（图17），可抓拍违章作业，对现场异常危险情况发出警报等，还可统计有效工时等。

图 16　塔机安全监控和卸料平台监测

（5）远程视频监控。在工地现场设立 20 个像位（图18），安装高清枪机搭配智能球机，实时监测安全隐患，精准识别未戴安全帽、外来人员闯入（图19）等安全隐患，实现工地管理全覆盖。

图17 "鹰眼"系统装机图及监控第一视角效果

图18 设备远程监控详情

图19 异常记录安全预警

（6）无人动态智能巡检。利用无人机，通过机载激光雷达扫描技术，实时生成实景三维模型（图20），实现项目施工前期、中期、后期多阶段对比，有效量化施工进度，数据云端留存。

图20 无人机巡检智能三维成像

（7）项目部智慧监控大屏。通过可视化的手段将工地信息进行整合，实现工地管理的透明度、时效性和全面性（图21）。

图21 乐筑智慧大屏

四、应用成效

（一）解决的实际问题

1. 材料采购方面。该项目超过80%的建材采购通过乐筑平台完成，招标采购信息发布后足不出户就能获得多家供应商报价，节约了20%的采购时间和5%的管理人员。同时，更多的供应商报价也让企业有了更多选择，节约了采购成本。

2. 施工管理方面。改变了企业之前"靠人盯，靠嘴说"的传统监管模式，通过"智能硬件＋管理系统"的体系，帮助企业解决管理难题，减少 10% 的施工工期，让企业施工效率越来越高，安全问题越来越少。

3. 综合应用效果。乐筑科技在此项目中为企业提供新型采购数字化管理，将采购、协同、供应商管理、合同结算、建筑施工以及企业建筑项目管理统筹到云平台中，提供覆盖建筑项目全周期的智慧化管理方案，提升建筑行业现代化、智能化、数字化水平，为企业降本 15%、增效 20%，帮助企业在项目实施中形成多方的协同计划和动态履约。

（二）应用效果

1. 为企业降本增效赋能。一是材料采购发布方便快捷，节约询价成本；二是减少业务人员工资支出，快速建立供应商体系；三是电子合同方便快捷，无纸化签署、全程在线审批极大节省运输、打印成本及时间成本，同时提升业务效率。

2. 数字担保交易、供应链贷款赋能。一是货款支付在银行冻结，收货确认合格后支付，减少卖家违约风险；二是根据买方信用授予贷款支持。从行业的"场景视角"，构建紧密的产业链生态系统，为供应链内企业提供融资服务。

3. 数字化工地项目管理赋能。一是可以主动查看工地动态，监督材料使用情况，解决人工监管货物流向效率低，难以准确追踪货物轨迹的难题；二是借助全新数字化技术，将项目施工场景的信息及数据优化整合，形成一套有效的数据信息，供企业管理者调用及留存；三是进一步将劳务管理系统应用到项目管理中，真正实现人员的动态管理；四是持续推进施工业务信息化，提升项目人员的信息化水平，让相关人员在生产进度、质量、安全等业务方面更加高效地使用平台进行项目管理。

执笔人：

江苏乐筑网络科技有限公司（张凤）

审核专家：

叶浩文（中建集团，战略研究院特聘研究员）

马智亮（清华大学，土木工程系教授）

"比姆泰客"装配式建筑智能建造平台

浙江精工钢结构集团有限公司

一、基本情况

（一）案例简介

为改变传统粗放的钢结构建筑项目管理模式，减少现场进度追溯效率低、钢构件发货配套性差的问题，浙江精工钢结构集团有限公司利用云计算、BIM、物联网、二维码等技术研发了"比姆泰客"装配式建筑智能建造平台，用于钢结构建筑项目全生命周期管理。该平台通过二维码技术将物联网与BIM模型关联，构件每到一个特定阶段（成品入库、成品出厂、进场验收、安装完成），构件状态实时反映到BIM模型中，实现了与工程进度的互动，确保项目相关方实时掌握工程进度。同时，平台还实现了现场可视化要货、工厂精准配套排产、配套发货、项目进度实时检测与共享、进度环节实时智能预警、自动生成对比分析报表等功能，有利于提高工作效率，减少资源浪费，控制工程施工周期，辅助管理决策。

（二）申报单位简介

浙江精工钢结构集团有限公司成立于1999年，是一家集国际、国内大型钢结构建筑设计、研发、销售、制造、施工于一体的大型上市集团公司。公司荣获"国家科学技术进步奖"5项、"詹天佑奖"13项、"鲁班奖"28项、"国家钢结构金奖"145项。

二、案例应用场景和技术产品特点

（一）技术要点

"比姆泰客"装配式建筑智能建造平台，以BIM技术为基础，结合二维码、物联网、云计算、大数据、5G、智能算法等技术自主创新研发，实现装配式建筑项目BIM参数化设计、工厂信息化管理、系统智能化预警管理，项目信息化管理、全生命周期运维管理（图1）。

平台建设总体架构设计为SaaS-PaaS-IaaS搭建模式，采用微服务—网关为基础架构，融合Docker技术、WebApi，采用分布式部署方式通过Internet提供服务，平台统一部署在自己的服务器上并全权管理和维护软件。客户可以根据实际需求，通过互联网订购所需的应用软件服务（图2）。

"比姆泰客"装配式建筑智能建造平台是一款以装配式建筑为主，包含施工总承包项目、金属屋面等多专业的项目管理平台，为客户提供从建筑设计、生产、运输、施工到运维全生命周期的信息化管理方案，帮助客户创造更大的价值，实现传统建筑业"互联网＋模式"。同时，实现现场可视化要货、工厂精准配套排产、配套发货、进度实时检测、实

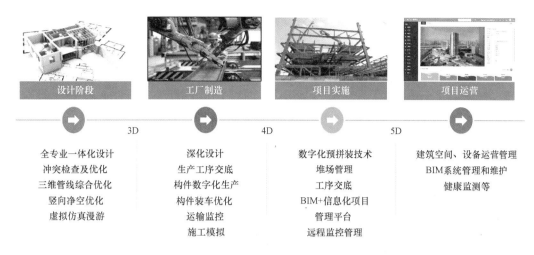

图 1 项目全生命周期数字化技术应用

图 2 平台架构图

时预警、安全质量问题闭环反馈等,在确保项目相关方实时掌握工程进度的同时,提高工作效率,减少资源浪费,控制施工周期(图3)。

(二)创新点

1. 通过一套特定的技术流程,打通 BIM 软件和企业 ERP、SAP 数据的集成交互,实现实时动态 BIM 模型浏览——"可视化进度管理"(图4)。

2. 提出一种钢结构发货和配套的检测预警方法,对钢构件发货及其配套性进行实时智能反馈与预警处理。

图 3　平台示意

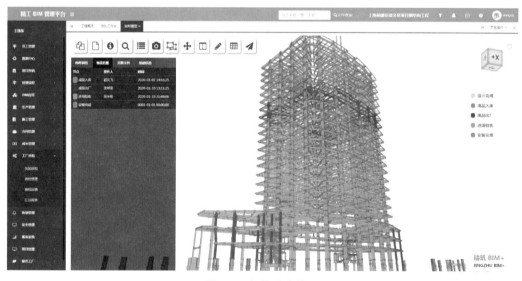

图 4　可视化进度管理

基于 BIM 模型生成配套预警包及要货计划，通过数据映射系统、数据采集系统、数据处理系统和数据预警系统，对钢构件发货及其配套性进行实时智能反馈与预警处理。本技术相比传统工厂发货管理模式，实现了钢构件信息化管理，提高了信息反馈速度，带来了间接经济效益（图 5）。

3. 提出一种基于 BIM 模型的可视化智能库存预警管理系统。

基于 BIM 要货模型，自动分析材料清单与库存；通过动态安全预警机制和原材料采购周期大数据，实时评估材料采购周期及钢构件供货风险等级并预警，优化库存与采购，

图 5 智能化预警管理

实现高效智能的生产库存平衡。通过系统将堆场等信息赋予 BIM 模型，模型构件色彩自动与堆场预设色彩匹配；根据构件几何特性、安装位置及配套性判定构件最佳堆放位置，便于构件查找及管理；对构件堆放实时统计，智能分析并触发构件堆放位置错误预警、堆场荷载安全预警。

4. 研发激光三维扫描测量与数字预拼装技术。

该创新成果综合逆向成形、虚拟现实、激光三维扫描、计算机编程、BIM 技术，将先进的高端工业制造技术引入传统建筑行业，并自主研发算法插件，促进各行业技术融合，改变钢结构行业传统检测模式，利用精度达 0.085mm 的工业级激光三维扫描仪对实际加工构件进行扫描实景复制及逆向建模，通过对扫描模型的测量实现构件测量。根据特定算法及拟合方案在虚拟环境下仿真模拟实际预拼装过程，通过扫描模型与理论模型拟合对比分析，实现结构单元整体的数字预拼装，提前将超偏构件进行工厂返修，从而保障现场有序的施工进程。通过成套技术的研发应用，解决传统实体预拼装存在的施工工期长、施工资源消耗量大、施工安全风险高的问题，通过技术创新实现建筑工程的节能环保，提高测量的精度、预拼装的效率，降低成本，缩短预拼装工期（图 6）。

（三）市场应用总体情况

平台已应用于北京大兴国际机场、亚洲基础设施投资银行、港珠澳大桥香港旅检大楼、2022 年卡塔尔世界杯体育场等项目，提高了项目管理效率，取得了良好的经济效益。

三、案例实施情况

（一）项目介绍

以北京大兴国际机场旅客航站楼及综合换乘中心为例介绍平台应用情况。该项目航站区南北总长 1753.4m，东西宽 1591m，建筑总面积 103 万 m^2（含地下），建筑高度约

图 6　激光三维扫描示意

50m，地上五层，地下二层。航站楼核心区包含下部主体结构、中部支撑结构及上部钢屋盖结构（图7）。

图 7　项目效果图

本项目主要难点：（1）中心区屋盖面积大，数量繁多，施工组织复杂：屋盖结构由12300个球形节点和超过60000根杆件组成，这对钢结构加工及施工的精细化管理提出新的要求；（2）C型柱结构复杂，节点类型多、加工精度要求高：C型柱作为中心区屋盖主要支撑结构，柱底通过三向固定球铰支座与劲性结构连接，柱顶与上部钢屋盖连接为整体，因此，如何保证构件的加工精度成为关键；（3）施工周期短，工期紧张：钢结构施工节点工期目标的实现是确保项目总体施工目标的重要前提，要确保高难度、大面积、大体量钢结构施工节点工期目标。

（二）项目实施情况

基于本项目BIM应用特点，综合考虑从设计优化、碰撞检查、施工方案优化、数字化预拼装及独立开发BIM项目管理平台等方面进行深入应用。

1. 设计协同：项目为超大体量的钢结构模型，深化模型深度达LOD400，公司采用模型轻量化计划优化模型，模型上传到BIM平台，实现多专业基于BIM模型的设计变更与协同作业，解决传统项目设计阶段，设计变更修改、多专业设计协同基本靠图纸模型发送、电话沟通造成的沟通效率低下及时间浪费问题，实现多专业设计协同效率提升50%以上，信息100%实时共享（图8）。

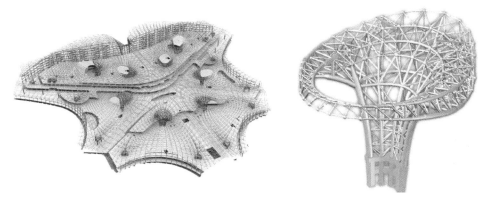

图 8　钢结构 BIM 模型

　　本工程造型复杂，杆件众多，采用 BIM 协同一体化设计优势，进行碰撞检查及优化：一方面进行了结构自身的碰撞检查，提高了结构设计准确性，减少了设计错误；另一方面对一些临时措施（支撑架、提升架等）跟结构间的空间位置进行事先碰撞分析，避免了施工过程中出现临时措施无效的情况（图 9）。

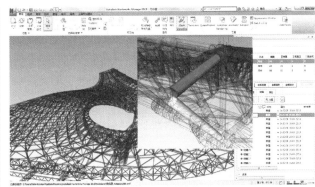

图 9　碰撞检查及优化示意图

　　2. 精益化生产：基于 BIM 系统实现项目经理线上要货，工厂线上计划结果反馈，确保工厂按需采购、按需生产、按需发货，有效解决构件生产、发货和现场进度脱节，发货计划执行率低，发货配套性差等问题，使整个项目生产计划有条不紊地进行，保证项目交货的及时性。本项目合计构件 2 万多根，共设置区域数量 80 个，通过要货计划指导生产排产，项目执行期间将工厂半成品构件数量控制在 1% 以下，半成品构件重量不超过项目总重量的 8%，大幅减少工厂仓储成本及材料采购的资金占用（图 10）。

　　3. 数字化加工：利用 BIM 模型自动导出构件生产工艺参数，如构件规格尺寸、焊缝参数等，输入机械设置，完成构件自动切割，焊缝自动焊接等工艺操作，实现加工自动化、数字化，提高构件出量、出图、焊接工艺执行效率 30%，初步实现工厂部分工艺自动化加工（图 11）。

　　4. 生产工序无纸化质检：构件加工工序完成，系统自动流转质检。工厂质检员在移动端打开设计图纸，在线测量构件尺寸，登记质检结果，班组反馈实时登记。全过程无纸化操作，避免质检员手工登记台账的过程，实现问题追踪 100%，统计报表实时生成，提

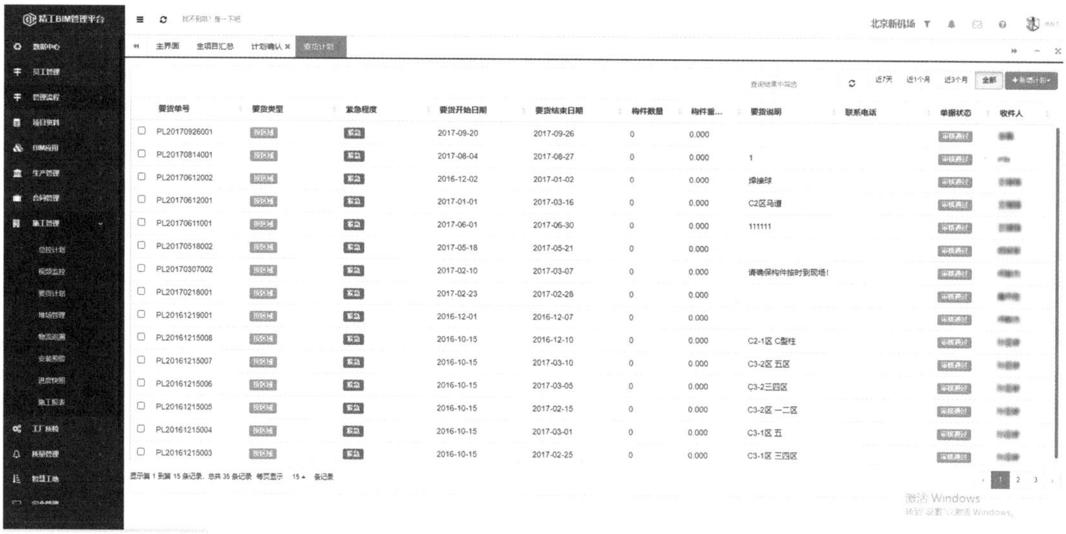

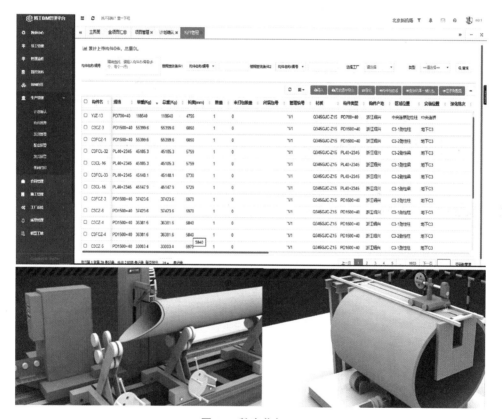

图 10　构件要货计划

图 11　数字化加工

高质检效率，同时，节省 2 万多元的构件 A3 图纸打印成本，工厂沟通效率提升 45％。BIM 平台实现图纸云端上传、浏览、标注、测量、下载与分享（图 12）。

5. 构件数字化预拼装：为了保证构件加工精度，降低现场施工成本，利用精度达 0.085mm 的工业级三维激光扫描仪，对实际钢构件进行非接触式的高精度三维数据扫描

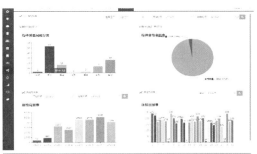

利用移动端查看图纸，构件质检，质检结果实时跟踪，
一键查看，进一步实现工厂无纸化管理，便捷办公。

图 12　无纸化质检管理

采集，最后将扫描模型数据与 BIM 模型数据对比分析，得出预拼装检测报告，实现构件
高精度，减小施工难度，有效缩短施工工期。

因本项目实施意义重大且构件造型复杂，项目实施过程中特选取两组 C 型柱进行虚
拟预拼装及实体预拼装两种方式的构件检验，经实践操作记录数据得知，实体预拼装消耗
时间约为虚拟预拼装的 2.5～3.5 倍，成本消耗约高出 52％～67％，实体预拼装构件的扫
描时间取决于预拼装结构第一根构件加工完成到最后一根构件加工完成时间的间隔时间，
而虚拟预拼装构件的扫描时间等于预拼装结构单根构件扫描时间之和（图 13）。

图 13　数字化预拼装报告

6. 可视化进度管理：构件生产质检完成，对 2.1 万根构件粘贴二维码"身份证"，解决传统管理模式"计划上墙"存在的弊端，杜绝现场项目部与工厂的繁缛交流、效率低下以及信息不对称造成的项目时间浪费与经济损失，确保项目相关方实时掌握工程进度。

同时，基于二维码的工厂及现场物料可视化，解决了人工统计盘点物料效率低、时效性差、易发生错误，且数据无法实现即时性的问题，减少数据统计分析人力。同时，可视化的堆场将钢构件堆场找料时间缩短 80％以上，堆场及场地内二次倒运费用减少约 50％，提高项目经济效益（图 14、图 15）。

图 14　构件二维码扫描

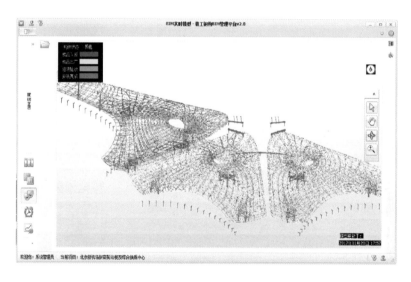

图 15　可视化进度管理（BIM 进度模型）

7. 智能化预警管理：系统内置决策引擎，以项目的要货计划为源头，实现多维度智能预警管理，对构件发货配套性、构件发货及时性、项目安装及时性、资金风险、库存风险等实时预警，并短信通知相关方，为项目保驾护航。本项目设置提前、警告、超期三级四种核心预警机制。

本项目累计发生工期警告 3 次，配套预警 2 次，发货告警 8 次，通过实时监测预警状况合理调配资源，构件发货配套率达到 95％以上，避免因为构件发货不配套造成的现场人机待料的施工资源浪费，避免经济损失，确保项目在规定工期内顺利完工（图16）。

图16　智能预警管理

8. 智慧化现场管理：为了满足在确保施工安全的基础上节能降耗，施工现场结合设备物联感知，实现数据物联硬件采集—孪生分析—管理应用—平台展示。本项目通过接入摄像头（4个）、设置工程监测点位（7类工程，160个点位）等硬件设备，形成对现场视频监控基坑、塔式起重机、升降机、水电、环境、劳务的物联网（安全）与运维管理，实现项目质量、进度、安全、文明的智慧管控。同时，通过虚实结合、数字孪生建筑实现现场100％进度可视化、100％劳务实名制管理、100％质量安全可追溯，进度统计效率提高60％、管理沟通效率大幅提升。

9. 多专业资料协同：以二维码、RFID、智慧监控为媒介，实现智慧生产与智慧施工互联互通；两端（网页端、移动端）应用，两层（项目部、集团层）管理，实现项目全生命周期多专业资料协同，移动管理轻量化（图17）。

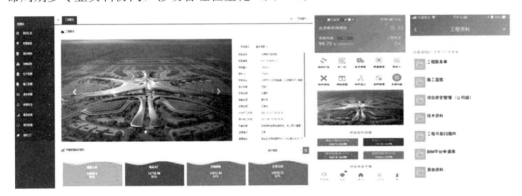

图17　平台网页及APP端

四、应用成效

平台为客户提供了从建筑设计、生产、运输、施工到运维的全生命周期数字化、系统化、智能化的解决方案，实现了工程消耗有依据、预警有监测、管理有规范，有利于推动建筑业企业转型升级，取得了较好成效。一是构件发货配套率达到95％以上，避免因为构件发货不配套造成的现场人机待料的施工资源浪费；二是解决传统管理模式"计划上墙"存在的弊端，项目沟通时间成本降低55％以上；三是部分工作环节实现无纸化绿色办公，节约办公费用10％以上；四是减少人工统计工作的差错率，减少成本预算人员

60％的工作量，大幅度提高企业项目管理效率。

执笔人：
浙江精工钢结构集团有限公司（王强强、徐莉萍、孟玲霄、顾晓波、李路杨）

审核专家：
叶浩文（中建集团，战略研究院特聘研究员）
马智亮（清华大学，土木工程系教授）

装配式建筑工程项目智慧管理平台

浙江省建材集团浙西建筑产业化有限公司

一、基本情况

（一）案例简介

装配式建筑工程项目智慧管理平台是基于 BIM 和物联网研发的综合性预制构件生产工厂管理平台。平台以工厂生产管理为重点，向上下游整合装配式建筑设计、材料、生产、施工等环节，通过具备可追溯性质量管控的生产管理系统实现构件加工过程的规范化管理，实现 BIM 数据直接导入构件生产设备，使生产进度和质量得到有效管控。

（二）申报单位简介

浙江省建材集团浙西建筑产业化有限公司隶属于浙江省建设投资集团股份有限公司，成立于 2018 年 6 月 27 日，注册资金 5000 万元，是一家集研发、设计、生产、供应和安装于一体的新型建材企业。公司致力成为全省建材龙头企业、全省建筑工业化领军企业，以特色专业培育、建筑产品生产、工程管理服务以及建筑科技创新等为主要业务方向，是国家高新技术企业，获得国家授权专利 13 项和软件著作权 6 项。

二、案例应用场景和技术产品特点

（一）主要特点和指标

平台面向多装配式建筑项目、多构件工厂，针对项目的全生命周期和工厂的全生产流程进行管理。平台作为装配式建筑项目和构件厂的可视化和精细化管理的支撑，加强了构件厂与装配式建筑设计、招标采购模块和装配式施工现场、政府监督部门之间的协同。平台主要特点如下：一是系统结构技术先进，功能简单、实用、有效、可靠，集成性和扩展性高；二是统一平台、统一标准、统一软件，数据共享；三是功能强大的综合分析能力，具备监控和在线快速查询决策处理能力；四是系统平台具有独立性，信息传递安全，保障系统安全性。

（二）创新点

1. 多级权限管理。支持多工厂管理，单个项目可由上级集团统一指派与集团其他预制构件工厂同时进行生产，实现了集团级的生产管理，加强了平台应用企业的协作性，特别是对工期要求比较紧的项目，有效提高了客户服务能力。

2. 设计、生产一体化。平台直接对接 BIM 模型，自动生成 BOM 清单，大大减少了物料统计在设计、生产环节的重复工作。同时，劳务班组、施工员和质检员在生产车间可通过掌上电脑、平板电脑、APP，查看每个构件的图纸和轻量化 BIM 模型，辅助生产、质量管理工作，实现了无纸化办公。特别是针对异形构件，通过浏览 BIM 模型，大大提高了产品合格率。同时，平台能够直接导出生产数据给 MES 系统，从而实现钢筋自动化加工和混凝土构件自动浇筑，加强了数据流转和共享，提高生产效率。

3. 物联网技术的应用。建立装配式预制构件的编码体系，在构件生产过程中集成二维码、条形码、RFID 及各种传感器等物联网技术，产业工人只需使用掌上电脑、APP 扫描每个构件自动生成的唯一标识二维码，即可对隐蔽检查、成品检查、入库、出库等关键工序进行跟踪记录和管控，从而实现构件全生命周期的信息化管理和可追溯的质量管理。

4. 具备基于多层级的决策支持和分析预警。平台贯通公司、多工厂、多项目等多个层级，集成业务数据、管控流程和决策分析等信息，实现多个不同层级的高效协同和可视化管理，提高公司多层级的管理能力。提供上级集团决策者可以实时掌握各预制构件工厂的运行状况，动态分析新签合同额、产值等主要指标的完成情况，工厂决策者可以动态掌握各项目的履约和库存信息，有效提升决策分析水平，增强核心竞争力。

5. 平台通过攻克设计、生产与施工环节的信息化管理瓶颈，形成高度集成的、共享的、协同的信息系统，可以有效地为智能工厂生产管理的落地实施提供技术和平台支撑。提高预制构件的产品加工精度，降低工人的操作误差，使得构件的精细化生产与施工得到真正实现与推广。

6. 平台有助于推动一个高度灵活的数字化和协同化的建筑产品与服务的生产模式。BIM 技术、MES 与 PCS（生产工控系统）与生产设备的高度融合，为建筑工业化中的重要环节"加工工厂"的自动化、协同化、智能化生产提供了技术保障。同时，BIM 技术将其他环节一一打通，加速促进建筑行业全过程、全产业链的工业化、信息化、协同化的转型升级。

（三）适用范围及条件

平台以预制构件全生命周期为主线，涵盖了从设计、生产到现场施工等功能。通过平台，可在设计环节与 BIM 系统形成数据交互，提高数据使用率；在工厂生产环节，对预制构件的生产进度、质量和成本进行精准控制，保障构件高质高效地生产；在施工现场，实时获取、监控装配进度。平台操作简单便捷，产业工人只需使用扫码枪对构件唯一标识的二维码进行扫描，即可完成操作。

（四）市场应用总体情况

目前，集团所属全部预制构件工厂应用了装配式建筑工程项目智慧管理平台，项目产业链上下游企业通过平台参与项目整体管控和多方协同，打通了装配式企业内部管理难、外部协同难、监督难的堵点和痛点。

三、案例实施情况

装配式建筑工程项目智慧管理平台在浙西建筑产业化公司上线应用，通过 BIM 模型与平台的数据共享和交换，运用二维码、RFID 等物联网技术，实现了预制构件工厂生产数据、排产计划、生产、质量、材料、设备、仓储、物流及施工等环节的数字化管理，并能实现项目、合同、供应商、客户、公司决策支持和工厂决策支持等企业级的信息化管理。

（一）建设目标

1. 建立协同工作机制：构建标准化的作业流程和管理体系，业务数据高度共享和应用，实现设计、生产、采购、仓储、物流和施工等环节全过程高效协同。

2. 提高工厂产能：加强数据采集和分析，实现"数字排产"，提高模台利用率和人均产能。同时，提升设备的智能化水平，实现机器代人，提高生产效率。

3. 提升产品质量：加强原材料和生产过程的质量控制，提高质量缺陷分析水平，形成可追溯的质量管控体系。

4. 加强成本管控：建立模具库和精细化成本管理体系，为降本增效提供决策分析数据。

（二）实施情况

智慧工厂管理平台面向多工厂、多装配式建筑项目管理，集成 BIM、物联网、大数据和云计算技术，将每个预制构件对应一个二维码电子标签，打通从生产订单，到深化设计、排产计划、物料采购、产品质量控制、仓储、物流和施工等多个环节，实现全生产过程的数字化管理。

1. 建立标准化作业流程和管理体系。针对装配式建筑项目的合同、生产、质量、材料和成品管理等业务流程进行优化和固化，使集团逐步实现"标准化""精细化"和"精益化"的管理升级。同时，对集团新投产的浙南、浙西基地进行管理复制，大大缩短了新工厂从试投产到量产的时间，有效提升了集团的管理效率（图 1）。

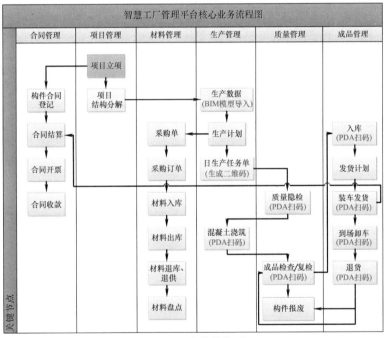

图 1 平台整体体系

2. 实现设计、生产一体化。平台直接对接 BIM 模型，自动生成 BOM 清单（图 2），实现了数据高效共享和应用，大大减少了物料统计在设计、生产环节的重复工作（图 3、图 4）。产业工人、施工员和质检员在生产车间可通过掌上电脑、平板电脑、APP 扫码查看每个构件的轻量化 BIM 模型和图纸，辅助生产、质量管理工作。特别是针对异形构件，通过预览 BIM 模型，有效提高了产品合格率。同时，平台直接导出生产数据给 MES 系统，实现钢筋自动化加工和混凝土自动浇筑，提高生产效率。

图 2　导入 BIM 模型自动生成 BOM 清单

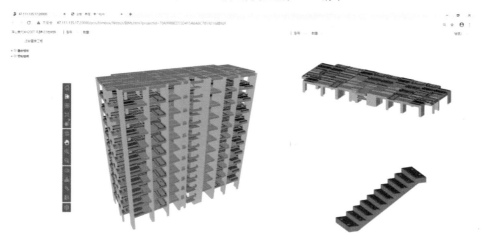

图 3　导入 BIM 模型

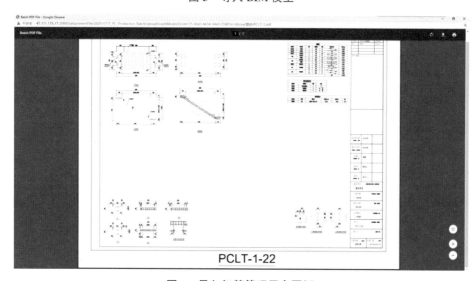

PCLT-1-22

图 4　导入智慧管理平台图纸

3. 优化生产计划管理。根据导入的项目 BIM 模型，形成生产数据，按照项目工期和需求计划，依据预制构件工厂的既有产能、现有模具和库存情况，合理制定构件生产计划。

4. 实现构件全生命周期管理。通过二维码或 RFID 电子标签，对构件的隐蔽检查、混凝土浇筑、成品检查、入库和装车出库等核心环节进行跟踪和记录，从而实现构件全生命周期的数字化管理和可追溯性的质量管理（图 5～图 8）。

图 5　掌上电脑扫码隐蔽检查

图 6　掌上电脑扫码成品检查

图 7　掌上电脑扫码入库

图 8　掌上电脑扫码装车出库

5. 建立供应链协同管理。在生产阶段根据月生产计划，自动生成模具需求计划和材料需求计划，指导模具和材料采购。同时，根据日生产计划，生产部填报材料配比领料单，仓库收到领料单后，将材料配送至生产车间指定工位，并生成出库单。同时，针对部分材料设定安全库存，当库存低于设定值时，发出预警信息，提醒采购部进行材料采购（图 9）。

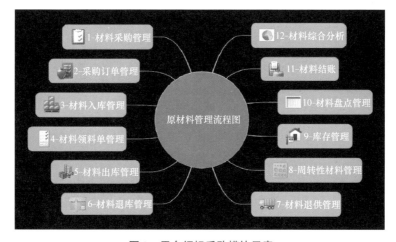

图 9　平台招标采购模块示意

在施工阶段，平台向施工方提供项目详细的构件生产清单和进度，以便施工单位能实时掌握构件厂的生产情况。同时，施工方通过手机 APP 扫码完成构件安装，以便构件厂也能实时掌握项目施工进度（图 10）。

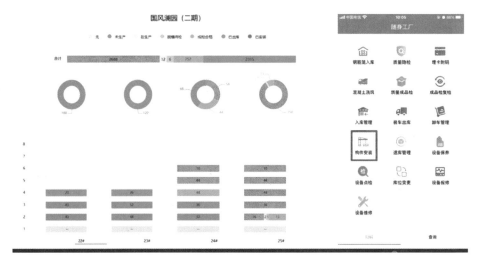

图 10　项目形象进度图

在政府监管方面，平台将工程项目的构件生产、物流信息实时推送至杭州市装配式建筑质量监管平台，以便政府实现数字监管（图 11）。

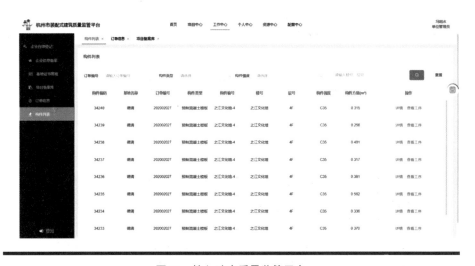

图 11　接入政府质量监管平台

6. 实现堆场可视化管理。建立堆场的三维网格化场景，实现可视化管理。快速检索同项目、楼栋、楼层、构件类型的堆场空位，自动规划构件入库方案。根据发货计划，快速定位 PC 构件所在的堆场位置，自动规划构件装车方案（图 12）。

7. 实现"互联网＋设备"管理。预制构件工厂主要的生产、实验、装运设备的点检、保养、报修和维修等设备管理工作可通过掌上电脑、APP 进行。同时，扫描设备二维码，可查看设备的基本信息，以及保养和维修记录，有效提高设备管理水平（图 13）。

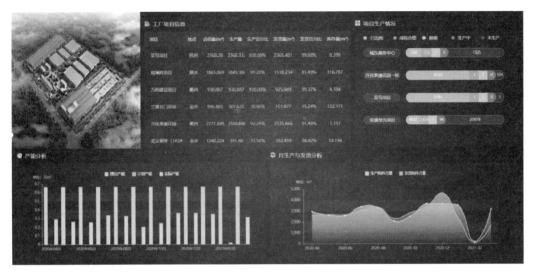

图 12　工厂级驾驶舱大屏

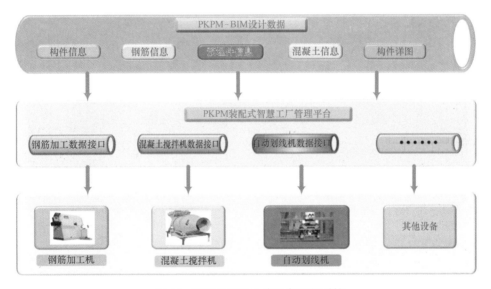

图 13　通过接口池生产设备进行对接

（三）解决的主要问题

1. 解决了管理难以复制的问题。通过平台的应用，预制构件工厂根据装配式建筑项目合同组织生产，从深化设计、生产数据、生产计划、生产管理到成品交付，针对每个环节、每道关键工序和流程进行规范化、标准化管理。

2. 解决了工厂各部门、岗位之间存在的信息孤岛的问题。平台打通了装配式建筑项目的设计、生产、仓储、物流和施工等多个阶段，实现了从生产订单，到深化设计、计划排产、物料采购、产品质量控制、发货计划和装车出库等多个环节的信息高效传递和应用。

3. 解决了工厂排产无序、产能发挥不足的问题。通过平台的应用，建立了经营、生产和发货环节的协同工作机制和数据体系，生产部根据工厂产能、堆场库存和项目施工进度，对周生产计划、日生产计划进行排产优化。同时，平台直接从 BIM 模型导出生产数据给 MES 系统，通过生产计划管理，动态关联项目、构件产品、生产线、工位、班组和物料清单，有效提高了生产效率，激发了工厂产能。

4. 解决了工厂堆场管理混乱的问题。平台对堆场进行合理的网格化规划，实现了构件入库和发货引导，显著提高了入库和发货效率，提升了堆场管理水平。

四、应用成效

（一）实现了设计与生产、生产与采购的协同管理

通过 BIM 模型的导入，实现了设计与生产端数据的高效传递和应用，大大减少了生产端重复计算的工作，有效提高了工作效率；导入 BIM 模型后，自动生成 BOM 清单，生产部按月编制排产计划，根据月度生产计划，自动汇总生成物料需求计划，指导物料采购。

（二）实现了生产全过程的数字化管理

建立了装配式预制构件编码体系，将预制构件编码与 BIM 模型及构件数据库关联，在构件生产过程中平台集成二维码、条形码、RFID 及各种传感器等物联网应用，通过二维码或 RFID 电子标签对构件全生产过程进行数字化管理，从而实现构件全生命周期可追溯性的质量管理（图 14）。

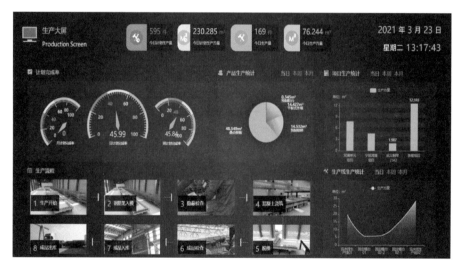

图 14　全生命周期管理示意

（三）建立了精细化成本管理体系

根据工厂、项目和构件三个维度，建立了一整套成本分析体系，公司由粗放型管理向精细化管理转变，由传统经验型管理向科学化管理转变。结合每月的成本分析会，重点对预制构件工厂的成本分析对比数据进行研讨，进而制订有效的"降本增效"方法。

（四）经济效益

平台建立了经营、生产和发货环节的协同工作机制，生产部根据工厂产能、堆场库

存、项目施工进度和配模情况，对周生产计划、日生产计划进行排产优化，有效提高了生产效率，日产能提高约 10％。同时，提高了库存周转率，成品库存下降约 20％。根据排产计划，设置安全库存，自动汇总材料月度需求计划，指导材料采购，合理降低了原材料库存，材料库存降低约 20％。根据模具数据库，设计院进行针对性的深化设计，提高了模具周转次数，模具费降低约 15％。同时，平台自动统计生产、发货数据；合理的堆场规划，引导发货人员快速找到构件，预制构件工厂减少生产统计、发货等管理人员，管理人员降低约 5％（图 15）。

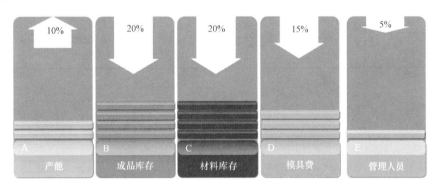

图 15　经济效益示意图

执笔人：
浙江省建材集团浙西建筑产业化有限公司（楼应平、宋向华、章磊、冯明水、陆铖）

审核专家：
叶浩文（中建集团，战略研究院特聘研究员）
马智亮（清华大学，土木工程系教授）

"筑慧云"建筑全生命期管理平台

江西恒实建设管理股份有限公司

一、基本情况

(一)案例简介

"筑慧云"建筑全生命期管理平台(以下简称"'筑慧云'平台")是由江西恒实建设管理股份有限公司研发的涵盖建筑工程全生命期的大数据管理平台。它将"互联网+"的理念和技术引入建筑工地,从项目源头抓起,结合物联网、BIM、AI、大数据等技术,提供智慧全过程工程咨询服务综合解决方案,实现企业、项目部与各参建方的信息共享及管理决策的协同,形成"端+云+大数据"的全新的数字化管理模式(图1)。

图1 筑慧云建筑全生命期大数据管理平台

(二)单位简介

江西恒实建设管理股份有限公司成立于1999年,是一家专业从事工程建设综合咨询服务的创新型企业,2016年在新三板上市,同年获批成为国家高新技术企业。2018年,公司获南昌市政府批准建立了院士工作站。主要业务范围涵盖规划、设计、招标代理、造价咨询、项目管理、工程监理、BIM设计咨询、绿色建筑设计咨询等。

二、案例应用场景和技术产品特点

(一)技术方案要点

"筑慧云"平台包括四大板块6类产品,提供基于建筑工程全生命周期的"1+2+N"智慧全过程服务解决方案,依托物联网、互联网,建立云端大数据管理平台,形成"端+

云＋大数据"的业务体系和新的管理模式（图2）。

一个数据仓库：以管理驾驶舱为驱动的数据仓库建设，把数据变成个性化服务的数据中台，提供报表展示、即席查询、数据分析及数据挖掘等应用。

两套核心平台：中台管控系统建立了"企业端＋项目端＋智慧工地＋大数据"的综合信息化管控平台；协同管理平台（CBIM，Cloud based BIM，基于BIM技术的多方协同管理平台）打通从一线操作与远程监管的数据链条，实现项目建设过程各业务环节的智能化、互联网化管理，参建单位实时信息共享，及时数据结构分析，实现"互联网＋建筑工地"的跨界融合。

N个面向各业务主题打造的数字应用系统：一是数字安全监管平台，通过IoT、AI人工智能算法等进行违章行为识别，防范安全风险；二是复杂工程专家远程诊断系统，实现复杂问题线上解决，专家技术向社会开放；三是基于BIM智慧运维的数字管理平台，可将建筑物多系统空间定位直观呈现，改善人机交互效率，提升运行管理水平。

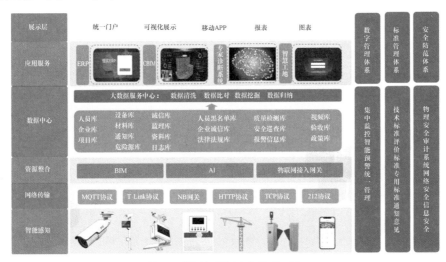

图2 "筑慧云"平台体系架构

（二）产品特点与创新点

1. 系统架构采用B/S框架模型的Web访问，前端通过MVC4实现前后端分离模型搭建，采用bootstrap样式实现页面的自适应；数据通信采用先进的IBatisNet框架，后端采用多层架构体系架构搭建。具有架构灵活简单易用、可靠性高、可扩展性强、可移植性高的特点。

2. 平台遵循标准性和开放性原则，采用模块化设计，将来随着业务种类的增加和用户数量的增长，系统可以平滑升级。并提供开放的协议接口，使得"筑慧云"平台具有良好的互操作性与扩展性。

3. 结合先进的精益建造项目管理理论方法，集成了人员、流程、数据、技术和业务系统，管理建筑物从规划、设计到施工、运维的全生命周期，包括全过程、全要素、全参与方的数字化。

4. 建立了以集团一体化管控为基础的中台管控系统和以项目管理为中心的CBIM管理平台，将传统建筑信息碎片化整合成全生命周期建筑数据，实现项目建设全过程的数字化管控。

5. 基于互联网、生物识别技术，综合应用以 BIM、IoT、AI、无人机、激光扫描为代表的各类专业技术，实现管理智能化、可视化。实现数据自动采集，减少现场人员事务性工作，提高施工现场人员工作效率。

6. "筑慧云"平台基于 BIM 轻量化和互联网云技术，线上解决业主、设计、施工、监理、物业等在信息共享、多方协同管理方面的难题，并实现跨阶段的交互式数据赋能应用。

（三）应用场景

目前，"筑慧云"平台主要应用于建筑领域的大型公共建筑、学校、医院、厂房等项目。通过产品迭代可集智慧全过程咨询、远程管控、风险预警、一站式评价、智慧建筑、智慧监管为一体，为建筑咨询、施工企业提供信息化解决方案，为智能建造提供工作协同平台，为行业主管部门提供数字安全监管平台，为业主提供全生命周期建筑数字信息的数字运维服务平台。

三、案例实施情况

（一）工程项目基本情况

萍乡市玉湖岛改造项目位于萍乡市经济技术开发区横版管理处 D-2-4、D-2-5 地块，用地面积 85066m²，含新建 1 栋三层政务接待楼和 1 栋四层中央商务楼，并进行 1 号、2 号楼改造施工，总建筑面积 27000m²，其中地下室建筑面积 10266m²。

（二）应用过程

1. 方案设计阶段：利用 CBIM 平台，优化规划分布、室内功能分布、消防疏散模拟、光照分析模拟、交通组织。利用修正功能和自动数据比对功能将设计数据和方案进一步优化，最终得到最优方案（图 3），保证后期施工作业顺利展开。同时，在信息化技术的支持下能够详细、具体地展现出工程中的光源、热能传导以及相关材质信息属性等内容，为设计人员和施工人员全面科学地掌握建筑工程综合信息提供便捷。

2. 施工图设计阶段：利用 CBIM 平台集成技术，对设计图纸进行综合分析，及时发现其中的问题，对 BIM 交付成果进行集中存储，为工作人员日后对施工数据的管理提供了基础，进一步保证了交付数据的有效性和安全性。

3. 招标采购阶段：在设计阶段采用按工序分层建模方法，使工程量的计算更快速和精准，招标使用的工程量清单也更准确，大幅降低后期的造价控制风险（图 4）。

4. 施工准备阶段：利用 CBIM 平台进行图纸会审，解决管线之间以及管线与结构间的物理碰撞问题，通过碰撞检查的分析模拟可发现不能满足安装的操作空间或其他净高要求引起的碰撞问题。碰撞检查主要集中在以下方面：建筑与结构、内装与结构、钢构与幕墙、机电与土建、水暖电气与管线安装空间等。

玉湖岛项目依靠 CBIM 平台进行管线碰撞及图纸优化（图 5），模型深化过程共发现碰撞点 15100 余处，其中各类图纸问题 435 条，含重大修改土建类 37 条、机电类 41 条、装修类 57 条。将未使用 BIM 技术的复杂项目图纸问题发现率按 85% 计算，此处节省费用 230 万元，节约工期 30 天。

图 3　效果图

5. 施工阶段：依靠 CBIM 平台深化模型并优化图纸。砌体施工采用 BIM 精准算量排布（图 6），提前预留门窗、预留洞位置及尺寸，现场按图切割加工打包，提高砌体砌筑的质量和效率，并生成二维施工图纸和材料用量表，劳务按"统计量×(1＋2％)"领取单楼层材料量，将材料损耗由常规项目的 7％减少到 2％以内，节省砌体约 1000m³。

依靠 CBIM 平台进行模拟施工，优化施工方案，节约成本。利用 BIM 技术提前对复杂梁柱节点的钢筋进行排布深化（图 7），严格控制搭接长度、拉钩大小等，优化下料长度，节约钢筋。同时，对钢筋绑扎顺序进行模拟，优化配筋，预留足够的操作空间，减小绑扎难度。

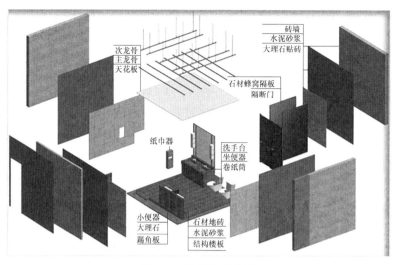

图 4　工程量计算模型

▶▶▶　管线综合

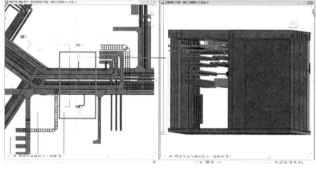

管综优化:通过对管道进行合理排布,满足净　　优化后:DN50以上的管道施工"0"碰撞
高要求,避免碰撞,方便施工　　　　　　　　(小管径的管道施工时便宜行事)

减少人工费		减少管道耗材	减少工期
15100处	平均处理每处需0.5个工日 每个工日300元	平均处理每处因为返工而造成的管道消耗2m(50元/m) 平均处理每处节约0.8个弯头(30元/个)	平均处理每处需要0.2个工时 按100个现场工人

图 5　管线碰撞及图纸优化

1.排砖深化降低材料损耗

利用Revit软件,将结构砌体进行智能化排砖,优化排布,降低材料损耗。

2.数据统计细化成本

对已优化排砖的砌体分类进行统计,得到砌筑量。

3.面墙排砖出图指导现场砌筑

在为现场砌筑人员进行可视化交底时,现场砌筑人员即可对图进行砌筑。

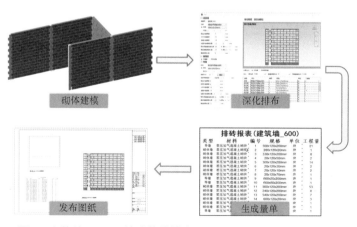

图 6　砌体施工 BIM 精准算量排布

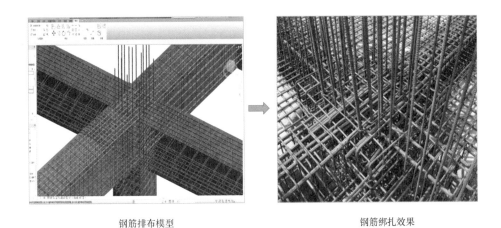

钢筋排布模型　　　　　　　　　　　　　　钢筋绑扎效果

图7　运用 BIM 对梁柱节点钢筋排布深化

利用品茗模板脚手架设计软件规范搭设模板脚手架模型（图8），实现快速智能化方案设计、高效设计验算、可视化方案交底、准确工程量统计、精细化施工管理。并生成材料明细表及预埋件平面图，根据优化的外架模型，生成各阶段脚手架材料的工程量表（图9），指导钢管架料分批次进场，避免周转材料大量进出场，减少场地占用和租赁费用。

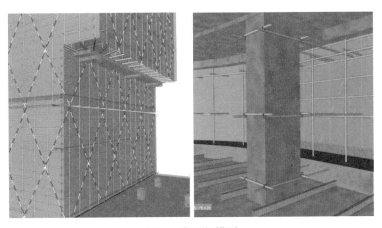

图8　脚手架模型

依靠 CBIM 平台进行工艺节点技术样板引路。为了保证所有施工工序一次成优，项目设立样板区。利用 BIM 建立质量样板打样模型，上传至云端，可扫描二维码实时查看样板模型，使管理人员及施工人员直观了解工艺做法和质量要求，增强质量意识（图10）。

6. 精装修阶段：依靠 CBIM 平台将模型辅以渲染表现最终效果，精准展现设计意图。通过 BIM 技术，提前将装修效果模拟出来，节省了做样板间的时间和成本。对多材料的选择对比、配合家具的预留预埋都起到了重要的指导作用，避免因装修效果达不到业主要求而出现的已采购材料无法处理的情况。此外，装修效果确定后，可以由模型给出各种材料用量，指导用材的采购（图11、图12）。

<悬挑架工程量统计>

A 族	B 族与类型	C 长度L	D 合计
			1369
: 1369			1369
横杆	横杆: 横杆	500	19
500: 19			19
横杆	横杆: 横杆	850	36
850: 36			36
横杆	横杆: 横杆	900	19
900: 19			19
横杆	横杆: 横杆	1000	19
1000: 19			19
		1100	1186
1100: 1186			1186
横杆	横杆: 横杆	1300	65
1300: 65			65
横杆	横杆: 横杆	1500	39
1500: 39			39
横杆	横杆: 横杆	1550	20
1550: 20			20
横杆	横杆: 横杆	1600	20
1600: 20			20
横杆	横杆: 横杆	1650	19
1650: 19			19
横杆	横杆: 横杆	1700	19
1700: 19			19
横杆	横杆: 横杆	2000	23
2000: 23			23
横杆	横杆: 横杆	2500	59
2500: 59			59
横杆	横杆: 横杆	3300	53
3300: 53			53
横杆	横杆: 横杆	3500	11
3500: 11			11
		4000	260
4000: 260			260
横杆	横杆: 横杆	4750	12
4750: 12			12
立杆	立杆: 立杆	5000	124
5000: 124			124
横杆	横杆: 横杆	5200	19
5200: 19			19
		6000	1483
6000: 1483			1483
挡脚板	挡脚板: 挡脚板	12200	12
12200: 12			12
挡脚板	挡脚板: 挡脚板	12202	4

图 9 脚手架材料表

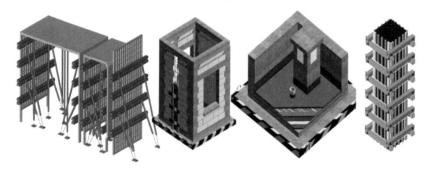

图 10 样板打样模型

图 11 通过 BIM 技术模拟装修效果 (1)

图 12　通过 BIM 技术模拟装修效果（2）

7. 施工项目管理：CBIM 平台对项目的进度、质量、施工安全、投资进行全面管控。

进度管控：各参建单位均有独立端口，可通过 CBIM 平台，进行工期计划推演、编排、施工进度 4D 模拟分析，实时掌握施工进度（图 13）。可通过手机端、平板电脑端、PC 端实现多端可视化操作，从不同的维度、多专业、多人共同协作深化模型参数。

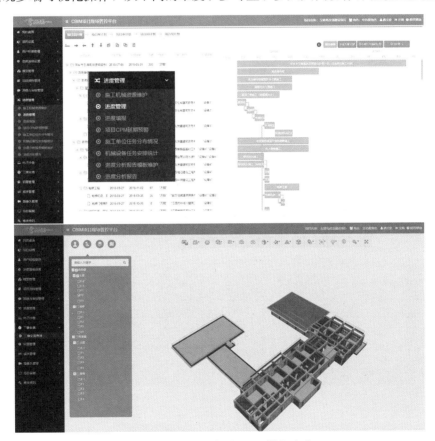

图 13　工期计划推演、4D 模拟建造

质量管控：通过将现场施工情况与 BIM 模型进行比对，能够提高质量检查的效率与准确性，进而实现项目质量可控的目标。利用 BIM 模型融合施工工艺，通过二维码可视化交底形式准确、清晰地向施工人员展示工程高质量要求，提高管理人员及现场工人的质量意识（图 14）。

图 14　通过扫描二维码可视化交底

施工安全管理：使用 VR 技术在 BIM 三维模型基础上，加强了可视性和具象性。通过构建虚拟展示，为管理人员、现场工人提供交互性设计和可视化印象、沉浸式体验，防范安全风险。通过 AI 人工智能监管及远程集中监控识别违规行为与危大工程线上管控（图 15）。

图 15　VR 技术及智慧工地

投资管控：CBIM 平台通过多层建模可以对工程量进行精准计量，通过算量软件结合 BIM 技术，建立施工阶段的 5D 模型，主要对项目中的投资进行精细分析，对每个工序和每个工区的工程量进行合理控制。在此过程中，工作人员还可以按照造价定额及时计算出各个阶段的投资成本，进而实现对施工阶段投资的动态管理。

CBIM 平台对施工过程中发生的变更签证进行在线多方协同处理、审批确认，并按时间生成统计表，并对计算的数据有效性进行确认，有效节省了签证费用的结算周期（图 16）。

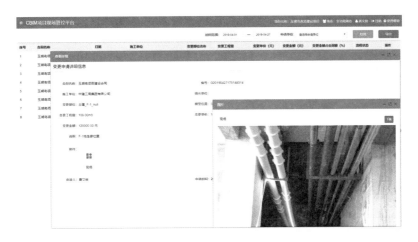

图 16　签证管控

8. 运维阶段：自设计阶段建模就考虑运维阶段的投入，并在施工全过程将工程的变更、施工中的问题以结构化数据的模式进行存储，融合 BIM 技术与物联网技术，通过大数据实现实时动态监控（图 17），为后期资产维护运用提供了信息化的管理手段。物业公司在进入工程维保时，可准确把握工程的竣工资料或图纸档案等细节要求，并有效掌握工程设备的运行状态。

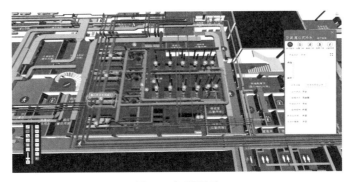

图 17　智慧运维

四、应用成效

（一）解决的实际问题

1. 为建筑咨询、施工管理企业提供了信息化管理解决方案。"筑慧云"平台通过中台管控系统，可有效打造总公司—分公司—项目部三级管控体系，为独立运营分公司提供服务支撑，实现企业、员工办公自动化，打造企业知识共享中心，通过软件程序实行标准化管理，提高工作效率，降低企业运营成本。

2. 搭建企业级工程项目信息管理平台，解决了多项目群的动态管理。"筑慧云"平台通过中台管控系统，强化工程项目部的管控，使人员调配、车辆管理、财务管理、仓库管理、考勤、考核、物资领用、人员培训等功能从企业穿透到项目中去，实现数据无缝对接。

3. 通过"筑慧云"知识库的不断积累以及将来的机器学习，构建大数据中心，实现信息数据共享。建立人员、材料、问题、规范、培训、设计方案、施工方案、运维等数据库，为项目整体策划提供强大的数据支撑。

4. 通过专家诊断系统实现复杂问题线上解决，总部技术向项目端延伸，实现技术资源共享。

5. 自主研发了图形轻量化引擎，CBIM 平台解决了传统 BIM 数据生成及共享交互过程中软件"卡顿"的问题，实现了建筑数据在云端的互联互通和全面应用，解决了施工管理中数据实时共享、协同管理的难题。

（二）应用效果

通过"筑慧云"平台的应用，2018 年恒实股份人力资源管理、行政审批、用印管理、方案审批、资料归档效率提升 60%，财务成本核算、考勤、考核效率提升 70%，月工资造表由 7 天缩短至 2 天。2018 年度共节约办公差旅费约 46 万元，其他共计节约费用超百万元。

玉湖岛项目管理累计节约 300 余万元。其中减少变更、签证、返工节约直接费用约 100 万元，提出各类图纸问题及优化建议共 435 条，确认修改 383 条，节省资金约 230 余万元。进度方面，通过设计成果线上交付使图纸交付提前 20 天，精装修节约工期约 30 天，设计变更、签证电子资料管理齐全，造价审计时间缩短 15 天。

（三）推广价值

通过"筑慧云"平台的应用，打破建筑产业链中条块分割、信息不通以及各专业咨询碎片化、分段式管理的状况，整合传统建筑产业链上下游数据资源，融合规划、设计、采购、施工、运维管理等要素，通过数字化设计、数字建造、数字运维、数字化管理，做到项目策划合理、设计方案最优、建设进度最快、成本最低、风险可控，施工管理的智能化高水平，在施工总承包及全过程咨询企业转型升级方面发挥巨大作用。

执笔人：
江西恒实建设管理股份有限公司（丁志强、王轲、任兵、黄超超）

审核专家：
马智亮（清华大学，土木工程系教授）
叶浩文（中建集团，战略研究院特聘研究员）

河南省建筑工人培育服务平台

中国建设银行河南省分行
广东开太平信息科技有限责任公司

一、基本情况

(一) 案例简介

河南省建筑工人培育服务平台以建筑劳务产业的数字化转型为目标,通过提升建筑劳务行业的信息化水平,打破劳务招工需求与劳务队伍信用评价的数据壁垒,为建筑工人提供"在线视频提升技能""招工精准匹配技能""过往履历辅助资历证明"等一系列服务模式,满足工人"生活有保障、职业有奔头"的发展诉求。同时,平台运用互联网科技手段,使建筑劳务用工过程透明化,有效降低施工企业用工管理成本(图1)。

图1 河南省建筑工人培育服务平台

(二) 申报单位简介

中国建设银行股份有限公司(简称"建设银行")作为国有商业银行改革发展的先行者,具有雄厚的资本实力、多元化的股东背景及稳健的经营管理风格。

广东开太平信息科技有限责任公司(简称"建信开太平")成立于2015年,是建设银行旗下的产业互联网公司,专注于工程劳务产业的数字化转型。业务范围涵盖政府端建筑用工实名制及欠薪预警管理系统、施工单位劳务用工管理系统、建筑工人培育服务平台的建设与运营。

二、案例应用场景及技术方案

(一) 技术方案

河南省建筑工人培育服务平台集成教育培训、资讯发布、互动找工、企业服务四大功能，精准解决劳务用工过往痛点（图2）。

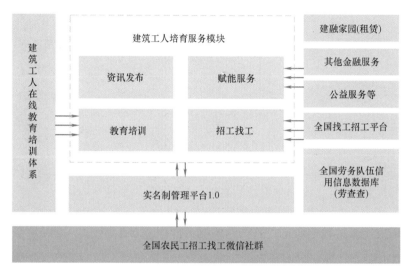

图2　河南省建筑工人培育服务平台功能架构

1. 线上短视频培训解决工人学习"无门路、无渠道"的现状。建筑工人学习主要靠师傅带，没有标准、便捷的工艺工法培训材料。想提升自身技术水平和技术含量的工人，缺乏学习渠道，缺乏认证和评价背书。平台提供一套自主研发的完整技能教学体系，采用符合国家标准的在线培训视频，涵盖八大基础工种，共342个视频，每个视频3~5分钟。按照国家标准设计了工种分类、操作规范、操作节点，同时和国家的工人考级标准挂钩，分为初级、中级、高级、全套视频均配有题库。结合工人当前的互联网使用习惯，通过平台的应用，避免了集中培训的成本，工人无需脱产，可在碎片时间内有效提升专业知识和技能（图3）。

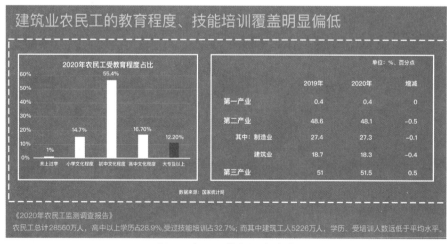

图3　农民工教育程度统计

2. 丰富招工资讯，解决劳务招工无标准、无平台的痛点。劳务施工普遍依赖"熟人介绍"，无法评价和考核该队伍以往真正的履约情况。没有一个规范的招聘平台，招聘过程不透明。平台联动政府主管部门、建设及施工单位、金融机构等多方力量，丰富招工咨询并匹配在线招工找工服务。按照地域、工种、招聘人数分类，可帮助工人在完成一个项目的工作后，快速匹配到下一个项目，减少等待时间，提高工人总体收入。

同时，针对用工单位，打通平台和建信开太平自主研发的劳务队伍信用信息数据库，提供劳务队长和班组长的信息检索功能，可根据过往履约的项目和班组进行劳务资源查找，也可根据劳务队伍的过往履约信用评价，对劳务资源进行智能排序和推荐。

3. 建立劳务输出标准和品牌优势，为劳务队伍赋能，提升劳务队伍转型发展。河南省作为劳务输出大省，不像其他劳务强省形成了规模大、品牌效应强、综合实力优的劳务队伍，在找工的过程中没有品牌优势。通过平台提供的金融服务、法律和税务服务、管理培训服务等，助力劳务队伍不断提升自身的管理水平和运营规范化程度，提升在市场中的竞争力。劳务队伍不仅能够在平台快速对接到总包的项目机会，还能在平台快速补充技术工人，借助平台的教育培训功能提升工人的技能水平，为规范化经营、扩大生产规模提供助益。

（二）产品特点及创新点

1. 无需脱产的技能提升，注重实操的视频培训。平台提供的《建筑农民工职业教育培训视频课程》于 2018 年开始着手搭建，由建信开太平组建的业内专家组织编写脚本并实施拍摄。视频着重呈现一线工人的实操技巧，结合安全、高效的操作理念，技能种类覆盖模板工、混凝土工、钢筋工、抹灰工等八大工种。同时，初步建立技能考核评价体系，将技能难度划分为初、中、高三个等级，在完成学习后可进行相应课程等级的考核认证，考核内容包括线上答题和线下实操。通过便捷、真实、可靠、实用的培训及认证方式，逐步将建筑工人的薪酬待遇与技能水平挂钩，助力工人技能进阶，并为建筑行业持续发展提供人才支持（图 4）。

2. 丰富的数据互通，精准就业匹配。平台架设劳务队伍信息与用人单位业务互联互通的桥梁，一方面，利用建信开太平已积累的上千家劳务公司，超过十万认证劳务班组的资源，以及可直接触达劳务班组的互联网社群运营体系实现资源共享；另一方面，通过对项目所在地区、用工工种要求、经验要求、薪资待遇等条件进行筛选，实现劳务资源的智能线上匹配，满足工地用工随机性、临时性等特点，有效降低用工和管理成本。

3. 逐步构建建筑劳务行业诚信体系。为解决建筑劳务行业诚信无记录，失信无惩戒的痛点，针对当前劳务行业资质挂靠情况，平台通过记录更小颗粒度的劳务队伍（或班组长）的过往项目经历、履约情况、总包用工评价、劳务队伍自我点评、失信事件等标签信息，形成劳务队伍画像，使其历史履约情况真实可查，既提高了劳务队伍失信成本，又帮助解决用工单位不敢引入陌生劳务队伍的顾虑，为判断劳务队伍优劣提供依据。

三、实施情况

2019 年 7 月，河南省建筑工人培育服务平台上线，在建设银行河南省分行的不断推动及河南省住房和城乡建设厅的支持下，河南省骨干建筑企业纷纷入驻平台，发布项目、用人需求，通过平台选队伍、选劳务。随着移动互联网的普及，农民工智能手机使用率也大大提高，平台又将《建筑农民工职业教育培训视频课程》引入"建工之家"手机应用、

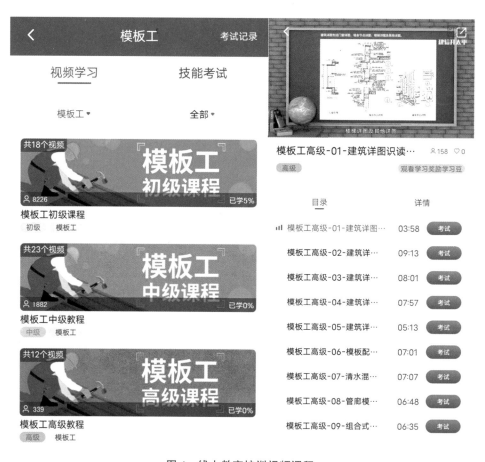

图 4　线上教育培训视频课程

建行大学河南省分行分校微信公众号特色课程等手机移动端，为工人技能培训提供更为便捷的服务形态和入口。

四、应用成效

平台从上线以来，已经为超过 30 万名建筑工人提供了工作信息，超过 10 万名建筑工人在平台上进行了视频学习。平台创新探索工作机会实时更新、优秀班组推荐展示、在线学习提升技能等功能，为河南省建筑工人的转型发展发挥了实实在在的推动作用。2021年 1 月 12 日，人民网专题报道《培养新时代的产业工人》，2021 年 1 月 8 日，《建设银行报》头版专题报道《普惠建工心》。

执笔人：
广东开太平信息科技有限责任公司（李柏蓉）

审核专家：
马智亮（清华大学，土木工程系教授）
叶浩文（中建集团，战略研究院特聘研究员）

湖南省装配式建筑全产业链智能建造平台

湖南省住房和城乡建设厅

北京构力科技有限公司

一、基本情况

（一）项目简介

为破解湖南省装配式建筑产业发展瓶颈，实现装配式建筑高质量发展，湖南省住房和城乡建设厅建设了装配式建筑全产业链智能建造平台（以下简称"智造平台"）。智造平台通过统一标准、统一平台和统一管理的方式，依托 BIM、互联网和智能建造等技术，通过搭建装配式建筑全流程标准化体系，建立通用部品部件库，研发各环节应用平台和系统，集成并打通装配式建筑项目设计、生产、运输、施工、运维、监管等全流程应用，实现装配式建筑产业"标准化、产业化、集成化、智能化"目标。智造平台由政府侧公共服务平台（以下简称"政府侧平台"）和企业侧应用平台（以下简称"企业侧平台"）两大板块组成，政府侧平台由政府主导研发建设，企业侧平台由省内装配式建筑企业按照市场化原则搭建。

（二）申报单位简介

湖南省住房和城乡建设厅将装配式建筑列为湖南省"十三五"十大新兴战略产业，近年来不断完善政策和产业体系，突出加强示范和推广应用，在全国率先研发了智造平台，有效助推全省建筑业转型升级、实现高质量发展。

北京构力科技有限公司属于中国建筑科学研究院下属子公司，致力于整合 PKPM 软件业务，聚焦建筑全生命周期的信息化应用，打造自主知识产权的国产 BIM 平台，为建筑业提供数字化和信息化整体解决方案。

二、案例应用场景和技术产品特点

（一）应用场景

平台适用于省（市）级装配式建筑产业的引导、服务和监管，有利于解决装配式建筑存在的设计不标准、生产不统一、构件不通用、信息不共享、施工不规范、监管不到位、建设成本偏高、质量品质不优等突出问题。

（二）项目创新点

1. 打造省（市）级统一的数据标准和标准部品部件体系。通过建立全省统一的数据标准和构建标准化预制部品部件体系，构筑基于云服务的 BIM 基础数据系统，形成产业链上下游的数据信息通道，实现基于统一系统上的跨专业、多用户操作及数据集成更新。

基于公有云服务开放的参数化部品部件方便全省设计单位直接选用，减少构件设计工作量，大大提高全产业链专业化、标准化、规模化生产效率，从源头上解决目前装配式建筑设计不标准、构件不通用、建设成本偏高等关键问题。

2. 打造省（市）级装配式建筑全产业链智能建造体系。根据装配式建筑产业化应用需求，发挥 BIM 模型全生命期数据共享、协同的优势，打通项目设计、生产、施工、运维、监管各环节，系统集成装配式建筑各阶段应用子系统，实现 BIM 技术在装配式全流程的集成化应用以及多专业三维可视化协同工作，支撑完整的全流程应用体系。子系统包括 BIM 设计、构件生产、智能建造、运营维护等核心部分。各子系统通过 BIM 记录信息数据，获取所需信息，通过建立唯一编码体系保证数据记录的唯一性；通过 BIM 技术的协同工作机制，可实现不同专业和上下游之间的信息协调和互通；通过标准化数据格式实现各类应用软件中多源异构数据的相互转换，使各类软件实现集成化应用。项目将建筑信息化与工业化深度融合，实现装配式建筑数字化和智能化建造模式。

（三）关键技术指标

一是实现装配式建筑全专业、标准化、智能化设计；二是实现 BIM 设计成果多端（PC、Web、移动设备）多维展示；三是实现生产设备 BIM 数据驱动自动化生产；四是实现装配式建筑项目设计、生产、施工、运维全流程监管；五是实现装配式建筑 BIM 智能化审查；六是实现装配式建筑全过程质量监管和追溯；七是实现装配式产业信息互联互通和大数据分析。

（四）市场应用总体情况介绍

湖南省已经将省内各大产业化基地的企业和项目应用到智造平台，并通过在省内龙头企业如湖南省院、中机国际、沙坪建设、湖南东方红集团、中建五局、金海集团等企业试点项目中的应用，先期验证和完善优化各个系统，随后扩展到其他国家级、省级装配式建筑产业基地，分期分批上线试运行，总结应用经验，使系统快速迭代、成熟，再逐步推广到全省，实现装配式建筑全产业链智能建造的目标。

三、案例实施情况

（一）建设内容

智造平台由政府侧公共服务平台和企业侧应用平台两大板块组成。政府侧平台包括"1 库 2 标准 6 图集 3 平台"。"1 库"是指湖南省装配式建筑标准部品部件库；"2 标准"是指《湖南省装配式建筑部品部件分类编码标准》DBJ 43-T518—2020《湖南省装配式建筑信息模型交付标准》DBJ 43T 519—2020；"6 图集"是指《装配式建筑预制构件标准化图集》（共 6 本）；"3 平台"是指湖南省装配式部品部件云平台、湖南省装配式项目全过程质量追溯和监管平台、湖南省装配式产业大数据分析及公共服务平台。企业侧平台包括"1 软件 2 平台 4 系统"。"1 软件"是指装配式建筑智能化设计工具软件；"2 平台"是指装配式建筑项目 PC 结构全流程综合管理平台、装配式钢结构项目全生命周期数字建造平台；"4 系统"是指装配式建筑设计协同集成系统、装配式建筑预制构件数字化生产系统、装配式建筑项目智慧施工管理系统、装配式建筑运维管理系统。通过数据传递，可实现各子系统的互联互通（图1）。

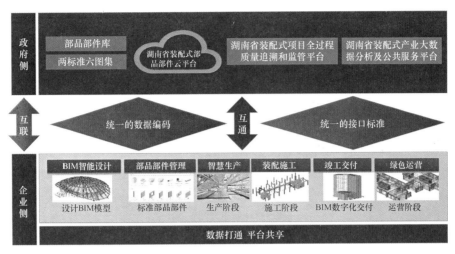

图 1　智造平台版块构成

(二) 实施情况

　　智造平台采用大量智能化技术，装配式设计系统可完成多专业智能建模，预制构件智能拆分，冲突智能检测和避让处理；设计数据对接工厂生产管理系统，可直接驱动各类数控加工设备，实现自动化生产，生产流程中可根据施工进度和生产线状况实现优化排产；智能化施工系统结合施工管理技术和智慧工地技术，可实现施工过程优化、吊装及安装模拟、拼装校验等环节；项目竣工后，将完备的建设信息资料提交给业主，便于开展建筑空间管理、设备设施管理、能耗管理、智能维修等智慧化运维。

　　智造平台通过互联网和云服务传递各系统数据，实现了系统之间的互联互通。与此同时，湖南省住房和城乡建设厅已将智造平台纳入了《2020 年"智慧住建"工作要点》，并初步实现了平台与湖南省工程建设项目审批管理系统、湖南省施工图管理信息系统、湖南省工程项目动态监管平台以及质量考评系统对接。数据共通共享，形成了完整的智慧住建体系。

　　1. 政府侧平台应用情况

　　通过智造平台政府侧的建设，湖南省打造了省级统一的数据标准和通用部品部件标准化体系，湖南省标准部品部件库已整理核心库构件 500 多个，并在湖南省设计院的主导下不断扩充、审核、完善，两标准和六图集于 2021 年 4 月 1 日起在全省实施。

　　依托于装配式建筑标准化体系的建立，湖南省内装配式企业按照统一的数据交付要求，将企业侧平台与政府侧平台无缝对接，实现政府侧对装配式建筑项目设计、生产、施工、运维、监管各环节的管理监督。

　　政府侧平台的建设为装配式产业的监督和发展提供了创新型服务。一是，政府侧平台纵向实现了省、市、县三级住房城乡建设部门的监管应用，横向与发改、工信、科技、财政等省直属有关部门数据共享，成功搭建了省内装配式产业网格化监管体系。二是，政府侧平台与省智慧住建平台融合，在不改变其他系统业务办理的情况下，抓取关键数据，加强政府数据的资源整合和标准化管理。三是，湖南省装配式产业大数据分析及公共服务平台（图 2）可分析全省装配式建筑项目、企业和工厂产能的动态情况，实现资源的合理配置和效益最大化，助力产业发展的科学决策。四是，湖南省装配式项目全过程质量追溯和

图 2 湖南省装配式产业大数据分析及公共服务平台

监管平台（图 3）全方位、便捷高效地对装配式建筑全生命周期质量管控点进行跟踪，可以追溯到质量问题发生的源头，对相关责任单位或人员追责，减少乃至杜绝项目质量问题的发生。

图 3 湖南省装配式项目全过程质量追溯和监管平台

2. 企业侧平台应用情况

以湖南省东方红建设集团的吉首大学师范学院教学、生活设施建设项目为案例，详细介绍智造平台企业侧全过程应用。

在吉首大学师范学院教学、生活设施建设项目中，建设单位通过"智慧住建"系统中的工改系统取得批复，建立项目编码；设计单位依据建设单位设计任务书展开项目设计，采用智能化设计系统建立 BIM 模型，完成装配方案设计和构件深化设计，一键完成施工图和构件加工详图绘制；设计成果交付至省施工图管理信息系统，完成施工图审查和 BIM 审查；在生产阶段，所有预制构件数据传递到构件厂，在生产管理系统中建立 BIM 生产模型，自动生成 BOM 清单，完成排产计划，在钢筋加工和混凝土浇筑等环节实现了数据驱动设备自动化生产；在施工阶段，设计 BIM 模型传递到施工现场管理平台，完成施工进度计划，指导构件运输、堆场、吊装及装配流程，施工过程的质量安全记录通过移动设备传递到管理平台，实现精细化监管。项目全程采用综合管理平台记录和传递各阶段信息，并通过网络将关键数据上传到政府侧的全过程质量追溯和监管平台，实现全流程质量管控。

针对装配式钢结构建筑，搭建了装配式钢结构全生命周期数字建造平台（以下简称"钢结构平台"）。目前，钢结构平台已经以金海集团"岳麓区社会福利中心建设项目"和中天建设集团"中天麓台"项目为例进行了上线应用验证。一是设计端 BIM 模型直接导入钢结构平台，使生产管理数据与 BIM 模型交互融合，达到管理的可视化、标准化和数字化；二是以构件为主线管理钢构件的设计、计划、材料、生产、运输等，实现精细化管理，以现场项目为主线管理项目的施工、进度、质量、安全等，提升项目管控；三是贯穿钢构件全生命线的二维码信息，记录生产、运输、到场、吊装等核心环节信息，实现构件可追溯性质量管控；四是管理生产过程中材料成本，控制项目成本，从管理产出效益。

（三）实施保障

1. 重点地区引领应用。省内各市、州装配式建筑项目分布不均，新建装配式建筑项目数量较多的重点地区，如长株潭地区，在智造平台应用落地方面起到引领作用，鼓励和引导企业将新建装配式建筑项目纳入智造平台，保障省内装配式建筑全产业链大数据体系的完善。

2. 奖惩结合推动应用。对主动参与智造平台研发建设、积极推进项目应用的企业给予表彰奖励，在省、国家级产业基地等评审中给予适当加分；对全过程应用智造平台的装配式建筑试点示范项目，在新型城镇化资金安排中予以适当倾斜；对评价较差的产业基地企业建议取消称号。

3. 政策支持保障应用。印发《湖南省装配式建筑全产业链智能建造平台技术导则（试行）》，拟出台关于湖南省装配式建筑项目、产业基地、示范城市管理办法，从政策上指导企业应用平台，以顶层设计推动智造平台顺利运行。

四、应用成效

智能化设计技术的应用，解决了预制部品部件的标准化、通用化问题，通过 BIM 的全专业一体化设计，板等构件可实现一键智能化拆分，也可对局部拆分方案进行手动调整，操作便捷灵活；基于 BIM 的一键出图，成图效果已达到了施工图应用的深度，大幅提升装配式建筑设计效率与质量。

智能化生产实现了 BIM 设计数据生成 BOM 物料清单，简化了计划工作，降低了计划部门 50% 的工作量，可直接驱动各类数控加工设备，实现自动化生产，生产流程中可根据施工进度和生产线状况实现优化排产。完善了构件生产过程中的质量追溯，质量问题责任认定可具体到每个构件和班组。

　　智慧化施工通过将 BIM 模型传递给施工现场管理平台，指导构件运输、堆场、吊装及装配流程，实现了现场管理标准化、可视化和精细化，现场人员工作效率提升 20％以上，确保项目保质保量按期完成。项目全程采用综合管理平台记录和传递各阶段信息，并通过网络将关键数据上传到政府侧的湖南省装配式项目全过程质量追溯和监管平台，实现全流程质量管控；项目竣工后，将完备的建设信息资料提交至业主，便于开展建筑空间管理、设备设施管理、能耗管理等智慧化运维。

执笔人：

湖南省住房和城乡建设厅（何小兵、李海浪、黄婕）

北京构力科技有限公司（夏绪勇、周盼）

审核专家：

马智亮（清华大学，土木工程系教授）

叶浩文（中建集团，战略研究院特聘研究员）

"塔比星"数字化采购平台

塔比星信息技术（深圳）有限公司

一、基本情况

（一）案例简介

塔比星数字化采购平台运用物联网、大数据、区块链和 AI 技术，提供从寻源、招标、采购、履约结算，到供应商管理的全流程标准化、线上化服务。在中建八局（上海）公司钢筋采购项目中，塔比星数字化采购平台通过连接中建八局（上海）公司、找钢网和第三方商贸企业的内部系统，打通了各方的数字鸿沟，实现了在线交易和多方高效协同。同时，借助平台真实交易数据及风控能力，为第三方商贸企业提供了支付前置的赊销交易服务，帮助项目采购方降低了采购成本，解决了供应商回款难的问题。

（二）申报单位简介

塔比星信息技术（深圳）有限公司（以下简称"塔比星"）成立于 2015 年 7 月，是中国平安集团的全资子公司。公司秉承"金融＋科技＋生态"的理念，聚焦建筑、制造行业的生产、交易等环节，为企业提供采购管理、供应链管理、设备管理等数字化解决方案以及多样化的金融科技方案，解决企业融资、经营的痛点，赋能企业数字化转型，帮助企业提升管理效益。

二、案例应用场景和技术产品特点

（一）方案要点

塔比星数字化采购平台由塔比招采、塔比优选、塔比数贸、塔比数科、代运营服务五大部分组成（图 1）。

塔比招采：为企业采购提供"询价—招标—合同—订单—收货验货—结算—支付"全流程线上服务。通过电子招标、团购、保证金管理、供应商管理等手段，全面提升企业的采购管理能力，实现采购过程的阳光透明、降本增效。

塔比优选：通过 B2B 商城，连接海量优质建材供应商和终端工程项目客户，从多端应用、场景化采购、智能化采购等方面帮助上下游提升采购效率、降低成本。

塔比数贸：塔比星为商贸企业提供数字化管理方案，包括客户管理、供货业务管理、交易协同等服务，支持赊销和预付类业务。

塔比数科：依托平安集团综合金融资源，对接第三方持牌金融机构金融产品，由第三方持牌金融机构为线上交易企业提供多元化金融和保险服务。

代运营服务：为大型企业提供从供应链管理咨询、前端招采门户搭建、中台数据运维管理到后台 IT 信息处理的全方位系统服务，并提供"全流程功能""个性化运营""金融

图 1 塔比星产品全景图

级安全"三重保障,帮助企业快速提升供应链管理能力,促使其采购部门从传统的成本中心向利润中心转化。

(二)创新点

1. 生态创新。平台通过将供应链上各参与方的信息流、商流、物流、资金流进行数字化整合,有效提升产业链整体运转效率,并且使第三方金融机构和第三方商贸企业能够深入触达产业终端,帮助采购企业、中小供应商解决资金难题,形成良性的产业生态环境。

2. 产融创新。基于区块链数据技术,平台可确保交易数据不可篡改、真实可信。依托平台的真实交易数据,通过在产业链中引入第三方商贸企业与供应商、采购商直接交易,将供应商回款期限的不确定变为确定,实现采购企业近乎"现金支付"的采购方式,从而降低供应链全链条的成本,大大提高了资金周转效率。

3. 科技创新。平台采用微服务架构,各业务功能均已组件化、模块化,可进行自由选配组合,满足客户的个性化需求,实现低成本快速上线。同时,平台通过建立标准化数据协议,开放 API 接口,连接企业内部管理系统,可以破除多系统间的数据孤岛,提升协同效率。

(三)产品特点

1. 低成本、快速交付。平台提供两种部署方式:一是标准化的 SaaS 服务,基于 SaaS 的多租户版本可实现两周快速交付上线。帮助企业用户省去高昂的服务器成本和繁琐的系统运维,使重量级采购管理变得轻而易举。二是标准化的私有化部署,基于"云原生架构+容器化"部署方案,可快速完成实施部署与交付上线。

2. 场景化定制。一是企业门户定制,提供符合企业既有 VI 规范的采购门户网站,支持自定义域名。二是功能模块化,从招标采购到财务管理,可按企业需求灵活配置解决方案。三是个性化功能定制,根据企业管理制度和实际应用需求,结合标准化产品快速落地定制化解决方案。

3. 开放互联。一方面塔比星数字化采购平台作为第三方平台，通过开放平台，连接产业链上下游，并将集成的授权数据经过脱敏及整理分析，共享至各使用方。另一方面塔比星将持续参与完善相关行业标准和数据标准，提升产业链协同效率。

4. 安全可靠。平台基于平安金融云，具备金融级系统安全性和稳定性。同时，平台通过自动化技术，建立了成熟的 7×24 小时标准运维体系。

（四）应用场景

面向产业链上各类企业、各种业务场景，平台依托灵活的组件化设计，根据企业需求，组合功能模块，提供不同的解决方案。

1. 面向采购企业的企业采购云解决方案。为建材生产企业、施工企业、建设单位提供专业、智能的供应链采购管理综合解决方案。满足大宗物资招标采购、区域联合采购、零星物资商城直采以及第三方代采四种采购模式，消除原材料及建材采购信息不对称的问题，实现采购企业的降本增效。

2. 面向政府、行业协会的阳光采购云解决方案。为政府、行业协会等监管单位搭建公开透明的电子招标投标平台，助力行业信用体系建设，强化行业信用信息共享，提升从业机构风险防控能力。

3. 面向商贸企业的数字贸易云解决方案。为商贸类企业提供与供应链上下游快速达成业务协同的数字化贸易方案，搭建从客户准入到交易执行、风险控制的一整套线上系统，实现企业数字化转型。

4. 面向核心采购企业的链融云解决方案。为核心采购企业搭建自有应付账款多级流转体系，提高资产流动性，提升交易效率。

5. 面向施工企业的基建云解决方案。为建筑施工企业提供项目全生命周期管理以及企业业务协同的数字化解决方案，帮助企业实现数字化转型。

6. 面向制造企业的制造云解决方案。通过给中小微制造企业设备加装设备手环，采集设备运行、产能数据，并基于星云物联，实现设备上云。

（五）国内同类技术产品对比

塔比星数字化采购平台，作为第三方中立平台，具备科技、生态、专业三方面的优势。

一是科技能力，综合运用区块链、人工智能、大数据、物联网等第五代互联网技术手段，搭建了信息化、智能化的产业互联网平台，提供端到端的覆盖全产业链各环节的数字化服务，全面推进建筑行业供应链数字化与智能化发展。

二是生态能力，快速整合建筑行业在供给端、需求端、资金端及全产业链的资源，疏通行业上下游企业的沟通连接管道，全面实现"平台化"的信息流转、信用流转、资金流转与资产流转。搭建了连接政府监管部门、行业协会、建设单位、施工企业、建材供应商、商贸企业、保险机构、银行、保理公司、投资基金等全产业链主体的产业互联网平台。

三是专业能力，融合了行业资深团队的平台搭建与产业运营能力，拥有一支经验丰富的建筑行业专家团队，同时，将行业先进的采购流程和管理模型融入平台设计，建立了行业标准材料库，能够根据工程项目的不同阶段，提供简洁易用的采购清单模板。此外，公司还拥有完善的运营体系和强大的专业运营团队，可提供 24 小时全流程、全品类的综合产业服务。

三、案例实施情况

(一) 案例基本情况

2020 年 7 月，中建八局（上海）公司与塔比星达成合作，塔比星负责为中建八局（上海）公司定制全新的数字化采购解决方案，并以中建八局两港大道（S2-大治河）快速化工程项目的钢筋采购作为试点项目。该项目由临港城投公司建设，中建八局承建，实施范围南起 S2 沪芦高速，北至大治河，全长约 12.8km（图 2）。

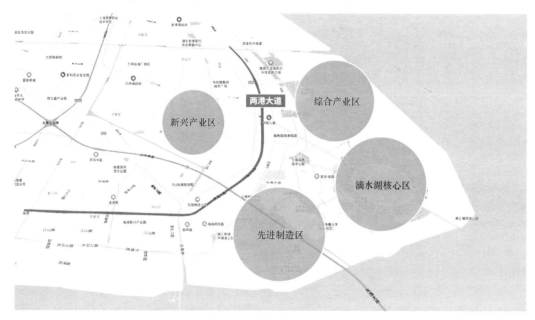

图 2　两港大道项目位置

项目面临工期紧、采购量大的挑战。虽然中建八局（上海）公司现有的采购流程完善且成熟稳定，但依然面临着两大痛点：一是供应商管理成本较大，采购数据录入系统成本较高，账期管理复杂；二是供应商的销售回款周期长，占用大量生产资金流。双方期望通过塔比星数字化采购平台，实现三个业务目标，即更高效的采购流程、更低的采购成本、更敏捷可控的供应链管理体系。

(二) 实施方案

项目实施方案分为两个部分：

1. 构建数字化采购平台

塔比星为项目快速搭建了数字化采购平台，通过开放平台接口，将下游中建八局（上海）公司原有的供应链管理系统，与找钢网的订单管理系统连接在一起，形成在线交易协同（图 3）。平台客观真实地采集留存完整交易链路数据，为后续的快速放款提供重要支持。

2. 通过真实交易数据实现风险管控

在传统采购交易中，商贸企业因上下游信息不透明，风控往往是最大的难点。平台将

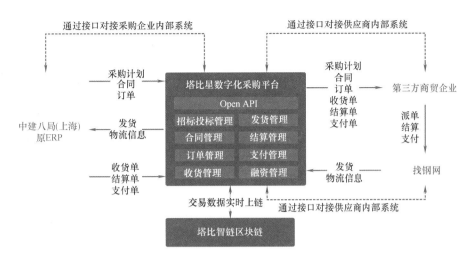

图3 塔比星数字化采购平台连接上下游系统

中建八局（上海）公司和找钢网的订单、物流、收货等信息进行整合，并实时上链，确保数据真实不可篡改。同时，借助平台的数据风控能力，第三方商贸企业建立了企业数字征信体系，支付时间前置，实现了供应商货物送达采购企业后，立即向供应商支付采购货款的赊销模式。商贸企业依据塔比星数字化采购平台的真实交易数据为采购企业提供3～8个月的赊销支持（图4）。

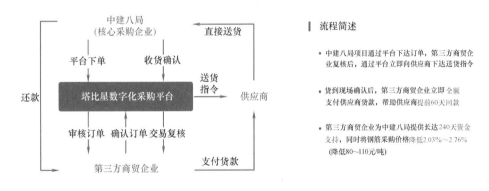

流程简述

• 中建八局项目通过平台下达订单，第三方商贸企业复核后，通过平台立即向供应商下达送货指令

• 货到现场确认后，第三方商贸企业立即全额支付供应商货款，帮助供应商提前60天回款

• 第三方商贸企业为中建八局提供长达240天资金支持，同时将钢筋采购价格降低2.03%～2.76%（降低80～110元/吨）

图4 支付节点前置的赊销交易模式

（三）实施过程

平台快速定制上线后，各交易参与方通过在线系统实现采购交易协同，具体交易步骤如下。

1. 现场下单。与传统的办公室下单方式不同，在塔比星数字化采购平台助手小程序上，通过手机拍照进行现场下单（图5）。

拍照下单后，通过光学字符识别（OCR）技术，将照片自动识别为文字信息，帮助采购人员高效便捷地下单操作。

订单申请创建后，流转进入订单风险识别模型。通过历史数据的积累和模型训练，风控模型能够精准地判断订单的有效性。订单通过审查后，自动派发给上游供应商（找钢

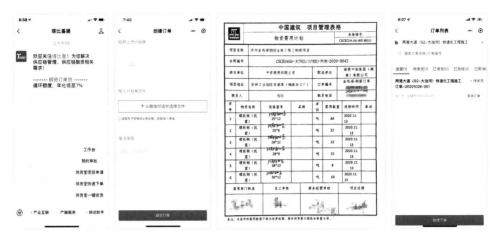

图 5　订单单据

网），同时，微信小程序推送通知给订单创建者及相关业务团队。

2. 物流配送跟踪。找钢网订单系统接收到订单后，进行发货操作。发货后，找钢网订单系统通过 OpenAPI，将订单发货信息同步给塔比星数字化采购平台。塔比星数字化采购平台通过集成的平安星云物联网能力，可凭借物流单号获取运送车辆物流信息和 GPS 定位信息，物流数据将用于后续风险管控。

图 6　收货单

3. 现场一键收货。货到现场后，中建八局（上海）公司可在项目现场使用塔比星收货小程序，拍照完成收货信息留底（图 6）。

4. "T＋1" 极速回款。中建八局（上海）公司完成收货确认后，塔比星数字化采购平台自动通知第三方商贸企业进行信息确认。根据三方采购协议，商贸企业结合塔比星数字化采购平台提供的交易数据（包括企业征信、订单数据、订单物流数据以及平台风险提示）进行支付决策，决策通过后立即向找钢网支付货款，提高供应商的回款效率。

5. 贸易结算。中建八局（上海）公司与第三方商贸企业完成采购结算。供应商的让利，直接反映在结算价格上，帮助中建八局（上海）公司降低了采购成本。

四、应用成效

（一）解决的实际问题

一是通过在真实交易场景中引入第三方商贸企业，帮助采购企业解决采购资金需求量大、采购成本高的问题。二是第三方商贸企业依靠真实交易数据建立企业数字征信体系，提供了支付前置模式，解决了供应商回款难的问题。三是平台将上下游系统通过 OpenA-PI 接口进行集成，实现多参与方在线协同，提升了产业链协同效率。

（二）应用效果

从采购企业角度，塔比星数字化采购平台提供的产融服务，在钢筋采购单项上，帮助中建八局（上海）公司有效地降低了采购成本。从 2020 年 7 月系统上线到 2021 年 7 月，该项目在塔比星数字化采购平台累计发生了 1.32 亿元的钢筋采购交易，帮助中建八局（上海）公司降低了 330 万元的采购成本。与此同时，第三方商贸企业为项目提供了长达6 个月的不占用银行授信和资产负债表的资金支持，大大缓解了项目的资金压力。该项目钢筋采购金额约 24 亿元，按同比例计算，预估可帮助项目降低 6000 万元的采购成本。

从供应商角度，平台帮助供应商实现了快速回款，盘活流动资产，扩大销售规模。平台运用技术和流程创新，支撑第三方商贸企业将采购支付时间前置。找钢网通过塔比星数字化采购平台与中建八局（上海）公司开展交易以来，累计实现了 1.32 亿元的"T＋1"销售回款，平均缩短账期近 60 天。

从第三方商贸企业角度，通过本项目，利用塔比星数字化采购平台提供的数字化基础设施，商贸企业向上下游企业提供了在线结算、支付前置等服务。商贸企业服务了产业端，扩大了业务规模，取得了服务收益。

（三）应用价值

塔比星数字化采购平台通过"产品＋代运营"模式，为采购企业、供应商、政府、协会等客户提供"产品＋服务"的定制化数字解决方案。利用互联网技术，促进供应链上下游在线协同；用数字化流程创新，优化企业供应链管理效能；以数字化征信，支撑金融服务创新，降低供应链融资成本，提升资金使用效率；用物联网和 AI 技术加速产业金融互联互通，提升产业效能。

塔比星致力于打造一个全社会可信、技术可靠、成本相对低廉的数字交易基础设施，帮助建筑产业降低数字化转型成本，缩短数字化转型周期，为建筑产业供应链提供最坚实的商业环境，促进中国的数字经济新生态建设。

执笔人：
塔比星信息技术（深圳）有限公司（程璟超、胡丹彦、朱晓东、姚关伟、李菲）

审核专家：
马智亮（清华大学，土木工程系教授）
叶浩文（中建集团，战略研究院特聘研究员）

中建科技智慧建造平台在深圳市长圳公共住房项目中的应用

中建科技集团有限公司

一、基本情况

（一）案例简介

中建科技集团有限公司（以下简称"中建科技"）以一体化管理理念为指导，以 EPC 工程项目管理痛点为需求，以 BIM 标准化正向设计为核心，结合大数据、人工智能、数字孪生、云计算等技术，研发了中国建筑智慧建造平台（以下简称"中建科技智慧建造平台"）。该平台立足于用信息化手段实现装配式建筑建造模式、管理模式、生产模式的变革，通过整合产业链上下游资源，形成涵盖设计、招标采购、生产加工、施工装配、运营维护等全产业链融合一体的智能建造产业体系，从而推进基于一体化数据

图1　中建科技智慧建造平台

源的全要素、全生命周期的数据建设，实现多方参与、协同联动的一体化管理（图1）。

（二）申报单位简介

中建科技是世界 500 强企业中国建筑集团有限公司开展建筑科技创新与实践的"技术平台、投资平台、产业平台"，深度聚焦智慧建造方式、绿色建筑产品、未来城市发展，致力于建筑产业生产方式变革，加速新型建筑工业化进程，推进建筑产业现代化，始终引领行业发展。公司组建于 2015 年 4 月，注册资本 20 亿元。公司先后主持 4 项国家"十三五"重点研发计划，联合主持 1 项国家自然科学基金重大专项，以及 30 余项各类省部级课题，是国家级装配式建筑产业基地。

二、案例应用场景和技术产品特点

（一）技术方案要点

中建科技智慧建造平台由数字设计、云筑网购、智能工厂、智慧工地、幸福空间五大部分组成，分别对应于 REMPC[①] 全过程管理中的设计、采购、生产、施工和运维环节。

---

① 中建科技特色的"科研（Research）＋设计（Engineering）＋制造（Manufacture）＋采购（ProCurement）＋施工（Constuction）"REMPC 工程总承包模式。

实现了建筑全生命周期线上数据同步线下流程的全过程打通及交互式应用。打破了建造模式产业链中条块分割的信息化壁垒，整合了传统产业中各板块间的离散数据，融合了设计、生产、施工、管理和控制等要素，通过工业化、信息化、数字化和智慧化的集成建造和数据互通，辅助智能建造（图2）。

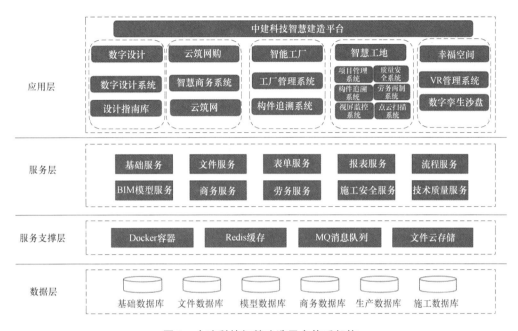

图2　中建科技智慧建造平台体系架构

中建科技智慧建造平台将建筑工业化作为系统工程，从整体考虑，围绕三个一体化集成建造的需要，系统性集成BIM、互联网、物联网、大数据、人工智能、虚拟现实等技术；强调建筑设计工业化、标准化思维，推行以标准化设计为主导的设计、采购、生产、施工、运维工程总承包管理模式；通过"全员、全过程、全专业"的"三全"BIM应用形成数字化设计成果并以此为数据载体，纵向打通设计、采购、生产、施工、运维各阶段，实现设计数据直接指导项目招标采购、工厂生产、现场施工和建筑运维；利用构件全生命周期追溯系统，通过将建造数据即时写入BIM模型，实现跨阶段的交互式数据赋能应用，在云端建立以实际建造数据为基础的数字孪生建筑，实现虚拟数字建造与现实建筑建造的虚实结合，形成建筑数字孪生数据资产。

（二）关键技术和创新点

中建科技智慧建造平台通过对装配式建筑"设计、生产、运输、装配、运维"等环节的信息采集、汇总和分析，解决了装配式建筑在建造全过程无法进行有效的协同设计、生产过程管控、质量监督评价等关键技术难点。平台整合贯通了建筑设计、采购、生产、施工、使用的全过程，是"BIM＋互联网＋物联网"技术在装配式建筑领域的集成应用。

（三）产品特点

1. 以工业化建筑系统集成设计理论为基础，突破传统建筑信息模型碎片化瓶颈，整合全生命周期建筑数据，提供了装配式建筑数字建造整体解决方案。平台以标准化数字设计成果为数据基础，实现了设计数据直接指导建筑建造全生命周期。

2. 研发了拥有自主知识产权的轻量化引擎，创新了数模分离技术无损提取设计数据，解决了传统 BIM 数据生成及共享交互过程中软件"卡脖子"问题，实现了建筑数据在云端的互联互通和全面应用，提高了设计信息在建筑各环节的传输效率和信息准确率，实现了从设计到建造一体化互联互通和"数字孪生"。

3. 采用了基于统一数据接口的模块化开发模式，实现了多软件环境、不同操作系统间较强的兼容性。用系统工程方法将装配式建筑从设计到建造全过程、诸要素、各环节进行模块化开发，确保平台的开放性、迭代开发性及功能拓展性，便于持续升级和广泛应用。

4. 融合工业互联网技术，实现了数字孪生模型与智能建造设备间数据的互联互通。实现数字设计成果从设计师的电脑到工厂智能装备之间的直接互联，让数字设计信息直接驱动工厂设备进行智能化生产。

（四）应用场景

中建科技智慧建造平台适用于建筑全生命周期各环节阶段，目前，主要在装配式建筑领域的公共建筑、学校、住宅、厂房等不同类型的工程项目中应用，随着平台迭代和功能升级可逐步扩展为建筑行业适用的智慧建造平台，受地域、规模、环境、资源能源等因素影响小。

（五）同类技术产品优势

一是全面覆盖设计、采购、生产、施工和运维环节，可以满足全产业链管理的需求；二是从装配式建筑工程总承包需求出发，基于 BIM 轻量化和互联网技术实现设计、加工、施工、采购、交付的全过程智慧建造管理；三是 BIM 模型技术数据与管理数据采用前后端系统的方式进行模数分离，前端处理 BIM 模型技术数据，专注于装配式建筑的核心业务流程，后端系统处理管理数据，避免技术数据与管理数据杂糅所导致的数据链不清晰，管理功能不实用的弊端。

三、案例实施情况

（一）案例基本信息

长圳项目位于深圳市光明区凤凰城，南临光侨路，西临科裕路，紧临六号线长圳站。项目总用地面积 20.61 万 m²，总建筑面积约 115 万 m²，规定建筑面积 85.7 万 m²（图 3）。

（二）应用过程

1. 设计阶段

长圳项目以标准化、数字化设计为基础，通过 BIM 轻量化技术的应用，设计成果得以完成从知识到数字的转换（图 4），在设计阶段利用中建科技智慧建造平台进行各专业协同建模、预制构件三维拆分设计、深化设计、三维出图、各专业模型碰撞检查、设计优化及精装设计等。在设计阶段实现生产、施工、运维的前置参与，生产阶段、施工阶段、运维阶段各参与方的需求与要求前置，即在设计阶段就可以进行全过程的模拟预演，生产、施工、运维阶段通过 BIM 信息化模型实现信息交互。实现"全员、全专业、全过程"的"三全"BIM 信息化应用。

工程名称	深圳市长圳公共住房及其附属工程项目（EPC）			
工程地点	位于深圳市光明区凤凰城，南临光侨路，西临科裕路			
建设单位	深圳市住房保障署			
EPC工程总承包 （联合体）	**中建科技集团有限公司（牵头单位）**			
	深圳市建筑设计研究总院有限公司			
	中国建筑第二工程局有限公司			
设计单位	**中建科技集团有限公司（设计甲级资质）** 深圳市建筑设计研究总院有限公司			
施工总承包单位	**中建科技集团有限公司** 中国建筑第二工程局有限公司 中建二局第一建筑工程有限公司			
监理单位	深圳市东部建设监理有限责任公司			
质量、安全监督单位	深圳市建筑工程质量安全监督总站			
合同额	43.78 亿元	**开工 时间**	2018年6 月15日	**合同工期** 1247天

图 3　长圳项目概况

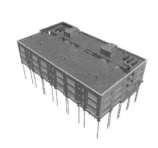

图 4　长圳项目标准化设计

2. 采购阶段

中建科技智慧建造平台在采购阶段以各专业协同完成的全专业 BIM 模型为基础，在云端根据算量规则、企业清单及定额库逻辑结构进行数据提取和数据加工，自动生成工程量及造价清单（图5），并将工程量结果对接到云筑网完成在线采购，实现了算量和采购的无缝对接，保证了算量准确、采购及时。

在长圳项目投标阶段，项目中标单位通过正向设计的 BIM 自动生成 4 万页工程量清单，以一体化思维将"三全"因素融入商务招标采购的管理范畴，提高了招标单位评标工作的效率，提高了项目造价控制的精准性。

3. 生产阶段

基于中建科技智慧建造平台的智能生产以 BIM 模型为信息驱动，以物联网技术为依托，结合建筑机器人工作站，实现从设计到工厂的"一键回车式"生产（图6）。长圳项目中使用的预制构件由自有构件工厂生产，利用 BIM 信息驱动工厂自动生产线及工业化机器人设备智能化生产，实现从设计、排产、品控到物流的全链条自动化并实现云端可追溯，从而实现设计信息对生产环节的自动管控，对生产进度、质量和成本的精准控制，保障构件高质高效生产。

图 5 自动生成工程量及造价清单

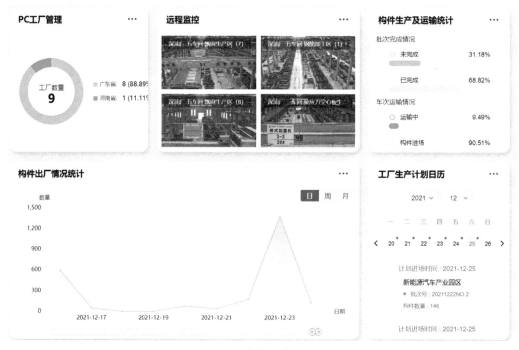

图 6 智能化生产（一）

4. 施工阶段

基于中建科技智慧建造平台的施工管理通过跨专业的技术整合，以数字孪生建筑作为

图 6　智能化生产（二）

数据支撑，基于物联网、大数据、人工智能、VR 等技术，实现人、机、材和建造过程控制的互联网化和物联网化，从而为建筑全生命周期数据交互式赋能，细化项目过程管理，实现对项目施工现场的智能化监控和智慧化管理。

中建科技智慧建造平台为长圳项目提供智能视频监控服务，结合 AI（Artificial Intelligence，人工智能）自主学习技术和机器视觉技术，捕获现场工人动作和工人穿戴图像，对现场工人不安全行为进行实时识别和预警，从而规范现场工人作业行为（图 7）。智能视频监控设备采集到的异常图像在云端留档记录，目前，已采集安全隐患问题图像 4 万余张，AI 图像识别准确率达到 95％以上。

图 7　中建科技智慧建造平台智能远程监控服务

中建科技智慧建造平台为长圳项目提供构件追溯服务，以 BIM 轻量化模型为数据载体，利用移动端 APP 对构件的不同阶段进行扫码，记录构件从设计、生产、验收、吊装的全过程信息，达到信息在建筑全生命周期的生长和记录，实现对构件的全生命周期追溯。基于构件全生命周期追溯数据，在云端建立以实际建造数据为基础的数字孪生建筑（图8）。

图 8　中建科技智慧建造平台构件追溯服务

中建科技智慧建造平台为长圳项目提供无人机自动巡检与建模服务。可以根据现场拍摄需求，自动智能规划飞行航线，执行航拍任务，并依照预设的飞行轨迹，完成全自动巡航飞行及图像采集。中建科技智慧建造平台可以根据飞行拍摄的图片及影像，通过边界重叠算法生成现场三维模型，直观反映现场进度（图9）。

图 9　中建科技智慧建造平台飞行管理

在项目验收阶段，中建科技智慧建造平台为长圳项目提供点云扫描服务，通过将点云扫描技术与智能巡检载具相配合，利用三维点云扫描技术具有的高精度和高效率的特点及优势，对复杂的工地环境进行全方位扫描，生成点云模型，并与 BIM 轻量化模型进行比对。现场质量检测自动化设备数据自动对接至中建科技智慧建造平台，结合设计信息，生成施工偏差报告，为建筑施工质量报告提供数据依据（图10）。

5. 运维阶段

在项目交付阶段，基于多维度的智造体系 BIM 数据模型，模拟室内视觉穿透、透视管线排布、强弱电设备排布、提供建造接驳节点、隐蔽施工等信息；运用扩展现实技术，提供基于智慧物联网技术的智联空间云端服务，控制智能终端设备；整合设计、采购、生产、施工、

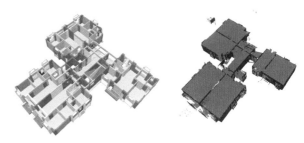

图 10　中建科技智慧建造平台点云扫描服务

运维数据形成建筑建造全生命周期数据池，实现工程信息全记录、管理行为留痕，将数据对接多方线上服务，从而打造以工程项目为主体的数据资产，为城市级提供各工程项目全过程数据信息，为智慧城市提供基础数据支撑（图 11）。

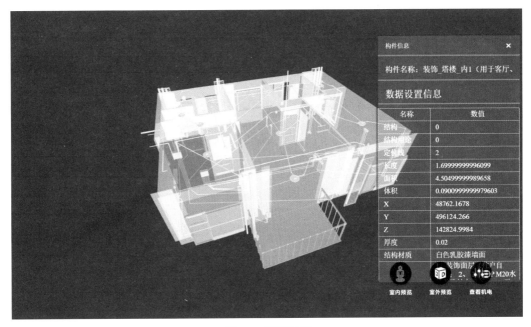

图 11　智慧运维

四、应用成效

（一）解决的实际问题

目前，我国建筑业的生产模式还是沿袭了传统建筑行业的设计、采购、施工三段割裂的运作模式，在智能建造发展过程中还存在诸多问题：一是建筑、结构、机电设备、装饰装修等各个专业体系缺乏协同；二是条块分割的建造模式造成了产业链中的信息化壁垒；三是在传统的施工总承包模式下，产业链碎片化割裂严重，生产关系不能适应产业健康发展的需要，没有实现技术、管理、市场的有效整合。

中建科技创新研发的中国建筑智慧建造平台全面配合装配式建筑研发、设计、采购、生产、施工、运维中的应用点和标准流程，从前期策划、组织架构、应用流程、人员配

置、网络和软硬件配置、技术标准等方面形成装配式建筑标准化应用方案，彻底破除"碎片化元素"与"系统性产业"的矛盾关系，为智能建造发展提供解决思路。

（二）应用效果

通过中建科技智慧建造平台的应用，长圳公共住房项目预计累计节约 6891 万元。其中，人员减少的直接经济收益约 192 万元；节约会议成本约 50 万元；节约变更成本约 1489 万元；节约工期约 62 天，长圳公共住房项目每延迟一天罚款 80 万元，预计工期提前的直接收益约为 5050 万元；无纸化办公带来的资源节约直接经济收益预计约为 60 万元，软件费用节约直接经济收益预计约为 50 万元。

中建科技智慧建造平台已在中建科技集团有限公司 117 个装配式建筑项目中全面应用，在 4 年的时间里覆盖全国 9 个装配式建筑预制构件生产厂，全过程追溯装配式建筑预制构件 39 万个，使预制构件厂效率提高 3 倍，实现构件品控 98% 的优质率。覆盖 117 个装配式建筑项目，数字化高精度监测建筑面积 1400 万 m^2，涉及项目合同额 29 亿元，节约了 30% 的招标投标时间和 25% 的管理人员，减少了 8%～10% 的施工工期。共计为企业经济创效 15%，提升利润 20%，支持超过 50% 的线下业务流程线上流转操作，大幅提高了 EPC 工程管理效率。

（三）应用价值

中建科技智慧建造平台可以解决建筑企业项目各阶段信息不畅、效率较低、资源浪费等问题，经过综合测算得出可以给项目带来五个方面的经济效益，分别为：管理人员减少、工效提升、工期节约、资源节约及软件费用节约。预期产生的经济效益按照项目规模划分为四个等级，对应可产生的经济效益如表 1 所示。

经济效益测算 表 1

工程项目类型划分	管理人员减少（人）	工效提升（万元）	工期节约（天）	资源节约（万元）	软件费用节约（万元）	总计（万元）
合同额＜2 亿元	5	200	30	10	20	500
2≤合同额＜5 亿元	5	200	40	10	20	550
5≤合同额＜10 亿元	6	300	50	20	30	816
合同额≥10 亿元	8	400	60	30	50	1464

执笔人：

中建科技集团有限公司（苏世龙、常运兴、林满满、李佳）

审核专家：

马智亮（清华大学，土木工程系教授）

叶浩文（中建集团，战略研究院特聘研究员）

腾讯云微瓴智能建造平台

腾讯云计算（北京）有限责任公司

一、基本情况

（一）案例简介

腾讯云与重庆市住房和城乡建设委员会联合发布了基于 CityBase 打造的建筑产业互联网平台——微瓴智能建造平台（图1），以"平台＋服务"的工程建造新模式，提供工程项目层级的全施工过程、全项目管理功能、全参建方用户、全工程类型的全体系化项目管理协同工作平台。平台以打通建造全生命期和全产业链为目标，基于统一工程建造数据标准，培育工程建造模块化、软件化、复用化的平台，推进建筑产业互联网在工程建造、企业管理、资源调配、运行维护中的应用。平台可提高中小规模设计、生产、施工和劳务分包企业智能建造实施能力，提升工程项目质量安全成本计划等的数字化管控能力，实现企业层级的降本增效、合规避险和为市场竞争赋能的数字化应用价值。

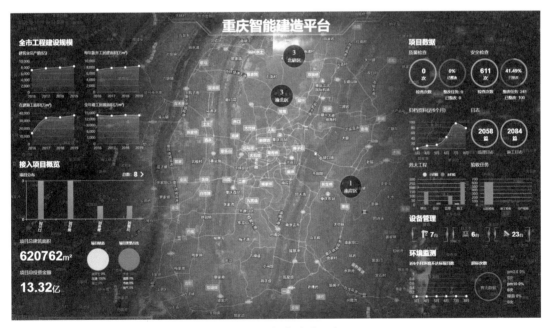

图1 微瓴智能建造平台

（二）申报单位简介

腾讯云计算（北京）有限责任公司成立于 2010 年 10 月 21 日，可以为开发者及企业提供云服务、云数据、云运营等整体一站式服务方案，拥有全国六大区域中心，四十多家直属机构，覆盖了全国所有的大中型城市，主要业务包括云服务器、云存储、云数据库和弹性 Web 引擎等基础云服务，腾讯云分析（MTA）、腾讯云推送（信鸽）等腾讯整体大数据能力，以及 QQ 互联、QQ 空间、微云、微社区等云端链接社交体系。

二、案例应用场景和技术产品特点

（一）技术方案要点

建筑产业互联网平台的建设，涉及政务网和互联网之间业务流程、数据、系统的交互。微瓴智能建造平台也包含两个建筑产业互联网底座 CityBase：重庆市住房和城乡建设委员会政务网端的底座 CityBase 和互联网端的底座 CityBase（图 2）。一方面，适合在互联网上公开的流程和数据需要在互联网上执行；另一方面，互联网涉及的物联感知、小程序应用、Web 应用所产生的大数据可以汇聚到政务网，形成对政府决策、监督、管理的支撑。面向政务网和互联网交互的底座 CityBase，分别部署于政务网和互联网，创新性实现两网之间行业监管业务流程、数据内容的交互，以及对各自网络环境应用系统开发建设的支撑。在物联网、业务流程、数据内容、应用系统、接口规范等方面，制定标准和规范，核心的标准化内容包括：业务模型标准化、业务标准化、数据模型标准化、数据标准化。不仅可以使得整个监管业务流程体系在统一的框架下运行，也可以保障各个环节的标准化、规范化和质量。

在此顶层架构下，将施工监管应用中的各个子应用、相关智能技术、现场智能设备应用到全市建筑工程施工现场中，创新工程监管模式，构建覆盖"建设主管部门、企业、工程项目"三级联动的施工监管管理体系，全面提升企业施工信息化管理水平与核心竞争力，进一步实现管理精细化、参建各方协作化、行业监管高效化、建筑产业现代化。

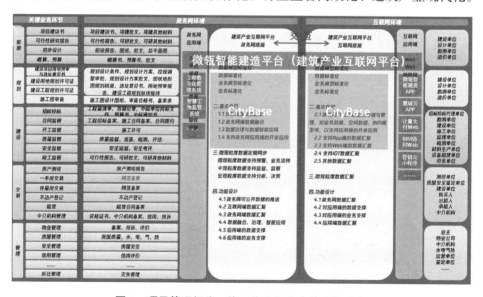

图 2　项目管理行为、施工作业行为全体系数字化

（二）产品特点及主要功能

微瓴智能建造平台的产品特点及主要功能（表 1）：

1. 工程项目全过程数字化、无纸化实时动态归档体系；

2. 劳务人员实名制体系、危大工程智能体系和政府智能巡检体系；

3. 智慧工地 3.0 体系（IoT）——10 余种智能硬件物联网一体化交互；

4. 施工全过程项目内控标准化、数据结构化全体系；

5. BIM 平台等生态在线互联大数据体系；

6. 甲方主导项目全参建方人员且功能全覆盖的在线统筹管控与数据共享交互体系，全面实现"沟通在线、协同在线、组织在线、业务在线与生态在线"。

微瓴智能建造平台主要功能　　　　　　　　　　　　表 1

序号	功能版块	功能模块	简单描述
1	工程互联	施工报验、施工质量管理、施工通知、施工日志、监理质量管理、监理通知、安全管理（安全检查、安全验收）、会议管理、工作报告、月报周报、人员轨迹管理等	主要实现施工单位、监理单位对施工管理过程的质量管控、安全管控及日常施工管理
2	工程过程管控	计划管理、实测实量、往来函件、工序验收、过程检查等	主要实现工程各类计划管理及过程质量控制
3	规划设计管理	前期工作、工作沟通、设计图纸（含 BIM 应用）等	主要实现建设单位前期工作，设计图纸管理及 BIM 应用
4	成本动态管理	变更洽商管理、月度计价、合同管理、物料管理等	主要实现工程现场成本、物料管控
5	公司管理	公告、会议管理、质量、安全等	主要实现公司层级管理
6	项目层统计	综合展示、计划动态、统计报表、绩效排名	主要实现项目层级数据统计及分析
7	智慧工地	环境监测、考勤门禁、实时监控、塔式起重机监测、劳务人员实名制等	主要实现与施工现场各智慧工地硬件系统的接口对接，同步相关数据信息
8	竣工验收管理	竣工验收、分户验收、交房管理、档案数据等	主要实现竣工阶段验收和过程验收资料数据归档

（三）应用场景

微瓴智能建造平台适用于设计院、施工方、材料设备供应方、监理方、业主方、政府方多方协同线上作业；适用于房屋建筑工程、市政管廊、公路交通、桥梁隧道和园林燃气等工程类型。

（四）竞争优势

国内同类技术产品如慧城云智能建造平台、瑞信河狸·数字工程平台等。其中慧城云智慧建造平台是集云数据、BIM 应用、数字档案、物联网、移动互联等技术于一体的平台，可以优化现场管理环节，降低施工成本，提高工程质量和效率；瑞信河狸·数字工程平台通过 APP 端协同房地产甲方、施工方、监理方、第三方等进行工程现场过程管理的数据采集，并通过系统实时数据同步和大数据分析展示，提升各参建单位用户协同和工程建设效率，实现对工程质量、安全、进度和综合管控的多维度智慧管理。

微瓴智能建造平台侧重于打通政府监管及建筑行业企业，可以实现沟通在线、协同在线、组织在线、业务在线和生态在线五个智能在线，其优势表现为项目参建各方立体交互、项目管理行为和施工作业行为数字化，以及数字化归档三个"全体系"。

三、案例实施情况

(一) 工程项目信息

微瓴智能建造平台在重庆市的布局与落地内容主要包括：联合发布建筑产业互联网平台；协助建立智能建造政策环境；累计推动 108 个试点项目；持续打造系统化、多层次的建筑产业互联网平台体系；推进建筑业大数据应用，探索建筑行业供应链金融服务。

图3　重庆万科四季花城

具体工程项目信息如重庆万科四季花城（图 3），项目位于重庆两江新区水土镇，分三个标段建设。其中用于数字化建设的有一标段 1 号~5 号楼、19 号楼、20 号楼、24 号楼及部分地下车库，三标段 6 号~9 号楼、17 号~18 号楼、21 号~23 号楼及部分地下车库。

本项目是重庆万科公司重点打造的高端住宅小区，具有参建单位多、施工人员多、采用新技术新方案多等特点，为全面落实《重庆市以大数据智能化为引领的创新驱动发展战略行动计划（2018—2020 年)》，决定在本项目开展工程项目全过程数字化无纸化试点。

(二) 应用过程

万科为积极响应重庆市住房和城乡建设委员会的数字化试点文件，先后启动了森林公园、四季花城、万科城、天空之城、理想城等五个项目的试点工作。并携手微瓴智能建造平台制定了相应的工作方案（图 4）。

1. 设计阶段

腾讯云 BIM 协同平台根据设计师的工作习惯，将素材管理和项目管理巧妙地结合在一起，日常素材可直接为项目所用，实现管理、协同、展示、沟通可视化，极大地提升了协同工作的便利性。平台可支持各种格式文件的在线预览和快速分享，不用安装任何软件和插件即可在网页、桌面客户端和手机端中查看文件，简单且便捷。

2. 施工阶段

使用电子签名和签章功能有效管理，实现对施工过程验收数据化、线上审核批准、过程数据（时间、责任人、资料）实时记录、资料智能归档。施工方根据施工进展发起报验任务，系统预制报验表格（检验批、隐蔽等），报验详情填写完毕后，可在施工方内部签字流转，全部完成后上报监理方。实现工地资料无纸化管理。

3. 竣工阶段

竣工阶段分为四个部分：竣工验收、分户验收、档案数据及交房管理。基于项目信息管理系统的数据共享、业务协同、项目管理行为和施工作业行为数字化，对建设单位牵头的竣工验收工作进行梳理量化。实现各方共同参与。

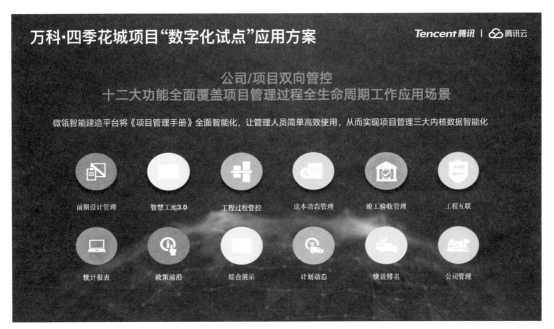

图 4　万科四季花城应用方案

（三）创新举措及经验做法

主要举措：政府制定政策标准，搭建政府监管系统，培育开放的建筑产业互联网平台，以市场机制驱动行业应用生态。

经验做法：

1. 以工程项目协同数字化为切入点，制定智慧工地标准及评价细则。建立行业统一的工程建造数据标准，政府投入财政资金，建立以工程项目数字化为核心的全省统一的智慧工地监管平台。

2. 培育工程全过程数据贯通、安全可靠、开放共享的建筑产业互联网平台。为工程建造软件开发企业提供低代码开发平台，支撑工程数据模型、工程领域微服务组件、工程APP 等快速开发，政府监管数据通过平台以服务的方式向市场开放服务，构建工程行业数据共建共用、微服务模型共建共享、应用共建共生的一站式产业互联网平台，大大降低了开发周期和成本，满足了不同应用场景的快速个性化定制。打通了上下游建筑产业链，提升了产业整体竞争能力。

3. 鼓励大型企业建设企业级智能建造平台，贯通一套工程建造数据标准。实现项目级建造数据与政府监管平台和企业级智能建造平台的三端互联互通。构建基于数据驱动的精细化智能建造体系。

四、应用成效

（一）解决的实际问题

1. 智能建造技术利用数字模型将贯穿于建筑全生命周期的各种建筑信息组织成一个整体，对项目的设计、建造和运维过程进行统一管理，有效解决了工程项目规划、设计、施工、运营各阶段的信息丢失问题，实现工程信息在全生命周期的有效利用与管理，显著提升设计、施工和运维效率，为建筑业带来巨大效益。建筑全过程实现数字化，消除了工程行业大量的纸质资料文件，工程档案实现电子化。

2. 解决业务信息不对称、不透明问题。基于同一平台的业务协同和多方交互，使得涉及多方的任务可以在系统中自动流转，动态查询。

3. 加快建筑业的数字转型速度。微瓴智能建造平台把行业的施工工艺、生产知识、建筑构件和岗位工作等封装为"即插即用"的微服务，为建筑企业的数字化转型提供了工具。

(二) 应用效果

从数据智能的角度看，需要站在行业、产业的角度，把工程项目参建各方整合起来，把"管理要素数字化"与"技术要素数字化"全体系融合起来，数据协同和智能效率才能提升；要坚定地基于移动互联网深入工地现场"最后一公里"，真正把每个工地现场的行为像发微信朋友圈一样实现随时随地数据化，才能解决工地现场最核心的产业互联智能问题。

项目层级数字化：微瓴智能建造平台不再以仅仅能解决企业内部独立管控的私有云部署企业服务为重点，而是以工程项目为"产业数据枢纽中心"，基于移动互联网和公有云技术服务，将工程领域的生产要素全面数字化（管理要素数字化与技术要素数字化融合），即工程全类型、工程全参建方、施工全过程、项目管理全功能等的数字化，实现政府对辖区内工程项目智能化管控的同时，也帮助项目各参建企业实现"工程项目层级"全面的数字化转型与升级。真正使整个工程建设领域实现"产业数字化、数字产业化"，重造一个"实时在线工程基建产业"。

从建造到运营：随着平台深入应用，依法有序推动行业数据、公共服务数据向社会开放，鼓励企业基于建筑产业互联网平台利用开放数据开展数据增值运营和行业应用。结合腾讯云在智慧建筑领域已有的成熟平台体系，可实现智能建造和智能建筑融合发展，推进智能建造数据向房屋管理应用领域延伸，提升房屋安全管理水平和物业管理水平。促进智能监测设施与主体工程的同步设计、同步施工和同步运营，加快市政基础设施建设和智能建造数据的融合。

执笔人：

腾讯云计算（北京）有限责任公司（李洪飞、曾雨晨）

审核专家：

马智亮（清华大学，土木工程系教授）

叶浩文（中建集团，战略研究院特聘研究员）

"云筑网"建筑产业互联网平台

中建电子商务有限责任公司

一、基本情况

（一）案例简介

"云筑网"建筑产业互联网平台围绕建筑施工现场"人、机、料、法、环"五大要素，运用 BIM 信息化模型、物联网、大数据、5G、人工智能等先进的高科技信息化处理技术，建成了包括进度管理、质量管理、安全管理、劳务管理、物料管理、物联监测的 6 大业务板块体系，实现了实时监控施工进度、质量状况、安全防控、环境监测、人员管理等功能。平台在提高施工现场管理水平的同时，还为项目相关各方构建了一个沟通协调、信息共享的平台。

（二）申报单位简介

中建电子商务有限责任公司是中建集团为响应国家"互联网＋"战略，打造的专注于建筑行业的互联网综合服务平台。公司以"云筑网"为核心品牌，打造了云筑集采、云筑优选、云筑劳务、云筑智联、云筑数科五大业务板块，向全行业提供服务，业务范围覆盖建材线上交易、劳务工人线上管理、数字建造、数字风控等领域。公司成立五年多来，团队总人数达到 700 人，旗下拥有上海、深圳两家子公司，拥有 45 项软件著作权和 7 项专利，软件研发成熟度达到 CMMI5 级水平。

二、案例应用场景和技术产品特点

（一）技术方案要点

"云筑网"建筑产业互联网平台采用云服务架构，实现多个工地、多个终端系统的统一管理及 APP 实时数据推送。平台实现跨区域的多个承建单位、多个公司、多个项目部工地数据的汇总、分析，为管理人员提供决策支持。打造项企管理一体化的信息化管理平台，构建覆盖集团公司、子分公司、项目现场多方联动的工地监督管理平台。按照权限设置、分级管理的原则，工地建设企业、监理部门、施工单位、监管部门等共享资源，互联互通，方便各方管理者随时掌握各自权限范围内的信息（图 1）。

（二）产品特点及创新点

1. 工业物联网 IoT 平台，实现智能设备互联互通

依托物联网技术，实现不同品牌硬件在一个物联网平台的接入、数据上报及智能分析。

统一标准化智能硬件服务协议。统一归纳工地应用的智能硬件数据标准，解决因不同

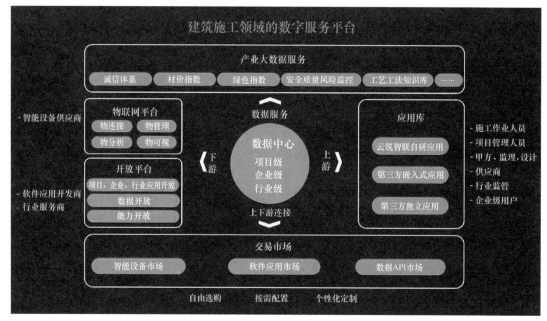

图 1 平台架构图

硬件厂商的产品、界面、设置、信息格式及技术路线不同造成的集成接口复杂、数据难以交互的问题。

物联设备接入方式规范统一。硬件供应商提前将云筑硬件业务标准协议下发至硬件终端或者云端，硬件服务商、项目现场人员、运营人员可高效快捷地将物联硬件接入到智联IoT平台。

外部数据接口丰富。满足各级管理要求，主要为政府监管部门、建设单位等提供标准数据接口，解决项目硬件重复建设及数据重复上报的难题，实现项目的降本增效。

平台各子系统联动。与BIM（建筑信息建模）数字化模型、安全生产风险预警监控系统、环境保护管理监测系统、智慧劳务人员管理系统、视频AI系统等子系统进行联动应用、智能分析，实现项目闭环管理。

2. 智慧视频监控平台，项目现场情况一目了然

"云筑网"建筑产业互联网平台通过建设统一的视频监控平台，增强视频稳定性，提高视频监控实时在线率统计的正确性，降低运维成本和采购成本，避免监控硬件的重复建设。平台使用方可通过一个视频监控平台对多个项目不同厂商的视频监控设备进行实时预览及监管。

3. 远程巡检，项目管理移动化、在线化、可视化

2020年，"云筑网"建筑产业互联网平台远程巡检功能实现公司层对项目的远程指挥管控。公司通过企业级指挥中心平台与项目配套使用的APP进行远程连线，实现视觉与语音多空间在线移动交互，减少新冠疫情期间各级公司管理层到项目现场的检查频次，缩短了项目检查时间周期，节约了大量时间和人力成本。

（三）市场应用总体情况

上线至今，"云筑网"建筑产业互联网平台上线项目3800个，接入设备45000台，服

务企业 700 家，指导近 4000 个在建项目的视频监控通过平台接入中建股份总部企业大屏系统。

三、案例实施情况

(一) 项目概况

成都天府国际机场位于简阳市芦葭镇，规划用地面积 $52\mathrm{km}^2$，将建设 T1、T2 两座航站楼，其中中建八局承接的 T1，占地面积 12.6 万 m^2，建筑面积 33.16 万 m^2，将于 2021 年投入使用。项目工期紧、任务重，需要在短期内集结大量的管理人员、施工建造者、建筑材料和建造设备，面临现场管理情况复杂、施工进度紧张、作业班组多、风险难以控制等难点，迫切需要引入先进的科技手段对施工现场进行全面管控。但以往很多独立子系统在工地上的拼凑，很难将信息统一整合，难以用于全局统筹规划、决策预警（图 2）。

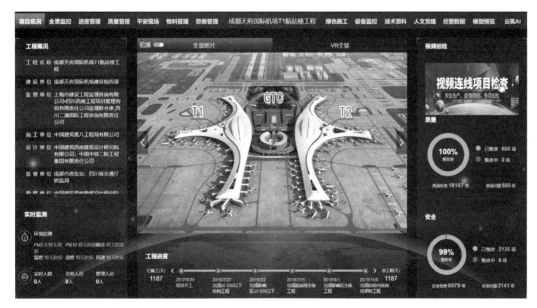

图 2　项目大屏

(二) 应用方案

"云筑网"建筑产业互联网平台聚焦于项目现场的全生命周期过程管理，为项目生产管理、大数据经营分析提供"BIM＋项目管理＋智能物联设备"的一站式应用解决方案，方案建设内容涉及进度、质量、安全、物料、劳务、技术、党建、设备等八大管理应用。

平台在提高项目施工现场管理水平的同时，还为项目各参建方构建沟通、协调、信息共享的平台（图 3）。

1. 进度管理：项目人员将总控计划导入平台，平台将总控计划拆解为月计划、周计划、周工作任务，落实到工程项目建设周期的各个阶段和各个责任人；并建立由上而下、由整体到局部的进度控制系统，有效保障工期进度。通过将进度计划和 BIM 模型关联，结合总控计划呈现建造过程。同时，可查看计划与实际进度对比情况，在线解决项目管理难点，合理协调各资源关系，降低风险（图 4）。

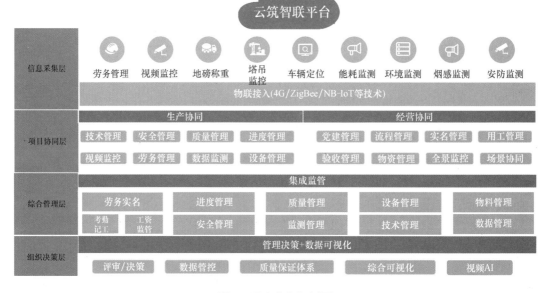

图 3　平台业务规划图

图 4　大屏——进度管理

2. 质量管理：项目人员使用云筑智联 APP 填报问题描述，上传现场照片，确认问题责任人及整改时间，实现施工质量巡查；平台即时通知相关责任人处理，解决质量隐患处理不及时、隐患责任人不明确等问题。大屏数据看板以可视化模型的方式展示质量巡检记录，根据质量严重程度使用不同的颜色展示构件，增加可视化效果。自应用以来，项目累计完成质量检查 18157 次，生成整改单 197 条（图 5）。

3. 安全管理：通过云筑智联 APP 实时录入安全问题，形成问题发起—整改—复查—关闭问题一套闭环整改流程，有效解决现场执行情况不清晰、落实不清楚、责任不清晰的

图 5　大屏——质量管理

问题。通过引入 BIM 轻量化展示模型，精准可视化定位问题，展示安全监督情况，提高各方协同效率。自应用以来，项目累计完成安全检查 6074 次，生成整改单 96 条（图 6）。

图 6　大屏——安全管理

4. 劳务管理：对现场劳务人员进行从实名登记、出勤、施工作业到工人退场等的全面管理，进一步加强施工现场操作人员的规范化管理。数据看板实时收集人员信息，准确统计在场人员数量，为项目决策层提供数据参考。自应用以来，项目累计进场 8997 人，其中管理人员 270 人，参建单位 62 家（图 7）。

5. 物料管理：通过在施工现场搭设物料地磅并使用云筑收货管理系统，借助互联网手段实现物料现场验收环节全方位管控，解决物料验收环节管理漏洞等问题。数据看板集中展示最近时间段的收发料数据，实时控制物资消耗且保证项目正常施工，通过信息化手

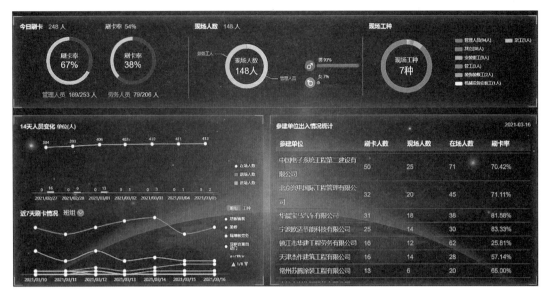

图 7　大屏——劳务管理

段，降低物资管理成本，为项目管理提质增效（图 8）。

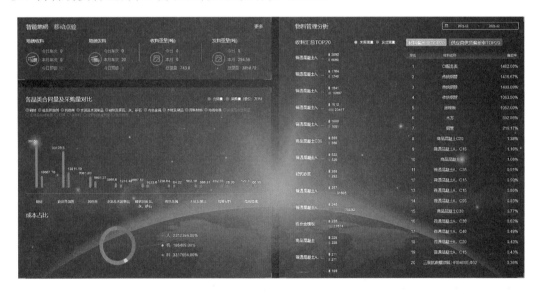

图 8　大屏——物料管理

6. 设备管理：一是视频监控，通过在项目现场重点部位安装高清摄像头，全天候 24 小时实时监控，并且支持云筑智联 APP 查看直播、视频回放、云台操作功能，方便管理员实时掌控工人施工情况及现场生产状况，加强施工项目的日常管理，提高工作效率。自上线以来，项目累计接入摄像头 25 个（图 9）。

二是塔吊监测，实时监控显示塔吊运行数据并提供安全预警，为操作员及时采取正确处理措施提供依据，提高塔吊运行的安全性，有效减少塔机安全生产事故的发生（图 10）。

图 9 大屏——视频监控

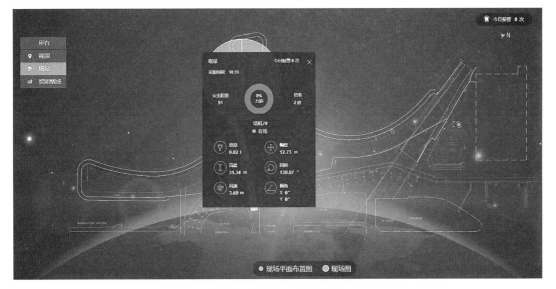

图 10 大屏——塔吊监测

三是智能烟感监测，通过安装智能监控设备，判断火灾时产生的烟雾并现场报警，将报警消息实时推送给大屏及 APP，保证施工现场安全（图 11）。

四是环境监测，在现场设立工地环境检测机，全天候 24 小时实时在线监测现场 PM2.5、PM10、噪声、温度、湿度、风速、风向等，保证环境质量。通过设定超限值预警，一旦超额后，系统自动启动预警机制和喷淋装置，达到自动控制扬尘的目的（图 12）。

五是水电能耗监测，监测办公区、生活区、施工现场的水电用量移动终端及控制器，汇总、统计、分析、处理和存储能耗数据，能耗指标一目了然，有助于能源合理分配，保障绿色施工（图 13）。

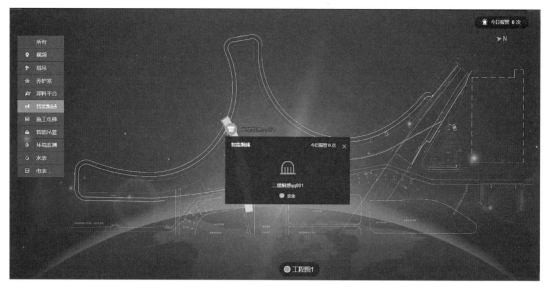

图 11　大屏——智能烟感监测

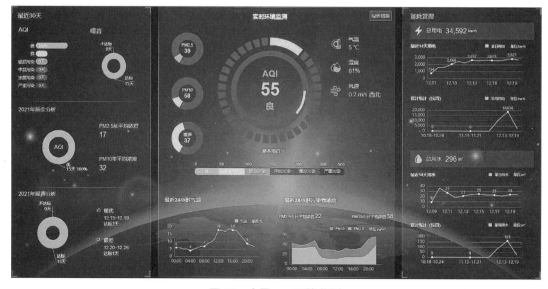

图 12　大屏——环境监测

7. "BIM＋技术管理"：项目人员将工程资料上传至平台，数据看板集中展示工程资料且永久保存；另外，可将施工方案、技术资料等内容关联生成二维码，现场粘贴，实现随时随地可以获取相关资料，有效解决查阅不方便、交底不透彻的情况；通过场景化应用解决实际问题。基于 BIM 深入应用，有效提高项目各参建方信息传递效率、各方协同效率，优化并完善管理工作模式、工作流程和组织方式（图 14）。

四、应用成效

"云筑网"建筑产业互联网平台解决了各个施工企业分散建设、系统林立、无统一规

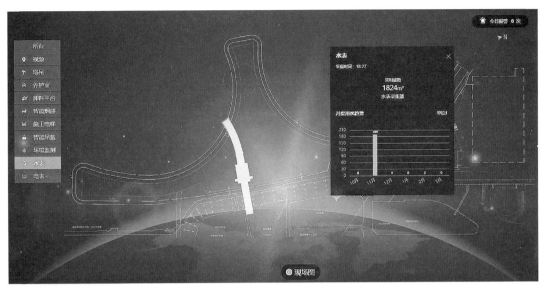

图 13 大屏——水电能耗监测

图 14 大屏——工程资料

范和标准的智慧工地建设问题，实现对施工生产、商务、技术等管理过程全面管控，提高管理效率和决策能力，实现工地的数字化、精细化、统一标准化和智慧化管理。推广以来，云筑智联平台累计接入项目约 3800 个、企业约 700 个、设备约 45000 台。

(一) 应用成效

1. 无人值守收验货的运用完善了项目物料收验的闭环管理。传统的项目物料收验，项目工地必须有人员值守，存在人手不足的情况，也增加了项目的成本；众多项目的原料收发存在数据无法实时一览全貌并进行清晰地统计分析的问题，整个环节缺少闭环监管。通过无人值守收验货系统的应用，利用物联网、互联网、云计算、大数据和移动互联等先进技术对原料的进出场业务环节进行全方位管控。通过智能终端，实现全天候 24 小时无人值守称重，利用 AI 图像识别技术对车牌号进行识别，实现车辆和重量的关联，数据实时上传到云端，通过网站、APP 和微信公众号等多种方式触达服务项目管理人员、工地人员、供应商。同时，结合工地大数据，将进出场的数据与物资库存数据、电子签名的审批流数据打通，实现原料收取、使用的管理和跟踪闭环。自应用以来，地磅收料 9.674 万吨，收料 2684 车次，地磅发料 7313.780 吨，发料 302 车次；移动收料总数量 122.3161 万吨，收料 770 批次。

2. 提升了劳务用工管理的规范化、安全化及高效化。项目劳务管理普遍存在劳务作业队伍杂，政府监管机构多，劳务人员文化程度低、安全意识弱、人员流动大、交叉作业频繁的问题。"云筑网"建筑产业互联网平台的实名制管理应用现代科技手段，采用多项专利技术解决实名制考勤计算统计、工人安全管理、政府多级监管等问题。项目通过对人员的进场初始认证审核、新冠疫情防控大数据跟踪、进出记录跟踪、安全教育培训、现场作业安全交底、安全正负向积分激励等管理协同构筑了劳务大数据中心，实现建筑工人职业化、作业企业规范化、承包管理标准化、政府监管数字化的目标。

3. 物联网 IoT 应用设备，实现绿色工地建设目标。建筑施工现场环境复杂、能源消耗大、扬尘噪声污染重。通过物联网监测设备的应用实现对施工现场环境及能耗的实时监测，监测数据实时传输到"云筑网"建筑产业互联网平台，与能源资源系统、环境治理系统进行场景联动。当项目水电消耗量超过正常指标时，预警数据会自动推送至大屏指挥中心、PC 端及移动端，便于管理者远程实时监管并及时作出决策，减少能耗浪费，节约成本。项目现场扬尘监测设备接入平台后，当扬尘数据超过正常指标时，喷淋控制系统自动开启，高效率地实现工地现场抑尘降尘，避免扬尘颗粒污染空气环境。

4. "BIM＋应用"实现了项目精细化管理及建设要求。传统的建筑工程项目主要基于二维平面图纸，很难将项目生产过程中涉及的进度计划、质量管控、安全管理、IoT 监控设备等进行可视化及精细化的过程管理。"云筑网"建筑产业互联网平台以项目建造过程管理为核心，以 BIM 作为信息化模型载体，项目将 BIM 信息化模型导入平台后，可与涉及生产过程管控的进度、质量、安全、IoT 设备进行挂接，挂接后项目各类生产数据可在 BIM 模型上进行数据交互联动及可视化呈现。项目建设过程中，工程人员在 BIM 模型上对工程构造物完成情况进行实时更新，了解进度计划是否合理，如出现偏差便于及时纠偏；安全质量管理人员在 BIM 模型上对工程安全及质量情况进行全过程跟踪，并进行安全质量问题的闭环流程管理；"BIM＋IoT"应用管理，实现了在 BIM 模型上对 IoT 设备的精准布设及状态监控，当 IoT 设备涉及的安全、环境、能耗等监测数据发生异常报警时，BIM 模型点位同步进行预警状态提醒，相关项目责任人可精准快速锁定异常点位，快速处置，避免造成人身伤害和财产损失。BIM 技术与工程管理业务的结合，全面、精准、及时地为建筑生产过程管理提供真实数据及应用价值。

5. 实现智慧工地的生态建设目标。当前，建筑施工行业智慧工地建设还处在初级阶段，存在业务标准不统一、数据格式不规范、硬件设备不通用、数据相互不联通、实施运维难度大等问题。通过"云筑网"建筑产业互联网平台，打造智能物联硬件服务协议标准，归纳统一业务数据，规范硬件接入方式，预留内外部接口，实现数据共享、信息高效处理的目标。引导帮助硬件设备供应商进入智慧工地生态建设，真正做到接入智能化、感知智能化、分析智能化、控制执行智能化。

(二) 应用价值

"云筑网"建筑产业互联网平台解决了各施工企业分散建设、系统林立、无统一规范和标准的智慧工地建设问题，实现了建筑企业内部对各工程项目的集约式管理模式，通过数据挖掘、分析，为企业战略决策做支撑，提升产业链效率和企业管理水平。

"云筑网"建筑产业互联网平台聚焦于施工现场管理，围绕人、机、料、法、环等生产要素，综合运用 BIM、物联网、大数据、云计算、移动互联网、人工智能等信息技术，与一线生产过程相结合，保障现场工程质量、安全、进度、成本等管理目标顺利实现，提高建筑工地生产效率，提升项目管理效率，辅助项目管理者决策，最终通过数字化、智能化实现项目全局优化，在提高施工现场管理水平的同时，还为政府监管部门、建设单位、施工单位、监理单位、劳务工人等项目上下游相关各方构建了一个沟通协调、信息共享的平台，有利于推动智能建造的发展。

执笔人：
中建电子商务有限责任公司（向原平、罗娇）

审核专家：
马智亮（清华大学，土木工程系教授）
叶浩文（中建集团，战略研究院特聘研究员）

"建造云"建筑数字供应链平台

四川华西集采电子商务有限公司

一、基本情况

(一)案例简介

"建造云"建筑数字供应链平台以物联网、云计算、大数据等技术为支撑,深度跨界整合采供链上的用户需求,形成了集采购方、供应商、金融机构、物流方、政府部门、科研机构、监管机构、行业协会"八位一体"的"开放+互联网"生态格局,已入驻建筑企业50家、供应商10万家、大型金融机构10家(图1)。

图1 "建造云"建筑数字供应链平台

(二)申报单位简介

四川华西集采电子商务有限公司成立于2016年5月,是四川华西集团全资子公司,是专业从事建筑全产业供应链服务的产业互联网平台公司。"十四五"期间,公司将在华西集团新的战略部署指引下,主攻数字经济方向,打造数字产业集团,为建筑行业数字化转型贡献力量。

二、案例应用场景及技术产品特点

(一)案例技术方案要点

平台通过构建"一网三库多系统"技术架构("一网"指建筑数字供应链网站;"三库"指供求信息库、供应商管理库和价格指数库;"多系统"指寻源系统、履约系统、库存管理系统、财务支撑系统、电子发票系统、移动协同应用系统、大数据分析系统、供应链融资服务系统等业务支撑系统),贯通建筑供应链全链条,并以平台技术为支撑,联合用户共建行业数字生态。

1.打通建筑数字供应链全链条。基于建筑行业业务和管理需求,整合供应链资源和流程,依托互联网、大数据、区块链等数字技术,实现"计划、招标、采购、供应、结算、支付、库存、融资"全链条业务数字化,在不赚价差基础上,通过服务实现当年成立、当年上线、当年盈利。

2.构建云原生"一网三库多系统"技术架构。基于云原生开发平台,实现系统内部数据中台和微服务化,结合大数据和区块链,达到高可用性、弹性伸缩、不可篡改的目的。同时,结合云平台技术,实现横向扩展及容灾备份能力,建立起"一网三库多系统"技术架构,实现供应链业务的一体化。

3.搭建建筑供应链数字生态。平台以先进技术为支撑,深度、跨界整合采购方、供应商、物流仓储、金融企业、行业协会等采供链上的用户需求,实现资源共享、平台共建、互利共赢,构建行业数字生态。

(二)创新点

1.监管创新。创新搭建"建造云+区块链"融合平台,采用领先的电子加密技术,最大限度提高信息保密能力,实现招标采购过程实时动态监管。

2.科技服务创新。平台采用微服务架构,系统灵活性高,"一网三库多系统"的架构全面支撑供应链全链条数字化。同时,打造"极上线"强适应快速部署技术等九大创新技术,通过技术手段有效提升供应链上下游协同效率。

3.管理创新。创新"三台"组织架构,以"大中台+小前台+强后台"的方式实现人员合理配置、权责分明、层级透明、高效协同,助力平台高效运转。同时,以"技术+管理体系"赋能企业数字化转型,帮助企业提升核心竞争力。

4.业态模式创新。坚持市场引导,吸引采供链上下游企业主动加入,共建共享生态圈。不仅解决企业自身的采购数字化需求,更是通过生态圈的打造和资源共享,为建筑行业供应链上下游的高效协同需求探索出可靠的解决方案。

(三)关键技术经济指标

一是"极上线"强适应快速部署技术,新用户上线时间小于1小时;二是"云高效"数据共享平台技术,兼容数据接口大于15000个;三是"云智踪"智能交易跟踪系统,交易跟踪响应时间小于0.5秒;四是"云数眼"高精度单据光学识别技术,有效识别率大于98.8%;五是"云投易"四方加密投标技术,对称密匙达2048条,非对称密匙达1000条。

(四)与国内外同类先进技术的比较

1.功能上实现全链条覆盖。平台在招标采购线上化的基础上,增加订单、供应、结算、支付、库存管理等功能，实现全流程线上化管理。

2.可靠性、扩展性、安全性符合要求。一是可靠性，"两地两中心"部署架构，提供高可靠性；二是扩展性，全部基于微服务架构，实现动态扩容和不间断升级；三是安全性，公司自主研究开发平台应用，并通过 ISO 27001 信息安全体系认证，系统按照等保三级建设；四是区块链应用，打造建筑行业"建造云＋区块链"融合平台，实现数据安全、不可逆推。

3.应用上是行业级互联网产品。平台不仅解决华西集团内部供应链需求，也是较早以开放式架构面向全行业进行服务的产品。

（五）市场应用总体情况

上线以来，平台已实现交易额超 1200 亿元，每年为采购单位提供寻源服务超 13000 次，为包括中央企业、四川省属国有企业、四川地市州国有企业、民营企业等在内的多家各类规模企业提供数字供应链服务，已应用于天府国际机场 T2、北京大兴机场、白鹤滩水电站、深圳基金大厦、赞比亚卢萨卡机场等海内外 4500 余项建设工程。

三、案例实施情况

以天府国际机场航站区项目为例对平台应用情况进行说明。

（一）工程项目基本信息

天府国际机场位于四川省成都市简阳市芦葭镇空港大道，其中航站区土建工程施工总承包二标段片区项目总建筑面积达 343436m^2。2018 年 6 月 29 日起，该项目所有生产资源（物资、专业分包、机械设备等）均在"建造云"建筑数字供应链平台上进行采购，仅建筑钢材就完成 12 余万吨的招标采购量。航站楼于 2021 年 3 月 30 日竣工验收通过，2021 年 6 月 27 日正式投入使用。

（二）项目应用过程

结合天府国际机场航站区项目的实际管理需求，在充分调研的基础上，通过"极上线"强适应快速部署技术，为项目适配了模块化组建，2 小时内项目的全部生产资源采购流程即搭建完毕。打通项目需求发起、计划审批、招标寻源、下单履约、物流配送、项目验收、结算支付等各个主要环节，实现"计划、招标、采购、供应、结算、支付、库存、融资"全链条业务的数字化，促进信息流、资金流、商流、物流的"四流合一"。

1.需求发起

项目单位可登录"建造云"建筑数字供应链平台（图 2），根据项目实际需求发布项目招标申请表（图 3）。

2.计划审批

项目需求单位相关负责人通过 PC 端或 APP 对采购信息进行审核后，"建造云"建筑数字供应链平台将自动展示招标信息（图 4、图 5）。

3.招标寻源

"建造云"建筑数字供应链平台将招标采购过程电子化、互联网化，相关审批流程、招标投标过程、评标过程、合同管理、供应商入库等均通过线上方式完成（图 6~图 11），子公司、集团公司相关管理部门可以随时调阅招标采购资料，了解进展情况，有效提升招标采购过程在集团内部管理层面的透明度，有效降低合规性风险，促进"保廉洁"目标的实现。

图 2　项目需求单位登录界面

图 3　项目招标申请表

图 4　项目招标信息

首页 > 物资招标公告 > 详情

招标变更

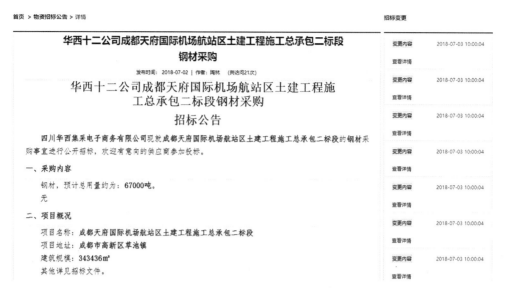

华西十二公司成都天府国际机场航站区土建工程施工总承包二标段钢材采购

发布时间：2018-07-02 | 作者：梅林　（共访问21次）

华西十二公司成都天府国际机场航站区土建工程施工总承包二标段钢材采购

招标公告

四川华西集采电子商务有限公司现就成都天府国际机场航站区土建工程施工总承包二标段的钢材采购事宜进行公开招标，欢迎有意向的供应商参加投标。

一、采购内容

钢材，预计总用量约为：67000吨。

无

二、项目概况

项目名称：成都天府国际机场航站区土建工程施工总承包二标段

项目地址：成都市高新区草池镇

建筑规模：343436㎡

其他详见招标文件。

图 5　项目招标公告

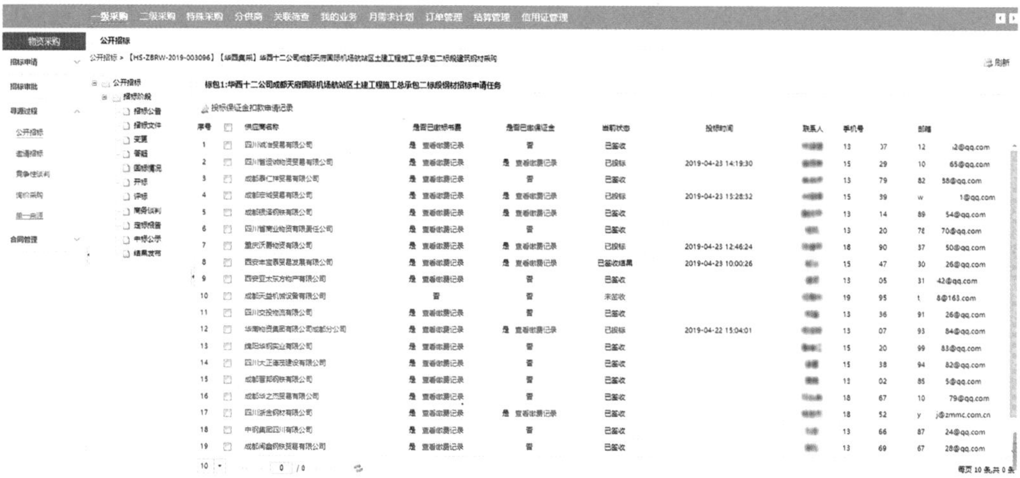

图 6　项目回标情况

图 7　项目开标情况

图 8　项目评标情况

图 9　项目定标报告

图 10　项目中标公示

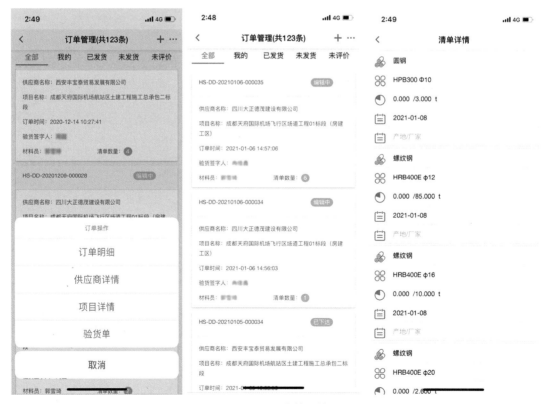

图 11　项目投标结果发布

同时，天府国际机场航站区项目的采购数据在平台中实现了电子数据实时存储，能在项目内部管理以及各级巡视、审计时做到有据可查，有效防范不合规、不合法的风险。天府国际机场航站区项目仅建筑钢材采购共有 25 家供应商参与投标，中标价格较项目部在市场询价降低约 2423 万元。

4. 订单管理

项目招标公示后，需求单位可直接在平台上进行合同签订与产品订单管理（图 12），

图 12　项目订单管理情况

且随着天府国际机场航站区项目采购过程的进行，项目钢材、电缆等相关结算数据、支付数据在平台中电子化存储。每笔订单的实际供货量、验收时间、结算价格、支付时间、成本费用等随时可查，在进行项目核算时，能够更高效、更快速。数据的线上可视化也加强了指挥部、天府国际机场航站区项目部对子业务线的管控能力，提高了项目管理模式的精细化程度。

5. 物流配送

强大、透明的信息系统是物流执行与服务体验的保障，平台通过标准化 EDI 接口，集成了仓储、物流企业，在成都天府国际机场航站区项目中实行多渠道库存共同仓储，多渠道订单共同配送，数据实时传输与交换，以实现全方位项目物流进度。同时，该项目通过平台仓储、平台管理，降低物流成本，获得边际收益。

6. 项目验收

项目需求单位对项目招标产品进行验收，验收合格后，通过“建造云”建筑数字供应链平台进行验收操作，并提供各阶段产品验收合格单（图 13）。

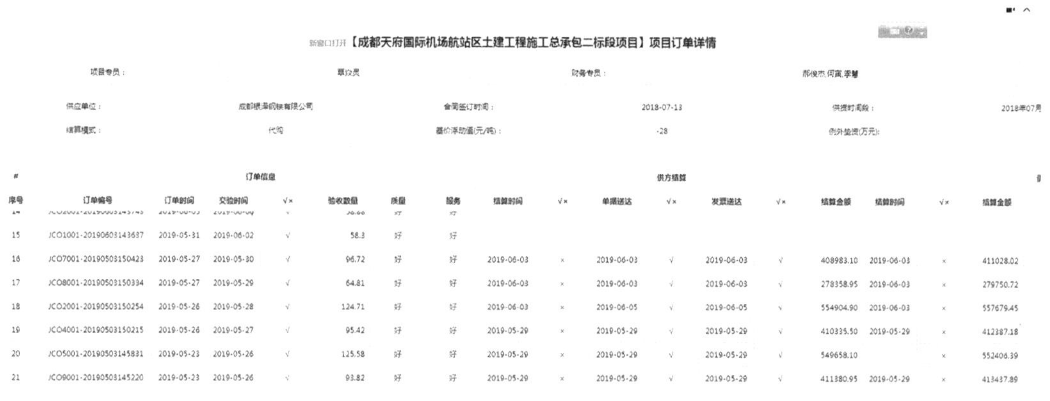
新窗口打开【成都天府国际机场航站区土建工程施工总承包二标段项目】项目订单详情

项目专员： 覃汶灵　　财务专员： 郜俊杰,何寓,季慧

供应单位： 成都银泽钢铁有限公司　　合同签订时间： 2018-07-13　　供货时间段： 2018年07月

结算模式： 代购　　基价浮动值(元/吨)： -28　　例外垫资(万元):

#	订单信息							供方结算									
序号	订单编号	订单时间	交验时间	√×	验收数量	质量	服务	结算时间	√×	单据送达	√×	发票送达	√×	结算金额	结算时间	√×	结算金额
14	[illegible]	[illegible]	[illegible]	√	[illegible]	好	好										
15	JCO1001-20190603143687	2019-05-31	2019-06-02	√	58.3	好	好										
16	JCO7001-20190503150423	2019-05-27	2019-05-30	√	96.72	好	好	2019-06-03	×	2019-06-03	√	2019-06-03	√	408983.10	2019-06-03	×	411028.02
17	JCO8001-20190503150334	2019-05-27	2019-05-29	√	64.81	好	好	2019-06-03	×	2019-06-03	√	2019-06-03	√	278358.95	2019-06-03	×	279750.72
18	JCO2001-20190503150254	2019-05-26	2019-05-28	√	124.71	好	好	2019-06-03	×	2019-06-05	√	2019-06-05	√	554904.90	2019-06-03	×	557679.45
19	JCO4001-20190503150215	2019-05-26	2019-05-27	√	95.42	好	好	2019-05-29	×	2019-05-29	√	2019-05-29	√	410335.50	2019-05-29	×	412387.18
20	JCO5001-20190503145831	2019-05-23	2019-05-26	√	125.58	好	好	2019-05-29	×	2019-05-29	√	2019-05-29	√	549658.10		×	552406.39
21	JCO9001-20190503145220	2019-05-23	2019-05-26	√	93.82	好	好	2019-05-29	×	2019-05-29	√	2019-05-29	√	411380.95	2019-05-29	×	413437.89

图 13　项目验收与结算情况

7. 项目结算

需求单位按照项目招标需求表相关内容对产品进行验收合格后，在平台上与供应单位按项目阶段进行项目结算，并通过银行在线渠道进行款项支付。

8. 金融服务

“建造云”建筑数字供应链平台还为天府国际机场航站区项目提供了供应链金融服务，平台全流程线上可视化的特性有利于金融机构进行过程风控管理。在项目资金紧张时，金融机构结合平台中的在线履约等数据以及风控技术，以较低的融资成本向项目提供供应链金融支持，用于支付供应商货款，保证了项目工期进度，在实现融资风险有效控制的同时，降低了项目融资成本，实现了多方共赢。

四、应用成效

围绕建筑企业供应链全流程业务，平台实现了“计划、招标、采购、供应、结算、支付、库存、融资”的数字化、在线化（图 14）。

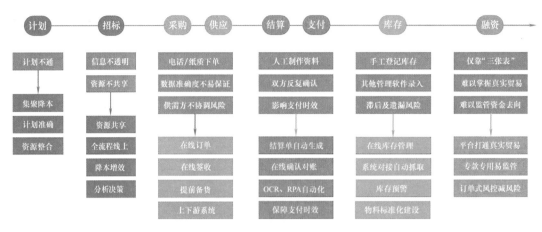

图 14　平台应用场景

(一)计划环节资源聚合转型

原有方式下,分子公司信息孤立不通,存在同区域、同品类单独采购的情况,导致难以形成量的集聚。应用平台后,各单位提前将采购计划上传平台,同区域、同品类的信息会自动汇总,各企业就该类似项目施行单批次统一采购,形成量的集聚从而降低采购成本,且能够有效提升企业对生产计划掌握的准确度,便于作出更优的资源整合决策。

(二)精准招标采购决策数字化转型

原有方式下,分子公司信息不透明、供应资源不共享、资料查阅不方便,数据的准确性和留存资料不易保证,还可能导致供需双方不协调。在平台上,订单可通过在线方式下达至供应商,供应商在线确认并安排供货,可实现物流轨迹监管,到货后在线签收。同时,采购单位的月度、季度计划也可提前通过平台告知供应商,以便供应商有针对性地进行备货。采购和供应环节通过平台数字化后,有效提升订单效率和准确度,减少供需双方"扯皮"的情况,提升上下游协同能力。

(三)数字供应链生态化转型

原有方式下,企业供应链平台仅围绕核心企业自身服务,华西集团结合大中小型建筑企业的不同诉求,将数字供应链平台的建设经验、系统、资源、运营经验对外开放,已建成建筑供应链生态圈,形成数字供应链咨询业务、平台建设业务、招标采购运营业务、供应链集成业务四大业务模式。目前,平台已为华西集团、中核城建、核西南建、成都市政、川航置业等50家企业提供服务,实现场景应用由内到外的生态化转型。

(四)经济和社会效益

一是构建生态,已有50家采购单位,10万家供应商(中小企业占比92.2%),10家大型金融机构入驻平台,向平台用户提供47万种产品及服务,年交易规模700亿元。二是降本增效,仅钢材一项,为采购单位降低成本超过10亿元(以每个项目公开市场价格与实际采购价格的差额进行汇总计算得来)。三是优质创收,在不赚价差的模式下,平台共完成交易额超1200亿元,上缴税收近1亿元。四是技术引领,平台已获得软件著作权102项,技术专利10项;公司发表相关论文14篇、发布相关标准2项,为行业发展提供有效技术支撑。五是行业赋能，"建造云"建筑数字供应链平台坚持以价值释放为核心、技术赋能为主线，对传统建筑采购供应链信息公示、招标投标、交易、采购执行、物流监督、结算支付等各环节进行上线升级，进而打通全产业链和全价值链的数据通道，同时，高效整合建筑行业优质供应商、服务商资源，进一步提升产业链、供应链、价值链水平，赋能行业高质量发展。

执笔人：

四川华西集采电子商务有限公司（丁云波、黄平、陈洁、陈伟、王韬）

审核专家：

马智亮（清华大学，土木工程系教授）

叶浩文（中建集团，战略研究院特聘研究员）

"安心筑"平台在建筑工人实名制管理中的应用

一智科技（成都）有限公司

一、基本情况

（一）案例简介

"安心筑"是一智科技（成都）有限公司针对建筑行业欠薪等顽疾开发的建筑产业互联网平台，以国密算法的区块链技术为核心支撑，重新定义建筑施工的用工标准和结算标准，为监管部门、建设单位、施工企业建立大数据共享和预警机制，实现施工任务派发和工作量认定记录在线化、操作班组要约报价在线化、班组和工人管理在线化，有利于解决拖欠农民工工资这一社会民生问题，全面落实建筑工人实名制管理，同时，对工程建设的质量、安全、成本、进度做到有效管控（图1）。

图 1 "安心筑"平台系统架构

（二）公司简介

一智科技（成都）有限公司成立于 2019 年 7 月，是一家专注服务于建筑业的互联网科技公司。公司汇集建筑、互联网等领域的资深专家，以解决农民工欠薪顽疾、推动构建行业健康新生态为使命，运用"建筑＋互联网"理念，基于大数据、区块链、云服务、AI、物联网等现代科技，倾力打造"安心筑"平台。

二、案例应用场景和技术产品特点

（一）技术方案要点

"安心筑"平台在客观分析建筑行业规律的基础上，以行业规范为基本准绳，在实名制考勤、派工、记工、结算支付、溯源机制等方面锐意创新，实现了工人每一项施工任务的全流程在线化管理，努力做到了"过程有记录、质量可追溯、信用可评价、薪资有保障"（图2）。

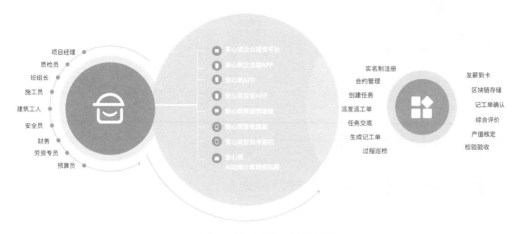

图2 "安心筑"功能逻辑图

（二）主要创新点

1. 创新"多维度实名制管理系统"。通过"安心筑"APP线上采集认证信息，通过智能门禁自动校验进场人员的入场权限，将高灵敏度智能考勤闸机、智能面板机、电子围栏、高清人脸识别摄像头等智能硬件和程序抓取的信息进行整合，同时关联考勤、派工、记工记录，多维度验证进场人员的在场信息，形成全员覆盖的实名制管理体系（图3），确保考勤数据真实可靠。

图3 "安心筑"实名制管理应用场景

2. 创新"电子派工单"。通过有价、有量、有完整交底信息的电子派工单及确认程序,逐级向班组和工人派发施工任务,自动将相关各方的责任义务记录留痕,形成基于特定施工任务的微合约(图4),确保形成真实有效的合约关系。

图 4 "安心筑"电子派工单

3.创新"电子记工单"。通过"安心筑"APP和项目管理系统,完整、准确记录施工过程各方履职履责数据,经各方线上确认后,形成"有价、有量、有评价"的电子记工单(图5),系统自动校验记工单数据和实名制考勤数据,据实为工人计酬,确保发薪数据有据可依。

图 5 "安心筑"电子记工单

4.创新"工资结算支付方式"。系统根据记工单按月自动生成工资单,经工人、项目、企业三方线上确认后，总包企业委托金融机构代发薪资，金融机构通过农民工工资专用账户向工人银行卡或社保卡实时、线上发薪（图6），确保按月足额发薪到卡到人。

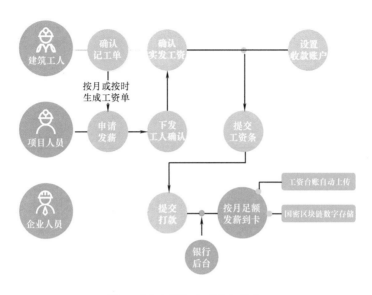

图6 "安心筑"实时线上发薪

5. 创新"区块链溯源体系"。与上海交通大学密码与计算机安全实验室联合自主研发国密区块链，搭建区块链联盟链平台，在确保数据安全及源头保真的前提下，将实名制考勤数据、记工单数据和发薪数据实时上链、存证（图7、图8），为行业监管提供精准数据服务，彻底解决行业监管及信用建设缺乏完整、真实数据支撑的问题，确保实现精准监管。

图7 考勤存证证书

图 8　工资发放存证证书

(三) 主要研发成果

截至 2021 年 9 月,"安心筑"平台共取得软件著作权 17 项 (表 1)。

安心筑软件著作权 表 1

软件名称	证书号	登记号	领取日期
安心筑项目管理 SaaS 平台系统 v2.0	软著登字第 5876656 号	2020SR0997960	2020 年 8 月 27 日
安心筑 App(Android 版)软件 V0.5.4	软著登字第 5876731 号	2020SR0998035	2020 年 8 月 27 日
安心筑 App(iOS 版)软件 V0.5.4	软著登字第 5877586 号	2020SR0998890	2020 年 8 月 27 日
安心筑 App(Android)软件 V1.0	软著登字第 6307875 号	2020SR1506903	2020 年 9 月 30 日
安心筑 App(iOS)软件 V1.0	软著登字第 6340138 号	2020SR1539166	2020 年 11 月 3 日
安心筑管理 App(Android)软件 V1.0	软著登字第 5981950 号	2020SR1103254	2020 年 9 月 15 日
安心筑智能面板系统 v1.0	软著登字第 6081517 号	2020SR1202821	2020 年 10 月 10 日
安心筑企业管理平台系统 V1.0	软著登字第 6081505 号	2020SR1202809	2020 年 10 月 10 日
安心筑管理 App(iOS)软件 V1.0	软著登字第 6081513 号	2020SR1202817	2020 年 10 月 10 日
安心筑项目管理平台系统 V1.0	软著登字第 6081509 号	2020SR1202813	2020 年 10 月 10 日
安心筑 App(Android)软件 V1.9.1	软著登字第 7426275 号	2021SR0703649	2021 年 5 月 17 日
安心筑 App(iOS)软件 V1.9.1	软著登字第 7426424 号	2021SR0703798	2021 年 5 月 17 日
安心筑管理 App(Android)软件 V1.9.1	软著登字第 7426423 号	2021SR0703797	2021 年 5 月 17 日
安心筑 App(iOS)软件 V1.9.1	软著登字第 7426232 号	2021SR0703606	2021 年 5 月 17 日
安心筑智能面板(Android)软件 V1.7.0	软著登字第 7423554 号	2021SR0700928	2021 年 5 月 17 日
安心筑监管(Android)软件 V1.2	软著登字第 8062153 号	2021R11S1203530	2021 年 9 月 8 日
安心筑监管 App(iOS)软件 V1.2	软著登字第 8062102 号	2021R11S1203507	2021 年 9 月 8 日

(四) 应用场景

"安心筑"平台适用于房建、装饰装修、机电安装、市政、交通、基础设施建设等建筑工程,只要施工现场具备网络条件、有安装物联网相关智慧设备的场地即可应用,目前,已经在全国十多个省市 70 余个工程建设项目应用。

三、案例实施情况

(一) 案例基本信息

平台应用以成都市麓湖生态城 C20 组团项目为例，该项目位于成都市天府新区正兴街道，占地面积 28056.80m²，总建筑面积 209626.73m²，其中地上 143333.16m²，地下 64656.84m²，地下 3 层。项目开工时间为 2020 年 6 月，工期 2436 天，开发单位是成都万华新城发展股份有限公司，施工总承包单位是中信国安建工集团有限公司。

(二) 应用实施过程

1. 制订实施方案

方案核心是"三保三查"。"三保"是项目启动前，协调项目开发单位、施工总承包单位召开启动会议，进行集中宣贯，明确目标，凝聚共识，确保项目实施能够有序推进；项目启动后，配备专职实施专员，确保各有关单位管理人员能够熟练使用"安心筑"平台；施工过程中，对合约用工、突击用工、应急用工等场景进行保障，确保全部入场工人正确使用"安心筑"APP，按程序要求进行操作。"三查"是每日检查信息录入情况，每周检查平台施工数据，每月检查工人工资实名发放情况。

2. 系统软硬件设置

(1)"安心筑"平台系统软件安装。在麓湖生态城 C20 组团项目部安装"安心筑"平台系统，并进行联网调试，将项目对接住房城乡建设部门实名制监管平台，取得项目账号和相关备案，保持网络畅通和数据传输一致。项目管理人员下载管理人员 APP 并进行实名注册；班组长和工人下载"安心筑"APP 并进行实名注册。

(2) 实名制通道建设。在项目工地门口设置"安心筑"集成化员工实名制通道，调校好高清监控摄像头、考勤闸机、高清人脸识别面板等硬件，联网通电，为施工过程中的实名制考勤做好准备（图 9、图 10）。

图 9　项目实名制通道入口

图 10　项目实名制通道内部智能硬件配置

3. 前期培训和日常沟通

"安心筑"平台与麓湖生态城 C20 组团项目管理人员多次组织劳务班组和工人进行前期培训，宣讲"安心筑"平台的功能、作用及使用"安心筑"平台的注意事项。项目协调人组织项目管理人员及班组长进行培训，由"安心筑"实施专员担任讲师，对管理人员和班组长进行详细宣讲和操作讲解，实际演练工人如何注册，施工员如何派发任务单，班组长如何邀请工人加入项目，班组长如何分配任务、派工、记工、发薪等操作。平台启动应用后，也有项目实施专员常驻项目工地，对项目管理人员、班组长、工人在使用"安心筑"平台过程中遇到的问题进行指导和解答（图 11）。

图 11　"安心筑"实施专员对工人进行现场指导

4. 应用与发薪

所有人员培训、注册完后，项目正式开展"安心筑"平台的使用。项目施工时，首先由管理人员通过"安心筑"平台在线向班组长创建班组派工单（大派工）；班组长接受派工后，将施工任务进行分解，通过"安心筑"APP向工人或工人小组创建工人派工单（小派工）。

工人必须先创建考勤才能接受班组长派工，以此杜绝虚"增人头"的问题。工人在"安心筑"APP上接受派工后即可开始施工。施工过程中由班组长对工人进行工时或工程量的记录（记工），由管理人员对班组和工人进行日常检查。

施工完成后，由班组长进行自检或交接检，并提交至项目部进行验收。验收的同时对班组实际完成的工程量进行核定，再交由班组长进行确认。原则上，工人的产值不能超过班组的产值，一旦超过，"安心筑"平台将自动进行预警或拦截。

在班组和项目部对验收结果确认无误后，"安心筑"平台将对每个工人生成属于自己的记工单。工人通过"安心筑"APP查看该记工单所记录的施工任务信息、考勤信息、薪资信息等内容，点击确认后，该记工单将被作为本次施工的劳动报酬结算依据，由系统按月汇总、自动生成工资单，经工人、项目部、总包企业三方线上确认后，总包企业委托金融机构为工人代发薪资，金融机构通过农民工工资专用账户向工人银行卡或社保卡实时、线上发薪。

5. 建筑工人实名制管理应用

"安心筑"平台自动采集麓湖生态城C20组团项目施工过程中的工人实名注册、考勤、派工、记工、发薪、累计产值等各项真实数据，并将各数据自动汇总和分析，发现有考勤和派记工数据不一致或产值明显异常的数据即会报警，提醒对异常数据进行核对和处理。

工程项目部管理人员可查看各项派发任务的工程施工进度、实际施工人员、银行付款进度和额度、农民工收入占实发金额比例和未发金额等工程进展和建筑工人工资支付数据，确定项目施工过程中有无违反建筑工人实名制管理的要求，对平台收到的提醒和预警及时处理。

6. 区块链应用

"安心筑"平台将经各方确认后的数据运用区块链技术进行颁布式存储，确保数据真实、安全、可信、不可篡改、永不丢失，锁定工人完成某具体施工任务的施工量、施工质量、施工单价、总产值、发薪情况等各项数据，为后期建筑工人的实名制管理和信用管理提供依据。

四、应用成效

（一）解决的实际问题

截至2021年9月底，麓湖生态城C20组团项目累计注册工人2594人，目前在册人数1266人；累计向班组下发施工任务单1179条，完成劳务总产值3713万元，完成工人总产值3240万元，向工人发薪1626万元，未发生一例欠薪纠纷事件。

项目建设单位通过"安心筑"平台能够有效监督施工进度、建设成本、工程质量，实现工程延期预警提示，可实实在在提高项目管理效能。施工企业通过"安心筑"平台能够避免班组造假、虚报进场人数，与工人建立真实的合约关系，实现施工全流程管控和准确计量计价，防止包工头或班组扯皮和恶意讨薪，防止虚增工程量、增加工程成本。班组长可通过"安心筑"APP对应的线上管理流程，对合约工和临时工进行线上管理，提升管理效率，线上派工、记工方便不费时。工人们使用"安心筑"APP后，每个月都能足额拿到工钱，自己和家人的生活都有了保障。

（二）应用效果

实现了建筑用工从合约签订到结算发薪的全过程数字化管理，克服了建筑施工过程不透明、不可量化的难题，为农民工工资实名、按月、足额发薪到卡提供了完整、准确的数据支持，让建设单位、总包企业、监管部门对工程建设的质量、安全、成本、进度做到了有效管控，达成了主管部门精准监管、建设单位降本增效、班组长和工人提高收入的多方合作共赢。

（三）社会效益

1. 促进农民工就业增收。基于工人的履职记录，为工人建立数字化标签，展示工人的技能水平、协作意识和敬业精神，打破传统"熟人介绍"模式，去除中间盘剥层，促进农民工就业和增收。

2. 提高企业管理效能。通过信息化、数字化管理手段，帮助企业更加灵活、高效地组织劳动力，实现人、事、账、卡统一的分账式管理，有效避免纠纷扯皮，降低用工风险和用工成本。

3. 促进产业工人队伍建设。以履职记录和履职评价为基础，推动构建全行业、全主体的评价体系和诚信体系，引导企业实施激励政策，给予诚信、优质的工人更丰厚的劳动报酬，激发工人的责任感和创造力，弘扬工匠精神和劳模精神，让建筑工人找到价值感、获得感、幸福感，引导更多年轻人加入建筑工人队伍。

4. 提升政府治理水平。为监管部门提供全面、真实、实时的数据支持，促进实现可预警、可溯源的数字化监管，助力政府精准执法，倒逼行业规范，遏制虚签合同、虚增成本、损企肥私、偷税漏税等违法行为，减少司法资源浪费。

执笔人：

一智科技（成都）有限公司（杨航镔、宋德育、边疆、李良全、杨朔）

审核专家：

马智亮（清华大学，土木工程系教授）

叶浩文（中建集团，战略研究院特聘研究员）

"即时租赁"工程机械在线租赁平台

中铁一局集团有限公司

一、基本情况

(一)案例简介

"即时租赁"工程机械在线租赁平台(以下简称"即时租赁平台"),是一个面向全社会工程机械租赁行业的综合服务平台,依托"互联网＋租赁"模式,为供需双方搭建起业务对接桥梁,有效解决供需对接困难、竞价机制不规范、租赁成本高等行业难题,真正实现"依法合规、公平公正、快捷方便、降低成本"的建设效应,推动社会设备资源动态整合,促进设备制造业供给侧改革,为工程机械租赁行业提供全面服务支撑(图1)。

图1 "即时租赁"工程机械在线租赁平台

(二)申报单位简介

中铁一局集团有限公司(简称"中铁一局")是世界500强企业中国中铁股份有限公司的全资子公司,成立于1950年,注册资本61.52亿元,是国家工程基建系统的主力军。公司始终坚持"百年大计,质量为本"的方针,始终坚持科技兴企战略,荣获新中国成立70周年"功勋企业"等上百项国家级荣誉。

二、案例应用场景和技术产品特点

(一)技术方案要点

即时租赁平台由设备租赁模块、物联网智控服务模块、广告服务模块、操作手招聘模块、二手机交易模块、工业商城模块、融资租赁服务模块、保险服务模块、大数据信息服

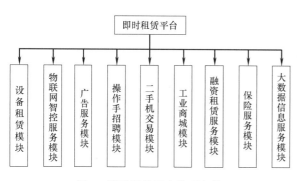

图 2 即时租赁平台体系架构

务模块等组成（图 2）。通过互联网信息技术实现租赁业务线上运营，在网络上进行资源调配和信息沟通；采用物联网技术、大数据分析、4G、5G 技术构建一个全方位的网络信息综合服务平台，形成多功能的综合体系链。

（二）关键技术

1. 采用云计算技术：将平台的用户、设备、需求、交易等数据集中起来，通过自动管理实现无人参与，用户使用时可以自动在系统中调用资源，并发能力强，满足 1000 个以上用户同时处理业务，支持 50000 个以上用户同时在线，且系统响应时间短、运行流畅（表 1）。

主要技术参数表　　　　　　　　　　　　　　　　　　表 1

序号	主要参数	性能指标
1	响应时间	<1.5s
2	处理时间	<1s
3	网络传输时间	<0.5s
4	并发量	请求数>1000 人，在线数>5 万人
5	开发模式	敏捷模式，微服务架构
6	安全性能	DDoS 防护、防暴力破解、多次加密

2. 采用智能推荐算法技术：需求方发布需求后，自动匹配出此区域的设备供应商，并向其精准推送需求匹配信息，实现需求快速响应、即时对接，提升平台撮合效率。

3. 采用大数据挖掘分析技术：自动采集、统计分析、展示区域设备种类、生产厂家、数量、使用率等分布情况及交易数据、成本降低金额等。实现数据的可视化，提供不同区域、不同设备市场租赁参考价格，掌握设备市场供需情况、帮助制造商降低生产风险，节约国家生产资源。

4. 采用物联网技术：一是数据采集传输，自动采集设备状态、所处位置、行驶速度、油量油压、水温情况等数据，实时发送数据至管理中心，支持海量数据并发上传。二是数据管理分析，对数据统计分析，提供设备定位、轨迹回访、电子围栏、运动状态、工时统计、全景呈现等各类服务功能。把机械设备、现场人员与平台相连接，对人员、设备进行智能化识别、定位、跟踪、监控和管理。

（三）技术创新点

1. 工程机械租赁电子商务模式：传统的租赁方式供需双方参与门槛高、成本高、信息不对称，供需不均衡。通过电子商务方式实现设备在线租赁业务流程闭环，降低了供需双方信息沟通的门槛及成本。

2. 大数据挖掘、智能推荐算法技术在传统行业信息化中的应用：利用大数据技术、智能推荐算法技术，将历史数据与当前需求结合，向需求方推荐合理的租赁方案，辅助需求方作出更有利于项目施工、设备管理、成本管理的租赁选择。

3. 物联网技术在传统行业的应用突破：通过物联网技术，对工程机械进行定位、设备状态实时监控，可以实现设备的远程健康管理与智能维护，降低设备维修成本，提高设备完好率。

(四) 产品特点

1. 采用一呼百应的租赁模式：需求发布后，自动进行精准匹配，向满足要求的供应商推送相关信息。供应商进行响应，高效便捷，真正达到"需求发布，即时响应"的目标。

2. 采用真实严格的认证模式：用户均进行严格的资质审核，确保其信息的真实性，进而保障撮合过程的可靠性，维护各方权益。

3. 采用一站式在线租赁服务模式：从需求发布到报价响应再到供应商选取，采用每个业务节点进行信息推送的方式全程跟踪，使流程闭合，让供需双方享受一步到位的便捷服务。

4. 采用不断累积的信用评价机制：用户可对单次租赁进行服务评价，通过服务评价的不断累积，形成用户的信用评分，进一步优化设备租赁市场环境。

(五) 应用场景

即时租赁平台适用于铁路、公路、城市轨道交通、水利水电、码头机场、城镇化等建筑领域及工程机械设备租赁行业，涉及国内各施工单位及工程机械设备租赁供应商。随着迭代和功能升级，将逐步建成工程机械租赁行业的多功能体系链，不受地域、环境等因素影响。

(六) 竞争优势

近年来，国内出现了各种机械租赁平台，都积极探索信息化、智能化方面的管理之路，为工程机械租赁市场注入了互联网新鲜血液。但因为流量获取困难、用户服务手段单一、租赁后监管困难、信息撮合流程未闭环等原因，有的停滞不前，有的只在小范围内使用，无法做到业务网络服务全覆盖。

即时租赁平台可以给用户提供咨询服务、专家解决方案、技术交流、线上互动等服务功能；同时，信息撮合的各个节点全部自动推送相关信息，形成流程闭环；背景资源雄厚，为平台建设提供强有力的技术、人力、财力、物力及用户的支持，可做到业务网络服务全覆盖。

三、案例实施情况

即时租赁平台有电脑端和移动端两种实现方式，于 2019 年 1 月 9 日上线运营。截至 2021 年 9 月 30 日，注册用户超 3.7 万家，发布 10 大类 340 种设备，成功交易超 1.9 万单，交易的设备数量为 6.2 万台（套），成交总额超 101.25 亿元，已吸引中国中铁、中国铁建、中国交建、中国电建、中国安能等下属局级单位 50 多家入驻使用平台。

(一) 应用企业基本信息

中铁一局集团建筑安装工程有限公司成立于 1950 年，注册资本金 3 亿元，年施工生产能力 80 亿元以上。累计完成房屋建筑 1600 万 m^2，参建地铁车辆段 60 余座，完成 400 余座车站的机电设备安装，参与了 20 多条铁路的站房、站场施工。设备保有数量及设备结构形式主要以"充分利用自有设备、合理利用社会资源，设备配置向高精尖、大型专业化发展"为原则,常规设备主要依靠社会资源。

(二) 应用过程

为进一步规范租赁业务及施工设备租赁的寻源工作、降低设备租赁价格、提高设备利用率,中铁一局集团建筑安装工程有限公司于 2019 年 3 月 15 日申请开通即时租赁平台使用账号,并由其先后给 160 多个所属施工项目分配平台使用账号,进行设备租赁资源寻找、自有闲置设备出租、各类租赁数据统计查看等工作(图 3)。

图 3 即时租赁平台设备租赁业务流程图

1. 寻找设备租赁资源

(1) 发布需求。项目在施工过程中需要某种设备,而本单位设备不能满足的情况下,可通过即时租赁平台寻找所需设备。即时租赁平台根据租赁招标要求制定统一需求模板,项目设备管理人员可在几分钟内发布一个设备需求单。点击"工作台"→"我要发布"进行发布(图 4)。

图 4 发布需求

（2）选取供应商。发布的需求单有供应商响应，且该需求单状态为"响应截止"时，项目可根据报价供应商的资质情况、所报价格、设备状况、信用星级等分析对比，选取适合项目施工现场的设备供应商进行合作。点击"工作台"→"我的需求"→"响应信息"进行选择（图 5）。

图 5　选择供应商

（3）评价供应商。项目与设备供应商通过即时租赁平台达成合作后，可对供应商的服务情况进行线上评价，单次评价将影响供应商的总体信用星级，平台的所有注册用户均可通过供应商信息展示栏获取，以此促进供应商的服务品质。点击"工作台"→"我的评价"→"评价"进行评价（图 6）。

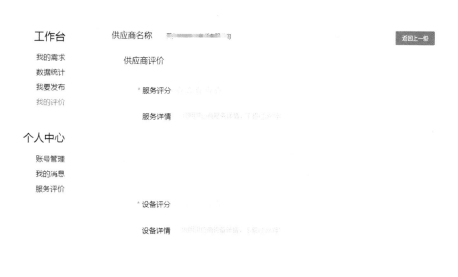

图 6　评价供应商

2. 出租自有闲置设备

（1）发布闲置设备。中铁一局集团建筑安装工程有限公司存在部分自有闲置设备，可将其信息发布在即时租赁平台，若有需求与之匹配，即可收到信息通知。点击"工作台"→"我的设备"→"添加设备"进行设备发布（图7）。

图 7　设备发布

（2）响应需求报价。收到设备匹配成功的信息通知后，点击首页"响应需求"，按需求编号搜索到响应中的需求单，点击"需求响应"，进行需求报价。待需求单的状态为"已截止"后，与设备需求方进行沟通，如达成合作意向，则将闲置的自有设备成功出租（图8）。

图 8　响应报价

3. 查看租赁数据统计。公司可查看所属各项目的设备租赁数据，项目可查看本项目的设备租赁数据，数据统计有图形统计和表格统计两种形式（图9）。

4. 查看项目所在地设备租赁资源。供应商在即时租赁平台发布了大量的设备信息资源，公司、项目设备管理人员可通过即时租赁平台筛选、查看、了解项目所在地设备租赁资源情况（图10）。

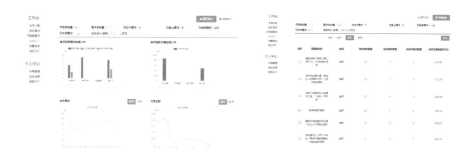

图 9　数据统计

图 10　设备展示

四、应用成效

(一) 解决的实际问题

1. 优化租赁环节，提升实施效率。即时租赁平台严格审核入驻平台供应商及其发布的设备，优化了传统线下设备租赁招标时的市场调查、招标发布、评标选定等中间环节，降低了劳动成本、提升了设备租赁实施效率。

2. 增强比价竞争，降低租赁价格。即时租赁平台结合限价和"背靠背"的报价响应模式，在扩大资源面的基础上进一步引入租赁业务的比价竞争，形成一个公平、公正、公开、良性竞争的租赁市场环境，有效降低租赁价格。

3. 盘活闲置资源，提高设备利用率。即时租赁平台面向全社会、全行业寻找市场、推广调配，不仅可盘活企业闲置设备，增加企业收益，而且节约了闲置设备的场地存放、维护保养、巡守看管等费用。

4. 丰富市场资源，助力项目策划。项目前期策划中，不了解市场设备动态、资源情况，编制设备配置方面不能做到精细组织、合理计划；即时租赁平台整合市场资源，提供质优价廉的设备和月租、临租、工程量租等灵活的租赁方法，可帮助项目进行前期策划。

5. 各方严格把控，提升项目管控。项目设备管理员水平参差不齐，即时租赁平台专业人员对其发布的租赁信息进行审核、监控，及时指导、调整、更正，提高需求信息准确性，避免错误响应影响施工生产；公司级、项目级可按各自权限随时查询设备租赁表单详情，进行设备租赁过程管控和风险预警。

6. 物联智能管理，实时把控动态。通过即时租赁平台后期即将上线的物联网智控服务模块，设备管理人员能远程监控各工程机械在各租赁周期中的运行状态和移动轨迹，快速掌握设备使用率和安全情况，便于设备的精细化管理。

(二) 应用效果

1. 快速智能匹配，供需即时对接。通过即时租赁平台将设备租赁业务迁移至线上，在需求方发布设备租赁需求信息后，平台可通过自身算法自动在众多供应商中筛选出符合需求的供应商并推送匹配成功信息，使供需双方即时对接。

2. 规范租赁市场，保障合规运行。以即时租赁平台为支撑，整合设备租赁供应商资源，建立统一的供应商认证机制，规范设备供应来源。通过特定运作模式，公平竞争，避免一些不合规现象的发生。

3. 引入评价机制，培育优质服务。通过建立完善的供需双方信用评价体系，使供需双方的信用状况可以得到直观展示，增强供应商服务意识、提升服务质量，进一步规范租赁市场供需双方租赁行为，使整个租赁过程更加公正、透明，实现阳光租赁，改善租赁市场运营环境。

4. 实现资源共享，达到提质增效。即时租赁平台依靠互联网整合大量设备信息资源，实现设备信息资源共享，规范设备租赁行为，提高服务质量，最大程度发挥设备资源效能，为企业增效，为社会减负。

5. 专业管理服务，推动平衡发展。通过即时租赁平台设备租赁供应商购置设备、专业出租、专业维修、专业操作，可以实现一站式设备配置服务，并可推动社会设备资源平衡发展，减少大批单位的设备资金投入，践行国家绿色、节能、环保、共享的理念。

执笔人：
中铁一局集团有限公司（蔡继红）

审核专家：
马智亮（清华大学，土木工程系教授）
叶浩文（中建集团，战略研究院特聘研究员）

建筑机器人等智能建造设备
典型案例

混凝土抗压强度智能检测机器人在北京地铁12号线东坝车辆段建设项目中的应用

北京建筑材料检验研究院有限公司
北京华建星链科技有限公司
无锡东仪制造科技有限公司

一、基本情况

（一）案例简介

北京地铁12号线东坝车辆段建设项目为北京市政府重点工程，体量大、任务重、工期紧，工程预计应用的预拌混凝土达170万 m^3，浇筑施工工期密集且对混凝土的质量性能要求很高，工程预计送检混凝土样品60000余组，峰值检测数量可达500余组/天。特别是混凝土抗压强度检测工作强度大、操作过程单调、重复性强，需要投入固定人力成本，属于劳动密集型试验项目，并存在人为干扰因素大、效率低下等问题。案例通过应用混凝土抗压强度智能检测机器人，代替传统由人工完成的混凝土抗压试验项目，实现检测样品的自动抓取、自动识别、自动检测和判定结果、残渣自动清理、试验过程视频自动留存、检毕样品自动分拣等功能，整个试验过程均由机器人完成，全过程可视化监管，有效提升混凝土抗压强度检测的效率及标准化、规范化水平，为北京地铁12号线东坝车辆段建设项目提供了更为高效、科学、公正的检测数据支撑。

（二）申报单位简介

北京建筑材料检验研究院有限公司拥有6个国家及行业检验中心，服务领域包括建材制造、建设工程、建筑节能、环境保护、环境监测、研究开发等，主持编制国家、行业标准百余项，与国外多家检测认证机构实现国际互认，质量检测、认证范围涉及百余类上千种产品，业务范围覆盖全国以及全球多个国家和地区。公司近年来致力于探索智能检测模式，先后建设或研发混凝土抗压强度智能检测机器人、双工位锁具寿命试验机、六工位执手锁具试验机、建筑抗震支吊架循环加载测试设备等智能化、自动化设备。

北京华建星链科技有限公司基于自组网、意图物联网、边缘计算等技术，向施工企业提供基于意图物联网的智慧建造方案。公司致力于研发智能化的建筑工程材料检测设备控制系统，以人工智能代替传统人工完成重复性、高工作强度的检测工作，降低各检测机构人工成本，提升检验效率。

无锡东仪制造科技有限公司是材料试验机以及各类环境性能测试仪器的制造厂商，拥有欧美工业设计标准体系和日本供应管理体系。公司下设电拉产品、液压产品、专机产品和动态疲劳产品4条产品线，为用户提供全系列的电子万能试验机、全系列的电液伺服试验机和全系列的冲击试验机等产品服务。

二、案例应用场景和技术产品特点

(一) 案例应用场景

混凝土抗压强度智能检测机器人主要应用于工程建设过程中混凝土抗压强度检测，适用于不同规格尺寸的混凝土立方体试块。该设备采用模块化设计，做到易分、易合、易运维，后期可随时替换升级新型模组。应对系统偶发性故障时，试验采集系统可分离运行，保障生产。该设备占地面积仅 $10m^2$ 左右，体积小，安装部署无需固定在地面，方便移动，同时环保节能，符合国家检测标准及监管要求，可应用于常规固定的检测实验室，也可用于市政、公路等移动实验室。

(二) 技术经济指标

1. 降本增效。混凝土抗压强度智能检测机器人可实现混凝土试件的自动抓取、识别、摆放及自动检测，试验全过程无需人工干预。混凝土抗压强度智能检测机器人可无人值守，持续 24 小时运行，减少人工、提高生产率。相对于传统的检测模式，在同等检测样品量的情况下，可节约 2 个人工。

2. 规范严谨、存证追溯。试验过程严格依据标准规范、试验结果自动评定，无任何人为干预因素，实现检测结果的规范、科学、公正。依据相关检毕样品的留置要求，可对试验完毕后的合格试件和不合格试件自动分区留样，便于各方工程责任主体的质量追溯。全程视频监控整个试验过程并自动存储，便于试验过程的管理追踪及各方责任主体的质量追溯。

3. 节能环保。混凝土抗压强度智能检测机器人对试验过程产生的混凝土残渣可实现自动清理，确保试验环境干净与整洁。混凝土抗压强度智能检测机器人标准功率能耗为 7.7kW（压力机能耗为 $0.75kW \times 3$，机械臂能耗为 5.45kW），设计过程采用了伺服节能控制系统，平日能耗只占用最高标注能耗的 50%，实际运行能耗约为 3.85kW/h。

(三) 创新点

1. 降低劳动强度、改善工作环境

混凝土抗压检测试验所检验的混凝土样品，是由施工现场取样的混凝土经养护、凝固后制成不同规格的砌块，样品根据强度及规格不同，重达数公斤。传统的检测方式，是由人工将样品搬运至检测设备上，手动开启检测设备进行抗压性能检测，检测完毕后再由人工将检验完成的样品搬卸至废料区，并手动清扫检测设备上的混凝土残渣后开启下一块样品的检测工作。地铁 12 号线东坝车辆段样品量大，峰值达到 500 组/天，检测人员劳动强度大。

混凝土抗压强度智能检测机器人投产后，由自动化上料系统替代了传统的人工上料工作，上料系统由 6 轴高精度智能机械臂配套混凝土样品专用机械抓手组成，智能机械抓手采用隐藏式设计，集成多个超薄光电感应传感器，自动识别样品堆放位置。机器人成功抓取样品后完成上料，待压力机完成试验后再拿出样品，同时对试验残渣进行自动清理，循环运行（图 1）。混凝土抗压强度智能检测机器人投入运行后，改善了工作环境，提高了检测效率，大大缓解检测压力。

2. 试件身份自动识别

传统混凝土试件标识方式，是在试件取回来后，由试验人员采用毛笔涂写方式，对试件进行逐一标识，标识及读取方式不便，地铁 12 号线东坝车辆段工程单体多，试件编号

图 1　智能化检测模式现场

相似度高，且容易出错，混凝土抗压强度智能检测机器人投产后，可通过业务系统配套的

图 2　二维码标识及识别设备

二维码条码打印设备，自动打印出具备三防性能的二维码贴纸，由检测人员直接张贴至混凝土试件上（图 2），杜绝由于人为误操作导致的问题发生。

同时，机器人配置高速扫码识别系统，机械臂抓取试件后，会自动对试件编码进行扫描识别，系统识别后会根据试件的强度等级，按照相关标准规范要求自动切换试验速率、自动加荷并完成检验。

3. 自动采集与评定

通过混凝土抗压强度智能检测机器人的应用，实现试验采集全过程无人为干预，依据标准规范及地方管理要求进行自动采集、自动判定，出现不合格数据自动预警，充分提升建筑材料检测数据的公正性和科学性。

4. 检毕样品自动分拣、分类留置

混凝土抗压强度智能检测机器人可根据试验最终结论的合格情况，完成对检毕样品的自动分拣和码放，实现合格样品及不合格样品分类留存，满足混凝土抗压强度试验的样品留置要求。地铁 12 号线东坝车辆段要求不合格样品要留样 30 天，采用混凝土抗压强度智能检测机器人，可自动区分不合格样品，免去人为挑选的麻烦，为质量问题的溯源和排查，提供判定依据。

5. 残渣自动清理

混凝土试件检验结束后，由于混凝土试件在检验过程中会出现碎渣及粉尘掉落在试验台面上，不及时清理会影响下一个试件的检验结果，传统检测方式是由人工通过刮板和扫帚对设备试验台面进行清理，清扫过程中会产生大量粉尘，且洁净程度完全由人为操作决定。混凝土抗压强度智能检测机器人配备试验残渣自动清理装置和防尘罩，实现试验残渣的全自动清扫和传送（图 3），既避免试验台面残留的残渣造成下一个试件的检测数据失准，也保证了现场试验环境的干净整洁。

6. 检测过程、视频追溯

混凝土抗压强度智能检测机器人配备视频监控设备（图 4），检测过程的影像资料可完整留存，为检测过程的溯源提供数据支持。

该设备从方案制定到设计研发、试运行不仅严格按照规范要求进行设计，同时考虑了布局的合理性及人性化操作模式，符合大多数检测机构收样习惯，最大程度契合原有工作流程。模块化的设计让整体布局更经济，适应一、二线城市等空间成本极高的地区，无需基础施工和装修，仅占地 $10m^2$，且和 AGV 自动化物流可以无缝连接，实现养护与送样同步智能化高效运行，各模块可自由组合，便于技术推广，相比于桁架式的机械抓手有着较为明

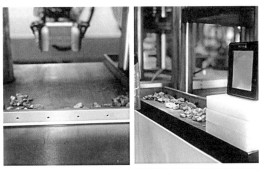

图 3　残渣自动清理装置

显的优势，可实现全过程自动化，并实现试验检毕留样存放。

图 4　视频监控试验过程

三、案例实施情况

（一）实施情况

北京地铁 12 号线横跨海淀、西城、东城、朝阳四区，是一条东西方向贯穿中心城区的地铁干线。其中北京地铁 12 号线东坝车辆段是目前北京轨道交通一体化综合利用规模最大的地铁项目。项目位于东坝北区北小河西侧地块内，为 3 号线与 12 号线共址架修车辆段，设置综合楼、食宿楼、运用库、联合检修库、物资总库、备品备件库、材料棚、工

程车库等 18 个单体工程（图 5），占地面积 65hm^2，建筑面积 63.4 万 m^2，为北京市政府重点工程。

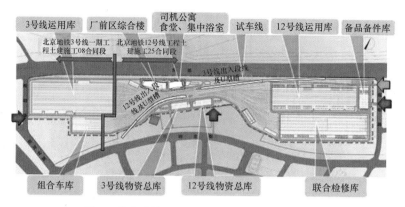

图 5　北京地铁 12 号线东坝车辆段规划平面图

该项目的建设单位为北京轨道交通建设管理有限公司，总承包单位为北京城建道桥建设集团有限公司，见证取样检测单位为北京建筑材料检验研究院有限公司。2020 年 4 月开工以来，作为 3 号线一期、12 号线共址建设上盖开发综合利用的车辆段，东坝车辆段工程一直被社会各界高度关注。该项目的主材计划量约为：钢筋 17 万 t、混凝土 170 万 m^3、水泥 5.3 万 t。土建主体结构计划于 2021 年 12 月 31 日完成，于 2022 年 12 月 28 日初期投入运营。

作为北京市政府重点工程，体量大、任务重、工期紧，见证取样检测的样品量种类繁多、数量大，特别是对混凝土抗压强度试验结果的准确性、及时性、公正性有了更高的要求。抗压强度是混凝土最为重要的指标，北京地铁 12 号线东坝车辆段预计送检 60000 组，峰值可达 500 组/天。这个数量对于实验室来说压力很大，只能通过加班加点来完成混凝土抗压的检测（图 6），有时候检测数据要到晚上 11 点多才能通知委托方，无法满足项目的高标准、高效率建设需求。

图 6　加班加点完成样品检测，高成本低效率

为了满足建设项目的需求，提供高质量的检测服务，更好地服务于北京轨道交通建设，北京建筑材料检验研究院有限公司联合北京华建星链科技有限公司、无锡东仪制造科技有限公司，从自身技术优势和实际需求出发，利用人工智能技术赋能传统检测方法，以求解决自身发展与生产力不匹配的问题，完成了混凝土抗压强度智能检测机器人的研发并

投入使用，率先应用于北京地铁 12 号线工程东坝车辆段项目（图 7）的施工建设。

图 7   北京地铁 12 号线东坝车辆段施工现场

混凝土抗压强度智能检测机器人采用模块化设计，由自动上料模组、自动检测模组和试件运载设备等几部分组成（图 8），其主要零部件均实现了国产化，可实现无人值守自动开展混凝土抗压强度试验。

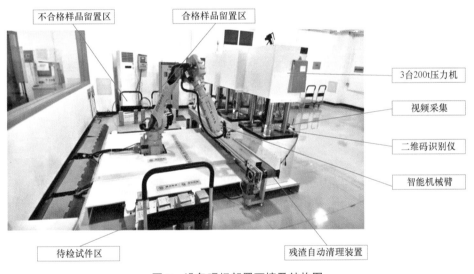

图 8   设备现场部署环境及结构图

（二）解决主要问题

1. 该项目试块样品量大，通过应用混凝土抗压强度智能检测机器人满足了项目检测时效性的需求。该设备将原本人工开展的技术难度低、工作强度高、重复性强的混凝土抗压强度检测工作转化为智能设备自动化检测，有效的优化项目组的人员配置，将技术人员投入到更高技术层面的工作上，实时对检测结果进行分析，第一时间通知到项目部，确保施工工期。

2. 项目作为北京市政府的重点工程，容不得有半点失误，通过应用混凝土抗压强度智能检测机器人解决了传统混凝土抗压强度检测工作由于人员操作不规范导致检测结果出现偏差的问题。通过智能设备的应用，所有检测操作的开展完全按照国家和行业标准进行，无人工干预，试验过程与试验数据客观公正，全面提升检测过程标准化水平，符合项目的检测需求。

3. 解决了混凝土试块检测时可能危害到检测人员人身安全和身体健康的问题。传统人工对混凝土试块开展抗压检测时，由于试块碎裂，手动清扫碎渣时产生大量粉尘污染工作环境。同时，高强度的混凝土试块检测时有一定概率会产生崩裂现象，将危害到检测人员的人身安全和身体健康。混凝土抗压强度智能检测机器人的应用，通过自动化检测、残渣清扫除尘和安全防护罩，避免发生该类问题。

四、应用成效

混凝土抗压强度智能检测机器人已为地铁 12 号线东坝车辆段项目完成混凝土试块抗压检测 13000 余组，峰值每日检验量 240 余组，检测效率由原来的人工平均 10 组/小时提升到了平均 26 组/小时，大大提高了检测效率，减轻了检测人员压力，实现了专人跟踪该项目检测进度，实现检测结果实时通知，跟进项目的施工进度，提供第一手检测数据，为轨道交通工程建设保驾护航。整个试验过程均由机器人完成，全过程可视化监管，实现了混凝土抗压强度检测的标准化和规范化，检测数据高效、科学、准确，获得了地铁 12 号线东坝车辆段项目参建各方的认可。

执笔人：
北京建筑材料检验研究院有限公司（王璇熙、王光耀、刘建奇）
北京华建星链科技有限公司（高亚菲）
无锡东仪制造科技有限公司（王曦）

审核专家：
宋晓刚（中国机械工业联合会，执行副会长、教授级高级工程师）
袁烽（同济大学建筑与城市规划学院副院长、教授）

"虹人坦途"热熔改性沥青防水卷材自动摊铺装备

北京东方雨虹防水技术股份有限公司

一、基本情况

（一）案例简介

为解决传统工程防水施工领域人工成本高、环境污染严重、能源消耗大等问题，北京东方雨虹防水技术股份有限公司研制出针对改性沥青防水卷材机械化施工的热熔改性沥青防水卷材自动摊铺装备——虹人坦途。该装备适用于各种工业与民用建筑的屋面和地下工程，在降低人工成本的同时，可以提高施工质量的稳定性，提升热量利用率，降低有害气体排放，有利于避免因人为施工不到位而导致的防水系统可靠度降低、出现病害引发工程渗漏等问题（图1）。

图1 虹人坦途产品图

（二）申报单位简介

北京东方雨虹防水技术股份有限公司（以下简称"东方雨虹"）成立于1995年，至今已为数以万计的重大基础设施、工业、民用和商用建筑提供了高品质的系统解决方案，2020年营业收入217亿元。东方雨虹以防水业务为核心，延伸上下游及相关产业链，形成由10余个业务板块构成的建筑建材系统服务体系，在全国建设有36个生产研发物流基地，服务半径达300km。

二、案例应用场景和技术产品特点

（一）技术方案要点

虹人坦途由车架以及其上方设置的卷材支架、铺设单元、燃烧单元、压实单元、热能循环单元、防护防爆单元、智能控制单元等7大功能单元组成：车架是整个设备的基本结构，是虹人坦途的"身体和腿脚"，以模块化方式搭载了其他各功能单元，并通过两个驱动电机控制车架两端的驱动轮，结合智能控制单元完成自动行进、停止、转向、纠偏等运动功能；卷材支架用于安放和固定卷材滚轴；铺设单元是虹人坦途的"手臂"之一，由铰接支架连接摊铺辊以及驱动电机共同构成，通过限位传感器实现自动升降功能；燃烧单元是虹人坦途的核心，也是"操作火焰喷枪的手臂"，由混合腔、助燃风机和燃烧器组成，

图 2 虹人坦途施工场景

通过预混燃烧的方式加热卷材和基层，并且具备自动点火、阀门控制、调整火力大小和火焰角度的功能；压实单元利用压实辊和梳状弹性刮板实现双重压实功能，保证卷材铺贴后的压实质量；热能循环单元是设备的"空调"，其主结构外套于燃烧器，能够将燃烧产生的多余热量通过万向管和风机输送至任何地方，用于材料或基层预热；防护防爆单元由设置在燃烧器火口的微孔板、金属网以及隔热板等部分组成，可以防止火焰回火，也对燃料罐起到保护作用；智能控制单元主要分为显示、无线遥控、行驶测控、燃烧器铺设控制、信号采入、报警和温度等模块，通过车身安装的限位传感器、火焰检测器等多种测控设备，并以中央处理器为核心，共同构成实现装备自动化的"大脑"（图 2）。

（二）产品创新点

1. 操作简单灵活、布局紧凑轻便。虹人坦途车体使用一对伺服马达或步进电机后驱驱动，通过齿轮齿条或蜗杆方式转动驱动轮角度来调节前进的方向，并配置离合器在需要的时候可传动脱开，在能够承受较大负荷的同时精密灵活的控制行走方向。

2. 预混燃烧提高热能利用率，低碳且有利于节能减排。开发的新型燃烧器，采用全预混燃烧方式，即燃烧前将空气和燃气按照所需比例完全混合好，然后在特制的燃烧器上燃烧，喷出强劲有力的火焰加热卷材和地面，热负荷采用无级调节方式，可根据需要随意调节火焰长度。出火口热量分布合理、燃烧效果好、热量损失低，可实现燃烧利用率达到 99%，热能利用率达到 70% 以上。采用预混燃烧方式，使得过量燃气系数小，燃烧充分，获得的热风温度高，噪声小，产生的 CO、NO_x 等污染物少，污染物排放量减少 50% 以上，有利于环保。

3. 虹人坦途车体实现智能化和自动化控制。控制系统针对差速驱动机构特性设计，采用可编程逻辑控制（PLC）为核心处理器，引进多种模块，以多传感器信号为基础，实现对装备的各种功能控制；将模糊参数自整定 PID 算法运用到铺设机的行驶控制当中，实现其低速恒速行驶功能；在寻线铺设中设计使用了一种自动寻线算法，实现自动纠偏。

（三）产品应用场景

东方雨虹开发的虹人坦途针对改性沥青防水卷材机械化施工，主要适用于各类工业与民用建筑的屋面和地下工程的防水施工环节，尤其是大平面的防水施工，如高铁、路桥、机场和各种建筑的车库顶板等，受地域、自然环境等因素的影响小，具有很高的可推广性。

（四）国际同类产品竞争优势

虹人坦途与国内外同类产品相比热效率高、自动化程度高、车体灵活、施工质量稳定。

国外某公司研发的一款小巧轻便自动化程度高的小型自动摊铺设备，整车集成度较高，但其主要的施工手段仍是采用锅炉室加热燃烧装置，未采用预混燃烧的高效燃烧方式，燃料耗用量大，利用率不高，频繁更换仍是限制因素。另一款国外研制的全自动防水卷材摊铺设备，属于大型摊铺设备，局限于铁路、公路桥梁的防水施工，民用建筑领域的卷材铺设不便使用。国内其他机构研发的数字化多功能防水卷材摊铺设备，均未采用预混燃烧方式，整车集成度低。

三、案例实施情况

（一）工程应用项目基本信息

河南濮阳中央公园回迁房 3 期项目位于河南省濮阳市戚邑路，项目 3 期总占地面积 10 万 m²，其中车库顶板防水施工总面积约 3 万 m²。防水层使用非固化橡胶沥青防水涂料搭配双层 SBS 改性沥青防水卷材，于 2021 年 12 月完工。该项目工作面较为宽阔平整，防水卷材选用了 4mm 厚的耐根穿刺型卷材，东方雨虹使用虹人坦途，为该项目进行卷材铺贴施工。

（二）应用情况

虹人坦途操作需三人协调配合，按照"定人定机定岗"的原则，共同负责一台设备施工。主要分工为主操手一人，协调配合二人。主操手职责是控制设备遥控器，监控设备运行状态，根据施工情况对设备进行即时调整，对设备基底参数进行调整。配合人员职责是配合安放卷材，对未铺贴的卷材短边进行人工加热铺贴，辅助监督设备运行状态，发现异常及时通知主操作手。

施工环节具体包括：

1. 安全防护：整个操作过程需要注意人员防护，带好防护用品，防止烫伤，主操手时刻提醒整个团队安全注意事项。

2. 设备检查：检查燃气连接是否紧密、检查电源线是否连接牢固、检查各个辅助部件是否紧固。

3. 参数设置：进入设备操作界面，对摊铺参数进行设置。建议数值如下：基底速度 3.0m/min，加速值 0.2，纠偏值 0.2，延时行走时间 2s。其他数值保持默认数值即可。

4. 规划弹线：对整个施工面进行系统的规划，弹施工基准线。

5. 基准对线：设备前后各有基准点，将基准点同线对齐可保证设备顺直。

6. 安装卷材：设备施工不需预铺卷材。利用专用工具将摊铺辊抬起至适当位置，卷材安放于卷材座。将卷材依次从后向前穿过导辊后放下摊铺辊，按下遥控器"降"，降至适当位置自动停止。调整压实板角度、小压辊的压实力度。

7. 设备点火：行走前主操手检查准备情况和设备位置，无误后按下"启动"按钮，设备预吹扫、点火，配合人员双脚站立于卷材端头。

8. 自动施工：主操手根据卷材烘烤情况控制行走速度，根据偏移或其他情况可以自动纠偏或通过人工按下"左、右"按钮调节设备行进方向。

9. 配合施工：在对卷材正常施工后，需将端头短边人工烘烤压实，准备下一卷卷材。在卷材施工临近末端时，主操手观察在距端头 30cm 处按下停火不停车按钮，同时升起摊铺辊。如果卷材未施工完毕已临近工作面边缘，在临近边缘 20cm 时按下停火不停车按钮，同时用裁刀裁断卷材，并及时将卷材从火口下端拉出。

10. 铺贴完成：施工完毕一幅卷材，主操手控制车体向前移动，预留搭接位置，准备下一幅卷材进行施工。

四、应用成效

（一）本项目的施工成本分析

根据本项目 3 万 m^2 的施工量，由虹人坦途代替人工施工，在不计算设备折旧的情况下相关成本由 12.15 万元降低至 2.88 万元，节省了 9.27 万元，降本成果达 76%（表 1）。

虹人坦途施工应用成本分析　　　　　　　　　　　　　　　　　　　表 1

分类	施工面积（万 m^2）	工时/天	燃气能耗量（kg/m^2）	燃气成本（万元）	用电及保养（万元）	施工人数（人/天）	人工成本（万元）	总成本（万元）
虹人坦途	3	33	0.02	0.42	0.6	15	1.856	2.876
工人	3	80	0.15	3.15	0	30	9	12.15

在过往实际应用过程中，东方雨虹对虹人坦途在不同条件下的工作效率进行对比：

1. 效益对比。在一人进行人工施工，一人使用虹人坦途施工的条件下，虹人坦途施工速度是人工速度的 6 倍以上；燃气能耗量仅占人工燃气能耗量 13%；单卷卷材施工时间是人工单卷卷材施工时间的 17.5%。在施工面积都为 1000m^2 的条件下，人力方面，虹人坦途的成本仅约为人工成本的四分之一，在对设备进行合理折旧的条件下，经综合比较，虹人坦途施工比人工施工节约效益可以达到近 60%（图 3）。

图 3　虹人坦途施工效率分析

2. 工人状态对比。手工操作：人工铺贴需要工人手持喷灯加热卷材，火焰扩散面大，热能利用率不足 30%。火焰温度达 1000 多度，导致工人无法近距离操作，使后续压实工作无法及时进行，很难达到 100% 满粘。虹人坦途操作：虹人坦途的操控人员可以手持遥控器轻松对其进行操作，远离热浪烘烤、尾气污染，工作环境更健康舒适。智能控制使卷材烘烤不过度不欠缺，恰到好处，压实工序紧跟其后，弹性压板适应任何基层，实现 100% 满粘（表 2）。

虹人坦途施工应用效果分析　　　　　　　　　　　　　　　　　　　表 2

分类	平均速度（m/min）	工时（天）	工作量（m^2/天）	时效	节约工期	满粘率	铺贴质量
虹人坦途	5	5.5	1650	121.2121212	70%	100%	稳定
工人	0.5	8	480	416.6666667		80%	不稳定

注：按虹人坦途施工速度为 5m/min，人工 0.5m/min（满粘时这个速度很难达到）来算，一天内虹人坦途的施工量是人工的 3 倍以上。当工作量相同时，虹人坦途可节省 70% 的工期。虹人坦途铺贴质量稳定可控，且能实现 100% 满粘。

（二）推广应用前景

现阶段我国对建筑工程防水施工设备或装备一般没有要求，防水施工一直采用人工的工作方式，人工操作很难保证统一稳定的施工效果。由于防水是隐蔽工程，在施工上通常没有得到足够的重视，因为赶工期或者操作人员的熟练程度、责任心不足等造成的施工不到位，使防水系统可靠度大大降低，出现了很多问题，行业对防水渗漏的相关调研也表明渗漏率居高不下，不但影响了居住者使用感受，还影响建筑物的使用寿命。

同时，随着我国人口老龄化程度的加深，传统高强度、重体力的防水施工模式存在着施工人员短缺的局面，人工施工成本居高不下，因此，防水施工行业对规范化、标准化、高效化的机械自动化施工设备的需求越来越强烈。

执笔人：

北京东方雨虹防水技术股份有限公司（王新、林宏伟、马力、陈志腾、逯彤）

审核专家：

宋晓刚（中国机械工业联合会，执行副会长、教授级高级工程师）

袁烽（同济大学建筑与城市规划学院副院长、教授）

复杂预制构件混凝土精确布料系统和装备在大连德泰三川建筑科技有限公司生产线的应用

沈阳建筑大学

一、基本情况

（一）案例简介

沈阳建筑大学研制的多螺旋混凝土精确布料机器人系统（以下简称"布料机器人"）具备位置、重量、安全限位等感知能力，可从信息解析、布料规划、精确控制等方面，自动实现带有非布料区或横纵混排板类复杂预制构件的浇筑生产。布料机器人生产前可解析构件图纸信息，通过规划计算模型，自动实现布料生产的规划设定，再通过实时控制模型及流程，实现构件的自动浇筑生产，较好解决了混凝土布料环节生产数据信息获取难、人工劳动强度大、布料效率低和人工成本高等问题（图1）。

图1 多螺旋混凝土精确布料机器人

（二）申报单位简介

沈阳建筑大学是以建筑、土木、机械等学科为特色的省部共建高等学校，依托"现代建筑工程装备与技术"国际合作联合实验室及学科创新引智基地（"111"引智基地）等学科平台，开展国家863项目、国家自然科学基金项目、国家科技支撑计划项目等300余项，取得国家技术发明二等奖、国家科技进步二等奖、中国专利金奖等在内的国家及省部级科研教研奖励40余项。"十三五"期间，学校与中国建筑总公司、北方重工集团、中联重科等大型企业建立了密切的产学研合作关系，为行业发展和地方经济建设提供了有力支撑。

二、案例应用场景和技术产品特点

（一）技术方案要点

本案例研发的复杂预制构件混凝土精确布料机器人拥有数据解析获取、规划设定、准确检测和生产控制等功能，具有全自动控制、手自动混合控制（以自动控制为主人工监控为辅）和手动控制等操作模式，可快速、准确、自动实现混凝土布料，其技术方案要点如下：

1. 信息化获取构件图纸信息。针对常见的 BIM 和 CAD 构件图纸，通过研发的轻便插件，可实现建筑构件符号识别及拓扑关系树建立，提取出构件的相关尺寸信息和标注信息；利用研发的生产数据读取接口，不仅可以读取 BIM 和 CAD 解析的数据，还可将常见 Excel 类型文档中构件生产数据读入生产控制系统；对于临时安排生产的构件，根据图纸信息，现场操作人员可在系统直接录入；对于上述不同来源数据，系统还支持图纸和人工混合方式录入数据，为现场生产提供灵活的数据录入方式；基于生产控制系统端研发的数据接口，不仅可以方便、快捷的获取所需构件图纸信息，还可以方便对接企业的 MES（Manufacturing Execution System）系统（图 2）。

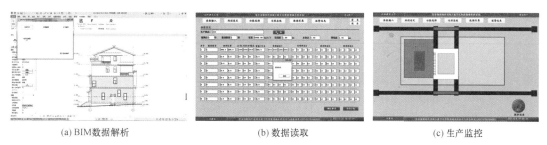

(a) BIM数据解析　　　　(b) 数据读取　　　　(c) 生产监控

图 2　获取 BIM 构件图纸生产数据信息

2. 智能化浇筑模型规划生产。可根据模台尺寸和生产构件几何尺寸信息，智能化地实现模台利用率最大化的构件排布；可根据模台上单个或多个构件横纵混排情况，智能规划出布料机器人的浇筑生产运行轨迹；采用智能化方法，在考虑能耗和生产效率情况下，实现布料机器人浇筑生产的最佳运行参数计算和设定。

3. 稳定化布料装置结构及参数优化。基于离散元、有限元和计算流体力学理论，研发打散棒、螺杆、布料器和混凝土的数值模型，较好解决了稳定布料数值模拟下的打散棒、螺杆的最佳工作参数确定问题，实现精细化稳定布料过程数值仿真和结构优化。

4. 准确布料的检测与控制。布料机器人带有多个激光测距传感器，可实时获取布料机器人位置信息。据此，布料机器人不仅可以在布料平面自由行走，还可通过研发的预标定功能自主找到布料生产起始点；布料机器人装有多个重量传感器，不仅可实时准确检测混凝土浇筑剩余量，还据此形成重量复合控制系统，实现布料重量精细化控制；研发了混凝土布料流程控制系统，可在生产过程中协调布料机器人的规划、定位、转速和重量等控制功能，实现布料生产流程的自动控制。

（二）创新点

1. 提出并研发了数字化位置映射预标定技术。数字化映射底模托盘上的边模位置，进而判断布料机器人生产起始位置，精确实现布料起始点的自动预标定。

2. 提出并研发了智能化布料协同控制技术。基于多智能体理论，智能化螺旋、布料口、布料机器人大小车行走装置、重量控制、数据解析、输送量预报等装置和功能模型，通过它们的智能化协同控制实现带有非布料区或横纵混排板类复杂预制构件的智能化布料生产。

3. 提出并研发了布料重量补偿控制技术。建立构件浇筑补偿控制模型，通过数学推导并求解此模型，精细化实现道次头尾浇筑重量补偿。

（三）与国内外同类先进技术的比较

与国内外混凝土布料机器人对比，本案例设备具有图3所示对比优势。

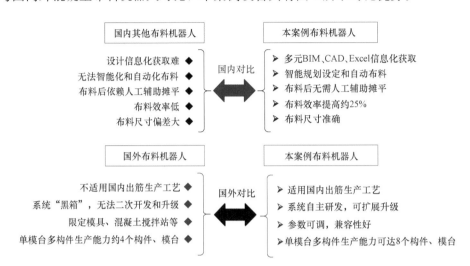

图3　本案例与国内外同类先进技术对比

国内其他布料机器人主要存在构件设计信息无法指导生产、布料产品无法实现规划设定、无法自动布料且布料后过于依赖人工辅助摊平、布料效率低和尺寸偏差大等关键问题，而国外布料机器人虽可实现自动布料，但其生产工艺不适用国内，在国内使用无法发挥性能，仍采用人工布料，且布料系统加密、无法二次开发，无法针对新产品扩展升级设备性能，引进费用高昂，存在"绑定"消费，如布模机械手、模具和混凝土搅拌站等成套系统。

（四）应用场景

在混凝土结构装配式建筑施工过程中，大量采用板类预制混凝土构件，如叠合楼板、剪力墙内墙和三明治外墙等。然而，国内传统布料机器人在数据获取、规划设定、定位、出料、接料等浇筑生产过程主要依靠人工操作实现，存在生产占用人力多、效率低等问题，生产后还需人工辅助摊平。为此，沈阳建筑大学研发了复杂预制构件混凝土精确布料系统和装备，该装备主要应用在平模流水预制混凝土构件生产线的布料环节，实现带有非布料区或横纵混排板类复杂预制构件的自动浇筑生产（图4）。随着后期技术和功能的迭代升级，布料机器人还可以应用于固定模台的混凝土浇筑生产环节，并扩展预制混凝土构件布料生产的产品种类。

图4　预制混凝土构件生产线用多螺旋混凝土精确布料机器人

三、案例实施情况

（一）案例基本信息

大连德泰三川建筑科技有限公司是以装配式预制混凝土构件生产为主的建材深加工生产型企业，坐落于大连市普兰店区海湾工业区。公司的预制混凝土构件生产线工艺完整，主要包括底模托盘清理喷涂、机械手划线、边模摆放、混凝土布料、振动密实、抹平磨光、堆垛养护、倾卸吊运，还包括底模托盘在各个生产环节移动的流转运输。本案例主要对此生产线的混凝土布料机器人进行技术升级改造，该设备主要包括 1 个搅拌棒、X 轴和 Y 轴方向行走装置、14 个螺旋出料机构和 16 个气动布料门，其中布料机器人两端是 2 个气动布料门对应 1 个螺旋出料机构，以便精细化控制布料。

（二）应用情况

布料机器人具备了数据获取、规划生产、机器人各部位及产品质量的控制功能，由这些功能组成的系统给企业提供了极大的操作灵活性，可由系统全自动或手动自动混合执行，也可根据需要手动操作执行，下面结合上述功能和控制方式介绍其在企业应用情况。

1. 布料生产数据获取。将 CAD 图纸放入一个指定的文件夹，在 CAD 软件平台下运行插件，即可自动完成批量构件图纸信息解析和读取；当模台运行至布料区域时，在界面"生产批次"后的文本框中输入要查询的构件生产批次，点击"查询"按钮，即可查询构件信息（图 5）。若查询的信息与当前模台模具布置不一致，可重新查询，也可按照生产变化直接在界面修正数据。若查询到数据信息后，还需要额外添加临时排产的构件数据信息，操作员可根据临时排产的构件图纸，在最小序号的空白数据行，按照界面的长、宽等指示信息输入即可，这样就完成了临时排产和计划排产的信息录入，这种灵活的数据录入方式方便企业应对生产计划变更。

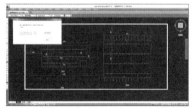  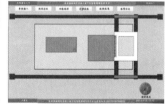

(a) CAD数据解析　　　　　(b) 数据读取　　　　　(c) 生产监控

图 5　获取构件生产信息

2. 生产前规划设定。在确认生产信息无误的情况下，单击图 5 (b) 中"规划计算"按钮后，系统将当前构件生产信息及智能规划生产方法计算结果自动发送给控制器，包括布料机器人各设备协同运行参数、多个构件布料生产的规划路线等信息。

3. 生产状态监控。布料机器人的操作遥控器如图 6 (a) 所示，人机界面的操作模式、运行状态及控制指令如图 6 (b) 所示。在自动模式下，若物料状态平稳，则无需操作人员对遥控器或监控界面进行操作控制，布料机器人将按照规划生产信息，全自动执行生产起始点预标定和混凝土浇筑生产，直至完成当前模台所有构件的布料生产；若物料状态发生较大变化，在布料生产过程中，操作人员可以作为监管者，通过遥控器或监控界面，按需对生产过程进行点动干预，修正布料机器人相应装置的运行状态，使其按照修正后的状态自动运行，实现手动自动混合控制；在自动生产过程中，若布料机器人料斗内混凝土用光，它会自动到接料位置接收新的物料，并在完成物料接收后，全自动完成后续布料生产。在手动模式下，通过监控界面或者遥控器，可以单独执行预标定功能，使布料机器人自动找到并定位到布料生产起始点，同时还可以对布料机器人的搅拌棒、布料机器人行走装置、所有或单个螺旋和布料门进行控制，通过界面中元素颜色和数字监视当前的生产状态信息。

(a) 布料机器人控制遥控器

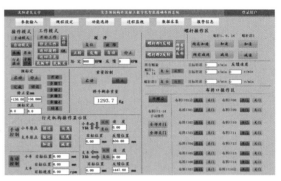

(b) 布料机器人监视及控制界面

图6 布料机器人控制遥控器及状态监控界面

四、应用成效

(一) 解决的实际问题

1. 较好解决了构件生产信息获取问题。研发了布料生产系统多元数据读取方法，可读取常见 BIM 和 CAD 构件图纸以及 Excel 信息存储文件，同时，还考虑现场生产计划变更，提供生产信息修改及增加途径，灵活实现跨软件平台、多途径的信息化构件生产数据获取。

2. 较好解决了单模台多构件的混凝土布料生产自动规划问题。采用智能化方法进行构件在模台上的排布优化、生产路径规划和基于能效的设备多参数匹配规划设定，单模台最多可规划 8 个预制构件，且每个构件最多允许有 4 个非布料区域（图7）。

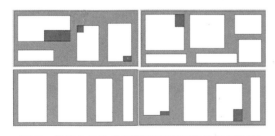

图7 单模台多构件且带非布料区构件规划生产

3. 较好解决了布料装置结构和参数优化问题。研发了稳定布料的数字化模型，通过对打散棒、螺杆、布料器和混凝土的数值模拟，为布料机器人结构参数设计及稳定出料工作参数设定提供指导。

4. 较好解决了布料机器人生产前自动定位问题。研发了布料机器人的预标定技术，该技术利用激光测距传感器搭建的精确位置检测系统，可在生产前自动预标定出混凝土浇筑生产起始点，并将布料机器人定位到这一点。

5. 较好解决了混凝土浇筑重量的精确控制问题。研发了混凝土浇筑重量多模型控制系统，利用重量传感器检测数据，实现重量闭环反馈控制，同时考虑模具边缘填充困难，对布料生产道次的头部和尾部进行精细化重量补偿，既保证布料重量总体控制精度，又保证布料重量的均匀分布。

6. 较好解决了多装置多功能的协同控制问题。研发了布料机器人的混凝土浇筑控制协调控制系统，通过多层级控制系统，实现布料机器人的构件生产信息获取、布料规划生产、浇筑生产检测及控制等多层级、多功能和多装置的协同控制，为布料机器人的进一步智能化奠定了基础。

（二）应用效果

布料机器人可快速、高质量完成自动布料（图8、图9）。

图 8　预制构件混凝土布料自动生产

(a) 改造前布料生产效果

(b) 改造后布料生产效果

图 9　技术升级改造前后布料生产效果对比

由图 8 可知，本案例布料机器人经数字智能化升级后，可实现自动布料生产。由图 9 可知，本案例布料机器人浇筑的混凝土重量更加均匀，布料后无需人工辅助摊平，极大地减轻了人工劳动强度，并节省了布料工序的人工摊平时间。

与国内其他布料机器人的布料生产效果对比如图 10 所示。由图 10 可知，本案例布料机器人在自动化水平、浇筑精细化和均匀度等方面均优于国内其他布料机器人。研发的预标定、头尾道次补偿和重量控制等功能，不仅可自动准确定位，而且可使边模附近的布料厚度与其他区域一致，既保证了构件布料厚度均匀分布，又提高了最终构件重量精度。

(a) 本案例布料机器人布料生产效果

(b) 国内其他布料机器人布料生产效果

图 10　与国内其他布料机器人布料生产效果对比

　　与国外布料机器人布料生产效果对比如图 11 和图 12 所示。由图 11 可知，本案例布料机器人布料均匀度更好，且在布料能力上可实现单模台更多、更自由构件布置的混凝土浇筑生产。同时，在模具使用上，不会因更换出筋工艺模具而无法完成构件位置识别，导致自动布料无法实施（图 12）。

(a) 本案例布料机器人布料生产效果　　　　(b) 国外布料机器人布料生产效果

图 11　与国外布料机器人布料生产效果对比

(a) 本案例布料机器人布料能力　　　　　　(b) 国外布料机器人布料能力

图 12　与国外布料机器人布料能力对比

（三）应用价值

　　本案例布料机器人可实现全自动布料，可提高生产质量、效率，节省生产成本。因各预制混凝土构件生产企业的布料工位投入人员为 2～5 人不等，若平均员工数量为 3 人，每人薪资按照 6 万元/人/年来计算，则 1 年可节省人力成本 18 万元。若每个模台平均布置 3 个叠合楼板预制构件，人工布料及辅助摊平所需平均时间为 10 分钟，且只在白天生产，本案例布料机器人自动浇筑生产所需平均时间为 7 分 30 秒左右，效率提升约 33%，一年利润将提升约 33%。减少因构件厚度超标造成的混凝土材料浪费，采用本案例布料机器人，以构件平均减少 4mm 厚度，尺寸为 2m×3m 厚度叠合楼板预制构件来计算，每年可节省约 37 万元材料费。

执笔人：

沈阳建筑大学（张珂、李冬、邹德芳、于文达、钟辉）

审核专家：

宋晓刚（中国机械工业联合会，执行副会长、教授级高级工程师）

袁烽（同济大学建筑与城市规划学院副院长、教授）

深层地下隐蔽结构探测机器人在上海星港国际中心基坑工程中的应用

上海建工集团股份有限公司

一、基本情况

（一）案例简介

上海建工集团股份有限公司研制的深层地下隐蔽结构探测机器人（以下简称"探测机器人"）具备对桩基、地连墙、重大管线等深层地下隐蔽结构安全的全自动化监测能力。针对深层地下隐蔽工程监测作业普遍存在的长距离、大体量、入地深、精度低、周边环境复杂等难点，该探测机器人可以便捷高效地完成地下隐蔽结构的安全信息数据获取，以便开展后续安全状态评估。该探测机器人通过螺旋驱动适应复杂管内空间，通过定位系统及姿态监测系统结合内置算法完成自动循迹，能够实现对地连墙施工测斜、地下深埋管线沉降的全自动化监测，大幅降低监测人工作业强度，提高监测效率，从而提升整个工程项目的风险控制水平，确保施工安全质量及后期运维条件。

（二）申报单位简介

上海建工集团股份有限公司业务和市场遍布海内外，拥有1个国家企业技术中心、15个上海市级企业技术中心、2个博士后工作站、1个上海市院士专家服务中心、1个上海市院士工作站以及22家国家高新技术企业。长期以来，上海建工坚持走"数字化、工业化、绿色化"三位一体融合发展之路，致力于打造一流的科技创新与管理平台，构建平台共建、研发共创、成果共享机制，推动"产学研用"高效融合。

二、案例应用场景和技术产品特点

（一）案例应用场景

隐蔽结构在深层地下空间施工过程中难以探测，具有不可忽视的安全隐患。传统的人工监测存在劳动强度大、施工效率低、数据分析不及时等问题。上海建工针对隐蔽工程监测作业常见的长距离、大体量、入地深、精度低、周边环境复杂等特点，研发了深层地下隐蔽结构探测机器人系列工装，广泛适用于桩基、地连墙、重大管线等深层地下隐蔽结构安全的自动化监测。通过在上海星港国际中心基坑工程监测的现场应用，形成了微扰动深层地下隐蔽结构探测工艺，便捷高效地完成地下隐蔽结构安全信息获取、安全状态评估，实现了地连墙施工的全自动测斜、地下深埋管线的自动化沉降监测。

（二）技术产品特点

本案例的深层地下隐蔽结构探测机器人，具备高强度自行走循迹式驱动通道监测性能，包括驱动定位装置、拉线装置、管道定位系统、姿态检测系统。

1. 驱动装置和定位装置。驱动装置采用螺旋驱动模式，通过倾斜一定角度的驱动轮旋转驱动，并且在本机轴向旋转保持固定的情况下，利用带有一定角度的驱动轮结构。基于驱动轮对于管道内壁的摩擦力，就可以给探测装置提供一定的侧向力沿管道方向的轴向运动。本案例提出了螺旋式动力结构模式，提供了一种新型的"伞形驱动轮"的曲柄连杆张紧机构实现模式（图1a），并设计了一种连杆系统中心"抱管卡盘结构"，完成了第一代"自行式循迹测斜装置"RCB-01的研制。后续针对初代产品在应用过程中所暴露的设计缺陷，在对拉线装置改进后使其具备"自动提升"功能，对"伞形驱动轮"的改进使其进一步提升结构刚度从而能够提供更大的扭矩传输（图1b）。

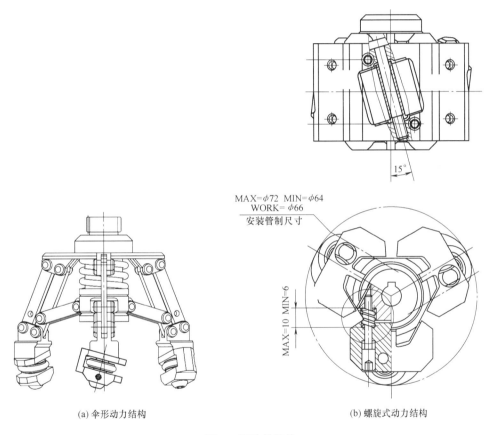

(a) 伞形动力结构　　　　　　　　　　　(b) 螺旋式动力结构

图 1　驱动轮结构

定位轮张紧弹簧产生的弹性力通过连杆传递到定位轮上（图2），使定位轮紧压管壁，当管道弯曲变形时由于弹簧力的作用会让机器整体自动对中，同时克服探测机器人运动中产生的扭矩。该装置对管道弯曲变形或管径变化有较强的自适应性能，确保探测装置受力均衡，运行平稳。

2. 拉线装置。拉线装置是用于探测机器人处于运动过程中时，对动力通信绳索、保护钢索的收放进行控制的部件，通过检测设备上绳索由于伸缩变化导致的微小位移，实现对于收放线结构的控制。该结构目的是保证缆线收放运动能够与机械运动过程相配合，对随动绳索的张紧情况进行反馈控制。通过安装在绳索与运动部件连接处的张力检测结构，对于放线机构进行控制（图3）。在冗余松弛状态时进行收线，当进入过度张紧状态时则执行放线操作。

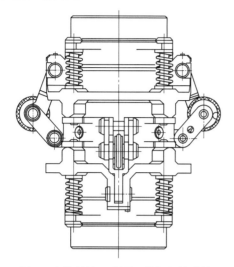

图2　定位结构示意图（曲柄滑块结构）

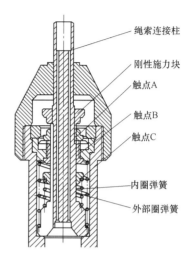

绳索连接柱

刚性施力块

触点A

触点B

触点C

内圈弹簧

外部圈弹簧

图3　张力检测结构剖视图

3. 管道定位系统。管道定位系统通过"运动计程"以及"定位点定位"相结合方式解决探测装置在管道内的定位问题，保证管道内探测装置的定位精度和分辨率。进一步实现机器人的管内自动化巡回及停泊，通过"参数设置"和"示教写入"对其管内巡回路径及停泊方案的设定，帮助现场操作人员轻松进行探测装置路径设定。

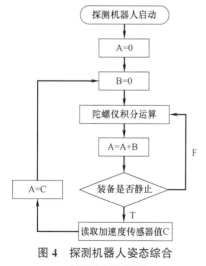

图4　探测机器人姿态综合
检测程序流程图

4. 姿态检测系统。姿态检测系统用于了解探测装置的姿态，并对管道的当前状态进行描绘、检测。在某些情况下可以对探测装置当前位置进行判断和估计。采用加速度传感器与陀螺仪相结合的模式完成三自由度姿态检测（图4）。探测机器人运动自由度较少，速度相对较慢，停泊时间较多，有利于加速度传感器能够更准确的确定其姿态状态。

通过室内试验及实际工程应用，形成了不同传感器在隐蔽结构中的探测工艺。完成样机制备及总装测试（图5），并通过现场应用完成功能性验证，开发一套适用于工程现场的走线、计线装置及方法，形成完整的多样化探测器的施工工艺。

探测机器人可以大幅提升深层隐蔽结构探测的稳定性、可靠性及检测效率；本系列探测机器人适用于管径（90～3000mm）、换向能力（180°）、爬坡能力（0°～90°）、承载重量（小于10kg）、检测区域（水平360°，俯仰角－90°～＋90°）；对比国内外同类探测机器人性能指标，发现本案例的探测机器人在适应管径（90～3000mm）、爬坡能力（0°～90°）以及承载重量（小于10kg）等多个方面均处于较好水平。

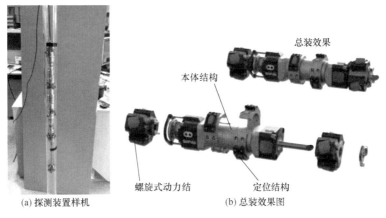

(a) 探测装置样机　　　　　　　　　　(b) 总装效果图

图 5　探测工装图

三、案例实施情况

(一) 工程概况

星港国际中心项目是位于上海虹口区的综合开发项目，整个项目的规划建设用地东西向长约 220m，南北向宽约 140m。其中，基坑工程周长约 722.4m，总占地面积约 30440m²。项目建设主要包括 2 栋 263m 高主楼，总建筑面积为 416100m²。地下室共计 6 层，基坑最深处达 36m，这是迄今为止上海市房建领域最深的基坑之一。基坑北侧紧邻上海市轨道交通 12 号线提篮桥站，该站部分主体及附属结构位于基坑影响范围内，提篮桥站南侧约 25m 范围内为由 12 号线项目公司代建的地下三层结构，已与提篮桥站同步建成。由于临近地铁区间车站，本工程将整个基坑划分为"三大三小"六个分坑分阶段施工，基坑之间由地下连续墙作临时分隔（图 6）。

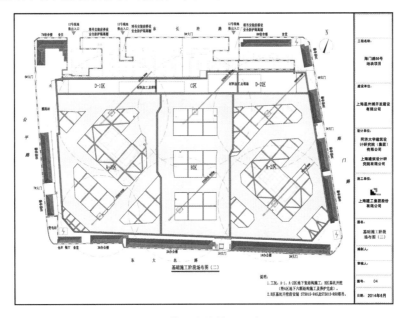

图 6　基坑分坑情况示意图

（二）基坑监测布置

面对面积广、深度深、紧邻地铁、施工过程复杂的软土深基坑，必须加强基坑周边环境的位移监测，不断提高风险管控水平，对整个基坑的顺利筑底以及周边紧邻地铁车站的建筑物保护具有重要意义。本基坑工程在进一步加强人工监测密度的同时，出于降低监测人员工作量、提高监测数据连续实时性方面的考虑，面对现场深大基坑地连墙结构监测难题，自主攻关研发了具有自动化监测能力的探测机器人系列工装，并在部分重要测点位置进行初代产品的测试及应用，通过连续实时的自动化监测作业，提供高频次的监测数据更新，为基坑安全顺利施工提供预判条件。

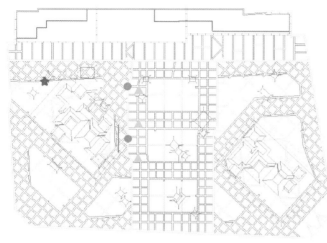

图7 现场布设自动化探测机器人安装位置示意图

在勘察现场，结合探测机器人运行所需的硬件环境，在不影响人工监测的条件下，最终确定探测机器人的设置方位（图7）。设置方位主要集中在中隔墙处，考虑在基坑开挖过程中，中隔墙处数据变化较大，施工中若有异常，及时采取补救措施，充分体现自动化监测的意义。

（三）自动化监测实施

结合深层地下隐蔽结构探测机器人的使用要求，地连墙测斜作业的传感器采用的是具有测量范围宽、高分辨率、高精度、高抗冲击、良好的密封性等优异性能的固定式测斜仪，通过设置于测孔附近地面的动力装置，对设置于测孔内的循迹驱动装置和测斜装置进行地面牵引，并实时传输监测数据（图8）。

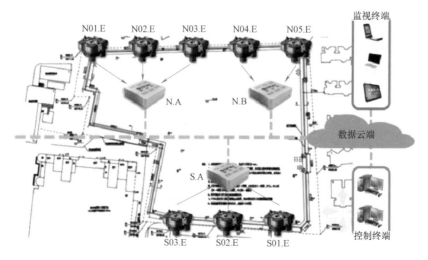

图8 基于探测机器人的自动化测斜原理示意图

借助"互联网+"技术，建立了深层地下隐蔽结构探测控制与分析平台，通过手机端APP即可远程控制工地现场的各个探测机器人进入工作状态，并自动化完成整个监测操作过程（图9），解决目前基坑测斜工作中人工任务量重、耗时长、数据受人工干扰大、无法实现24小时不间断实时监测的问题。

同时，将实时监测到的大量数据自动传输至后台，后台进行统一分析处理，通过建立地下隐蔽结构预报警体系，自定义划分报警级别，并个性化配置报警形式和报警对象。预报警事件触发后，在系统中采取闭环流程处理，可根据用户自定义的职责体系，快速反应，推送预报警信息并及时处理（图10）。

图9 探测机器人控制终端

图10 深层地下隐蔽结构安全智能预报警

（四）自动化监测成果展示

在现场施工进度处于第二道支撑（共计六道支撑）时，进场安装自动化探测机器人设备，计算机通过自动化探测机器人设备的物理采集办法，对现场的监测设备设定固定监测频率（每4小时读取一次数据），可选择实时采集数据或脱机状态采集数据。

数据采集直至拆除第二道支撑，完整记录了整个基坑开挖过程数据的变化，除偶然性（现场断电、因现场施工切断信号线等）数据中断外，采集数据共计26万多条，数据采集率高达95%。

在原始数据中提取所需数据，利用Excel插件对数据进行整理、计算，对采集数据形成本次变化、累计变化，并进行曲线分析，生成报表（图11）。

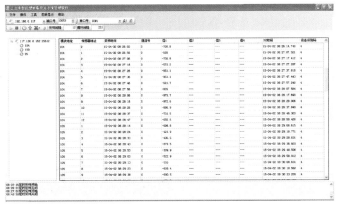

(a) 数据采集示意图

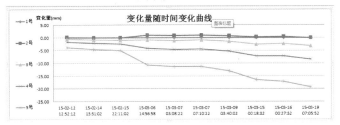

(b) 数据变化量随时间变化曲线示意图

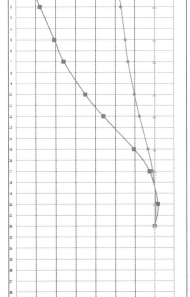

(c) 测斜报表示意图

图11 自动化监测成果展示

选取人工监测与自动化监测在各道支撑施工期间的任意一天，取当日日变化量、累计变化量最大值进行比较，比较结果如表1所示。

探测机器人自动化监测与人工监测数据的差异性对比   表1

施工阶段	日期	人工监测(mm)		自动化监测(mm)		累计变化量差异
		日变化量	累计变化量	日变化量	累计变化量	
第二道支撑施工阶段	2015.01.22	0.5	9.4	0.7	10.3	9%
第三道支撑施工阶段	2015.02.01	1.3	25.3	1.2	24.5	3%
第四道支撑施工阶段	2015.03.10	2.5	47.8	2.6	51.4	7%
第五道支撑施工阶段	2015.04.01	1.6	55.7	1.6	58.6	5%
第六道支撑施工阶段	2015.04.20	2.0	65.5	2.2	69.7	6%

注：自动化监测累计变化量的起始值取自动化监测开始运行当天的人工监测累计变化量。

（五）案例实施结论

对采集的数据进行分析，出具曲线图，与人工监测的数据进行对比，基本符合基坑变化。但在长期监测实践中，发现自动化监测与人工监测数据有时候存在一定的差异。造成两者数据不一致的原因，既有偶然因素（施工现场车载带来的影响、挖机镐头机带来的震动等），也有系统性因素（监测起点时间不一致、基准点不一致等）。

总而言之，采用具有自动化监测能力的探测机器人系列工装具有人为影响少、连续性水平高、监测数据实时传输等优点，极大提高了监测效率，是未来施工监测的趋势，能为基坑的开挖施工提供及时、准确的数据，从而保证项目安全顺利进行。

四、应用成效

（一）解决的实际问题

地下空间开发的安全风险控制极为关键，一旦管理失败便会造成难以估计的损失。通过现场实测，实施信息化施工对确保地下工程的安全性具有关键性意义。该探测机器人工装重点解决了深层地下空间开发过程中隐蔽结构监测存在的工人劳动强度大、监测效率低、数据采集不连续、数据分析不及时等问题，实现地下隐蔽结构的安全信息的高效便捷获取，判断结构安全状态，能够很好地把握隐蔽结构施工质量和后期变形情况，降低施工风险。

以基坑工程超深地下连续墙测斜为例，人工测量与机器人测量两者用时接近，大概在20分钟左右，但人工逐孔测量则一个班组一天时间内只能完成全场测斜孔的一个监测轮次，数据时效性相对较差；而采用机器人监测，则可以多个测孔同时进行数据测取，每隔半小时即可对全场测孔完成一次数据测取，数据具备同步更新性质，从而为基坑工程的安全风险管控提供充分的数据支撑。

（二）应用效果

针对深大基坑工程施工过程中面临的开挖深度大、施工条件差、周围环境保护要求高等难题，通过应用深层地下隐蔽结构探测机器人工装，取得了以下成效。一是对地下连续墙结构在整个基坑开挖过程中实施全自动测斜技术，实现了地下工程施工中对地下连续墙水平位移的自动化、实时化、精准化反馈，为施工风险预测提供判定依据；二是通过地下深埋管线自动化实施监测技术，实现了对邻近管线受地下工程施工引起的变形的自动化无损实时监测，大大提升了该项目的风险控制水平。

上海星港国际中心基坑工程从开挖至顺利筑底，整个施工周期8个月左右。通过该探测机器人系列工装项目中进行现场测试，并同时采用传统的人工监测进行对比，结果证明人工监测数据与探测机器人监测数据两者差异能保持在10%以内，考虑到地下工程的复杂性、时效性特征，施工现场的偶然性因素等，监测结果在这个量级内的差异属于合理有效范围。

本次应用重点针对地连墙、深埋管线等深层隐蔽结构工程的探测技术难点，能够高效方便进行地下隐蔽结构的变形数据及安全信息获取，判断结构安全状态，能够很好地把握隐蔽结构施工质量和后期变形情况，降低施工风险，具有良好的应用前景。同时，本次应用改变了以前多个传感器需要多个动力装置以及多种计算系统的情况，简化了探测流程，并大大节省能耗成本。建立了深层地下隐蔽结构探测控制与分析平台，实现了数据传输的自动化，实现多项目传感器的平行管理以及海量数据的分析，大大减少了人工以及后期海量数据分析的工作量，大幅减少人力成本。

（三）应用价值

通过本次应用，重点围绕具有高强度自行走循迹式驱动性能的探测机器人工装，建立微扰动深层隐蔽结构探测工艺，提升了深层隐蔽结构探测装备的稳定性和可靠性，也提升了工程现场的检测效率；可以方便对接包含位移、应力、视频、照片信息等多种类探测传感器，适用性比较强，应用范围广泛；采用该类精确稳定的探测手段保障了各类隐蔽结构的施工安全，并对基坑、隧道等地下高风险项目的安全风险管理提供有力支撑，具有巨大的应用前景及社会效益。

执笔人：

上海建工集团股份有限公司（陈峰军）

审核专家：

宋晓刚（中国机械工业联合会，执行副会长、教授级高级工程师）

袁烽（同济大学建筑与城市规划学院副院长、教授）

建筑物移位机器人在上海喇格纳小学平移工程中的应用

上海天演建筑物移位工程股份有限公司

一、基本情况

（一）案例简介

喇格纳小学为20世纪30年代的保护建筑，结构稳定性相对较弱且尺寸大，荷载、主体结构刚柔分布不均匀。针对此项特殊工程，本案例打造了新一代移位设备——建筑物移位交替步履走行机器人，在PLC（可编程逻辑控制器）的操控下，实现对物体顶推过程中的连续悬浮精准行走、任意旋转，不仅解决了本工程旋转筏板顶面平整度施工技术标准要求高、大体量物体旋转平移角度偏差很难掌控的技术难题，提高了旋转平移过程中的安全性与精准度，加快了工程进度，而且还大大减少了操作工人的数量，降低了工人的劳动强度，节省了大量周转用料投入。

（二）申报单位简介

上海天演建筑物移位工程股份有限公司成立于2004年，是专门从事建筑物移位的特种专业公司，为客户提供咨询、论证、设计、施工和监测等一揽子解决方案及全方位技术服务，能够较好解决目前移位过程中大面积房屋的整体同步顶升悬浮、不均匀沉降、精准就位等问题，已累计完成各类建筑物移位和桥梁顶升工程数百项，获得各类荣誉70余项，拥有各类专利50余件，省部级科研成果24项，是上海市高新技术企业、"专精特新"企业、科技小巨人企业、专利试点企业、守合同重信用企业。

二、案例应用场景和技术产品特点

（一）国内外同类技术发展情况

1. 国内发展情况。公司2003年研发了PLC同步控制系统和滚轴或者悬浮千斤顶相结合的移位工艺，自2003年研发后使用至今基本没有变化，目前升级为PLC同步控制系统和交替步履行走器相结合的建筑移位机器人。

2. 国外发展情况。国外的同类技术产品非常少见，建筑移位工程相对很少，国外建筑移位大多采用车载的方式进行，还有类似2019年切尔诺贝利核电站"石棺"平移中采用的夹轨式直线平移技术，该类技术国内也有应用，但是其应用范围太小，局限性太大。

（二）市场应用总体情况

建筑物整体移位是在保证建筑物主体结构安全性和整体性的前提下，将建筑物从原位置移动到新位置，包括平移、升降、旋转等。

很长时间以来，建筑物的平移或旋转采用千斤顶顶推或者牵拉的方式，不管顶推还是牵拉，均需要在建筑物上做牵引点，并且需要对千斤顶设置反力支撑点。如果涉及旋转施工的场合，则反力支撑点在设计和施工中均存在较大的难点，平移或旋转过程中还存在崩顶的现象，安全和施工效率均较低。另外，还要解决越来越大规模的建筑物，移位过程的转向问题等。以上情况在施工过程中存在较多的安全隐患，施工效率低，并且施工成本高。

在此背景下，进行建筑物移位交替步履走行机器人的研发，利用 PLC 整体同步移位控制技术和移位装置的升级换代解决移位（含建筑物平移及旋转）过程中大面积房屋的整体同步顶升悬浮、不均匀沉降、精准就位、无轨道方向调整问题，不仅提高了施工效率也降低了施工成本。

（三）技术要点

建筑物移位交替步履走行机器人由 PLC 同步顶升悬浮系统、同步顶推控制系统、移位装置相结合组成，两个系统必须通过同一个控制台完成统一的控制作业（图1）。

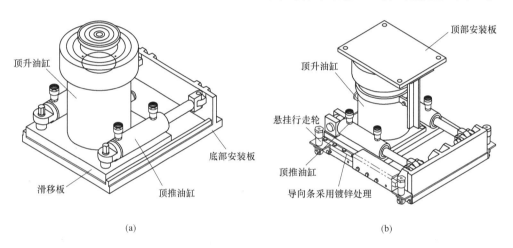

(a) (b)

图1　交替步履行走器

交替顶推器由顶升油缸、顶推油缸、滑移板、底部安装板等几部分组成，主要满足竖向顶升悬浮和水平顶推两个功能。顶升油缸放置于滑移板上，和滑移板底部采用螺钉连接，滑移板底部安装有 MGE 滑移板。在下层底板上放置镜面不锈钢板，工作的摩擦副为 MGE 滑移板和镜面不锈钢板，其动静摩擦系数均为 0.05，在实际工作中，考虑到安全系数，按照摩擦系数 0.1 来设计顶推油缸。顶推油缸一端通过销轴固定于滑移板上，另外一端通过铰接方式和底部安装板连接。当顶推油缸伸出时，会通过销轴带动滑移板和顶升油缸一起运动，从而实现顶推滑移的目的（图2）。

技术参数：顶升力 200T、顶升行程 140mm、顶推力 20T、顶推行程 150mm、外形尺寸 600mm×460mm×470mm（长×宽×高）。

1. 技术指标。一是将平移、顶升的建筑面积提升至 20000m² 以上；二是将控制点个数提升至 150 个以上；三是将顶推速度提升至 1～2m/h；四是实现无轨道方向调整。

2. 系统的优点。一是精确实现曲线顶推，变频控制多点顶推，实现整体设备的曲线顶推，每个顶推轨道速度可控，位置可控。二是顶推位置灵活。该交替步履行走器可以实现顶推设备在任意位置的停留和顶推，不受油缸行程影响。顶推过程中也不再需要制作反力后背，顶推效率高，过程可精确控制。顶推过程不需要轨道。三是顶推过程的轨道不需要导运，减少施工人员和相关的管理。配备 AB 两组顶升，使顶升悬浮更安全。

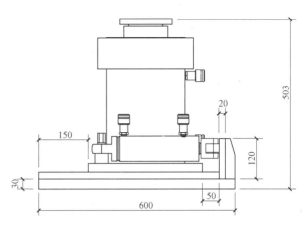

图 2　交替步履行走器侧立面图

（四）创新点

1. 技术创新点。发明交替步履行走器及其施工工艺、大面积建筑物顶升悬浮系统，同时结合了 BIM 技术、"互联网＋"以及监测系统对整个移位过程进行实时监测及数据的同步收集及展示。

2. 模式创新点。在城市更新中，不可避免地存在需要拆除重建的项目，由于本项目与建设用地规划冲突，经多方比选，选择整体平移旋转施工工艺，既将原结构重新利用，又节省造价缩短工期，并创造了保护建筑旋转平移的记录。

三、案例实施情况

（一）工程概况

喇格纳小学呈 T 字形平面，建于 1935 年，于 2008 年 9 月 23 日公布为区级登记不可移动文物，现为区文物保护点。建筑总面宽约 42m，总进深约 62m。西段为东西向布置，南侧有三间教室，北侧为办公区，进深约 7m，外廊宽 2.7m；东段为南北向布置，有三间教室，进深约 7m，外廊宽约 2.8m。根据规划将喇格纳小学向西北方向旋转平移 61m（图 3～图 6）。

图 3　喇格纳小学正面图

图 4　喇格纳小学新、旧位置关系平面图

图 5　旋转平移前

图 6　旋转平移即将到位

喇格纳小学柱下基础为独立承台，承台间纵向设基础梁；实测承台平面尺寸为 400mm×1600mm 及 400mm×1790mm，基础厚 900mm，埋深−1.2m 或−1.16m。承台纵向设置基础梁，实测梁截面为 350mm×900mm 及 600mm×900mm。地基基础采用木桩加固，实测木桩直径 200mm～300mm。

（二）工艺流程

本工程总体施工工艺：平移基础采用整体筏板形式，上托盘布置在±0.000 以上，平移设备采用交替步履行走器，在原址实施提升，平移路径一次旋转到位。

具体施工工艺流程如下：

第一步：拆除室内外非保护的墙体，开挖建筑室内外土方，浇筑 C15 垫层；并在房屋周围设置排水沟，集水井等措施（图 7）。

第二步：室内部分地梁位置分块切除，浇筑室内外 C30 混凝土旋转筏板（图 8）。

第三步：浇筑上托盘梁（图 9）。

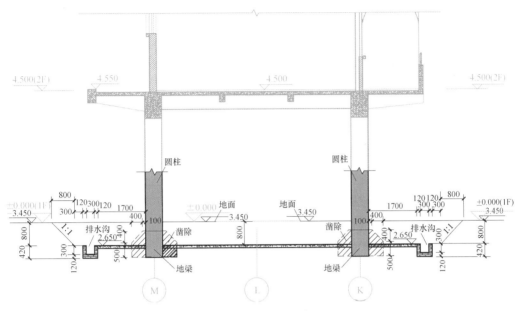

图 7　步骤一示意图

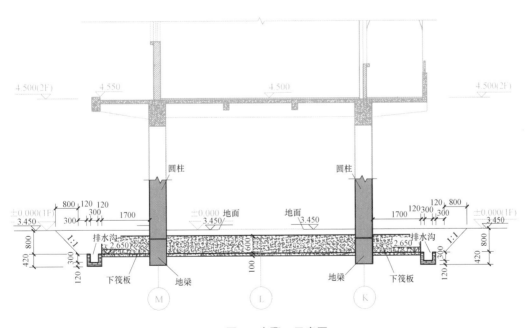

图 8　步骤二示意图

第四步：安装交替步履行走器，利用 PLC 同步控制系统控制设备整体旋转平移 61.571m（图 10）。

第五步：新址整体顶升 0.7m（图 11）。

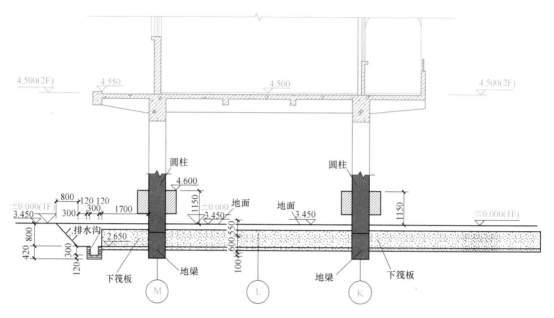

图 9　步骤三示意图

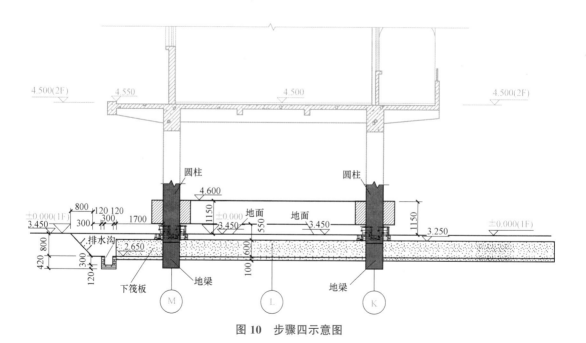

图 10　步骤四示意图

第六步：基础连接，拆除设备（图 12）。

（三）土方开挖

本工程主要工作为室内土方开挖，上部有原有建筑结构柱、楼梯和墙体，下部有人防

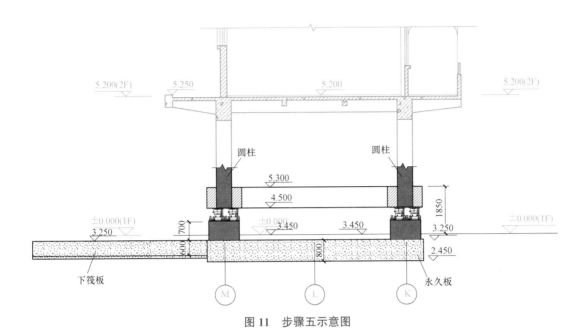

图 11 步骤五示意图

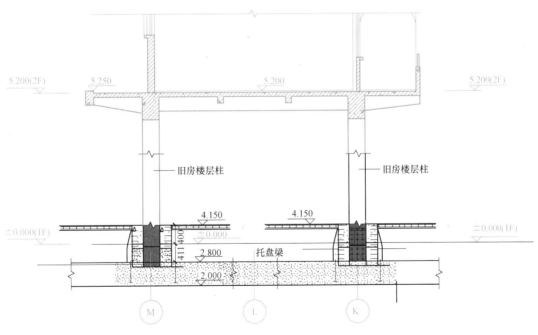

图 12 步骤六示意图

地下室顶板，基础为条形基础，基础埋深－1.200m。室内拟采用小型反铲式挖土机配合人工进行整体开挖，开挖时由建筑交叉部位开始向北、南、东进行施工开挖，室外采用反铲式挖土机进行土方开挖，建筑整体范围内的土方均要开挖，建筑周边按建筑外墙边线向外，按坡比 1:1 放坡 3.3m，以便做排水明沟和埋设轴线龙门桩。基坑排水采用明沟排水、集水坑积水、潜水泵抽水，保证基坑底部无明水，以防基坑被水浸泡。

挖土机开挖至桩顶面设计标高以上 200mm 处后，改为人工开挖余土，开挖的土方临时堆放于场地内的空地，集中外运（图 13、图 14）。

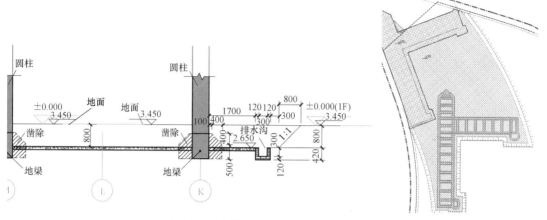

图 13　土方开挖剖面图

图 14　土方开挖及排水沟平面布置图

（四）托盘及滑道设计

根据原结构荷载及旋转平移时设备的安装位置，按最不利工况进行模拟数值计算，墙体托换采用常规双夹墙梁断面形式，单侧梁截面为 400mm×800mm，托换梁顶面标高定为 +4.600m。

托盘梁总体施工流程：测量放线→墙体凿毛→绑扎钢筋→模板支设→浇筑混凝土→养生拆模。

喇格纳小学平移采用整体式筏板，厚度 600mm（图 15、图 16）。

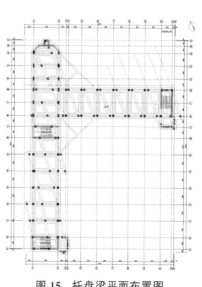

图 15　托盘梁平面布置图

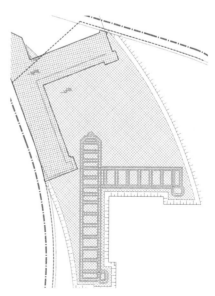

图 16　旋转筏板平面布置图

（五）临时加固

上部结构托换到托换底盘后，是一个无根的体系，同时一层墙体基本拆除，仅存混凝土柱结构及小部分墙体，整体结构稳定性较弱，整体抗侧刚度小，抗扰动和变形能力差。因此，在建筑一层设置临时加固结构的目的是在意外情况发生或受到不利工况扰动的情况下能够控制整体建筑的变形，保持结构的稳定性。

临时加固保护的原则是不改变原受力状态，不损伤原构件，为此，采用独立的钢架结构对混凝土柱结构进行扶持，以控制其水平位移。在意外情况下混凝土柱产生过大变形时，独立的钢架结构起到对混凝土柱的保护作用，以免原结构发生过大变形或失稳（图17、图18）。

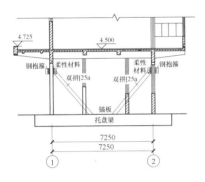

图 17　临时加固剖面图

图 18　临时加固三维示意图

（六）悬浮顶推

本工程共设置 55 个顶推点，220 个顶升油缸，220 个交替步履行走器。平移采用 PLC 移位电脑控制技术，精确控制各顶推点的顶推位移，通过反馈的位移信号自动精确调整各点顶推力，保证顶推力与摩擦力阻力的动态平衡，将精度控制在 2mm 以内，确保建筑物的线形及空间变形在弹性范围内变化。

根据构件的受力柱分布情况，考虑到受力的均布需求，本项目采用整体式旋转筏板进行旋转平移施工。PLC 同步顶升悬浮液压系统采用 110 点交替顶升悬浮系统，PLC 同步顶推控制系统采用 13 点交替顶推系统，两个系统必须通过同一个控制台完成统一的控制作业（图19）。

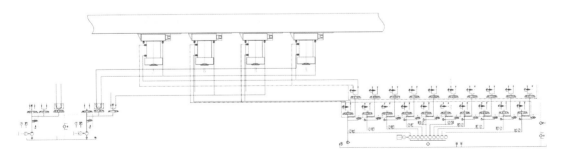

图 19　系统连接液压原理图

每个交替顶推液压系统可以控制 2 条轨道，每个变频交替容积同步液压系统可以控制 10 个顶升控制点。图 19 是两个液压系统连接一个控制点时的连接方式，表 1 是其工作步骤及示意图。

系统工作步骤及示意图

表 1

步骤	内容	示意图
1	A 组悬浮顶升	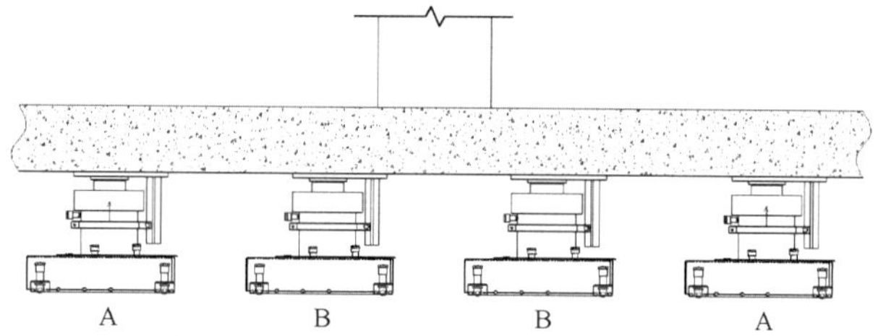
2	A 组顶推 150mm	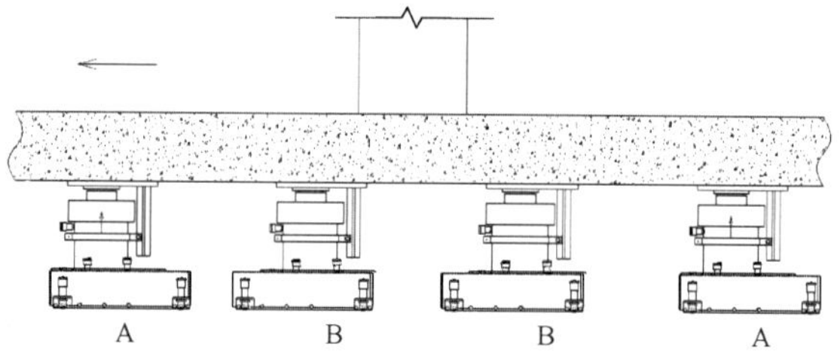
3	B 组悬浮顶升	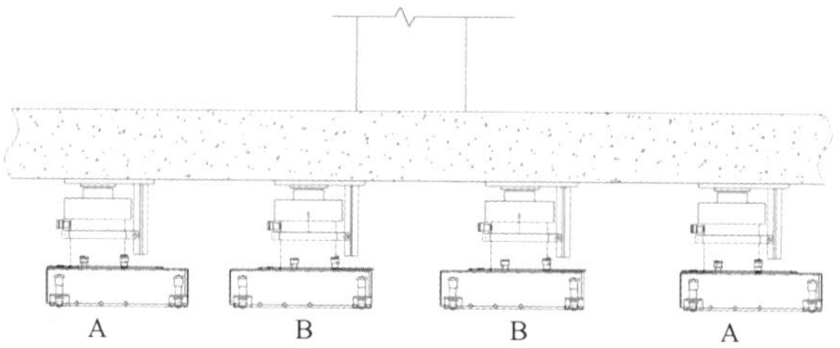
4	A 组水平缩回 150mm	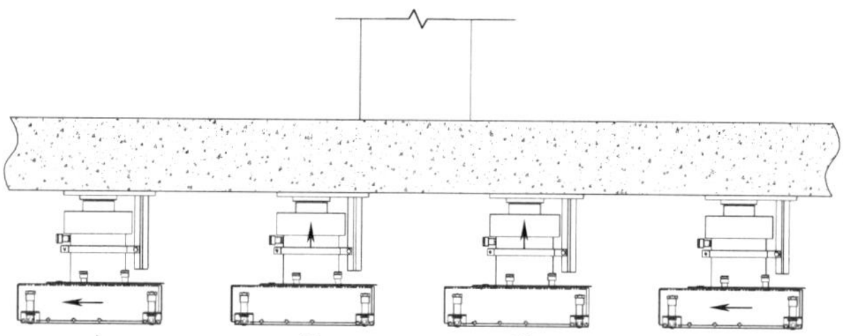
5	B 组顶推 150mm	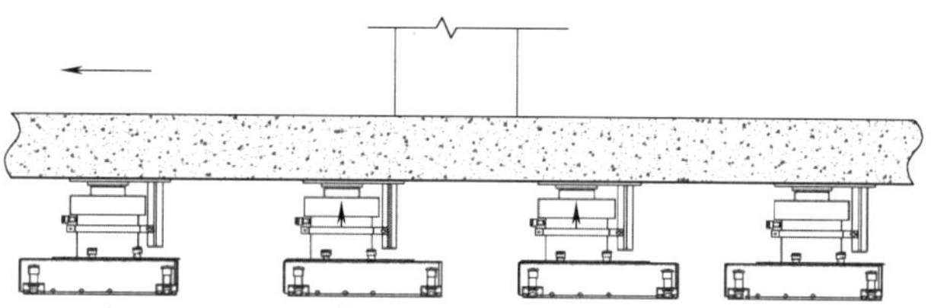

续表

步骤	内容	示意图
6	A组悬浮支撑	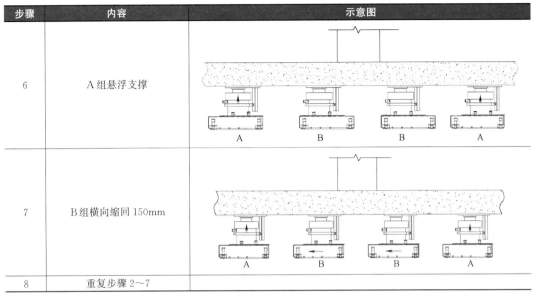
7	B组横向缩回150mm	
8	重复步骤2~7	

本工程为大体量建筑物的旋转平移，而且虚拟旋转中心位于建筑物外。对于可能出现的沿旋转中心的径向偏差，建筑物位移机器人可以通过调整平移顶推方向达到纠偏作用，同时预设两条限位梁，双向保险措施保证平移精确就位。当旋转平移过程中发现建筑最大径向累计偏差大于50mm时，通过对交替步履行走器的顶力施加角度达到纠偏效果，确保就位连接前纠偏到±5mm以内。

四、应用成效

采用PLC同步控制系统和交替步履行走器相结合的建筑移位机器人，精确控制各顶推点的顶推位移，通过反馈的位移信号，自动精确调整各点顶推力，保证顶推力与摩擦力阻力的动态平衡，将精度控制在2mm以内，确保建筑物的线形及空间变形在弹性范围内变化，最终让建筑物在筏板上精确旋转及保持平整到达设计规划位置。同时，采取"互联网＋"远程移位监测系统，利用现代化的互联网信息传输手段，实时、快捷传递位移过程中各类工程数据，实时了解平移过程中的喇格纳小学各主要受力构件的位移、变形、裂缝等情况。

执笔人：
上海天演建筑物移位工程股份有限公司（束学智）

审核专家：
宋晓刚（中国机械工业联合会，执行副会长、教授级高级工程师）
袁烽（同济大学建筑与城市规划学院副院长、教授）

地铁隧道打孔机器人在徐州市城市轨道交通 3 号线建设项目中的应用

中建安装集团有限公司

一、基本情况

（一）案例简介

中建安装集团有限公司基于智能化、自动化打孔需求，研发了地铁隧道打孔机器人，并在徐州市城市轨道交通 3 号线银山站至创业园站左线投入使用，进行了打孔精度、打孔位置、自动打孔等作业调试。同时，对地铁隧道打孔机器人通过车站、盾构区间、马蹄形隧道、道岔等地段时的打孔准确性和作业姿态进行了修正和调整。地铁隧道打孔机器人不仅可对打孔位置进行全自动打孔，并且可根据走行线路状态对线路几何尺寸进行实时记录和检测，实现安全运行和位置记录，将传统人工打孔变为数据化、信息化的智能作业，平均单孔作业用时小于 24s，顺利完成了全线打孔作业，提升了城市轨道交通建设中智能化打孔作业水平。

（二）申报单位简介

中建安装集团有限公司（以下简称"中建安装"）是世界 500 强企业中国建筑集团有限公司旗下专业公司，形成以机电安装、能源化工及工业、城市发展更新、新型基础设施建设为核心的工程承包，以隧道装备、化工设备、新能源设备、金属装饰产品为核心的装备制造，以及投资运营三大业务板块。公司组建于 2009 年 4 月，注册资本金 13.52 亿元，拥有智能化、机械化桥梁构件预制基地，参与了雄安新区建设，拥有自主生产制造土压平衡盾构机、地铁隧道打孔机器人、轮胎式铺轨机、轨排拼装辅助设备等智能装备的能力。

二、案例应用场景和技术产品特点

（一）技术方案要点

该案例针对隧道内壁打孔技术难点，全方位开展动态钻工模拟，优化管理体系流程，以 BIM 信息化建模技术为可视化手段，集成了零件、成本、质量、安全等方面的信息，结合大数据进行智慧化预测判断，基于建模模拟，完成区间隧道内隧道轨行式全向内壁打孔机械设备（即地铁隧道打孔机器人）设计，减少资源投入。

地铁隧道打孔机器人将载运平板车、电源系统以及打孔机械臂有效统一控制，实现各子系统协调工作，本设备采用 PLC（可编程逻辑控制器）自动化控制技术（图 1），通过程序设定，用以控制不同的子系统协调工作，以达到准确行走、准确找点、准确钻孔的要求。同时，本系统还采用了程序预植技术，通过改变预植程序内的某一项或者几项参数，用以改变地铁隧道打孔机器人的程序化工作以满足不同专业不同打孔的需求。

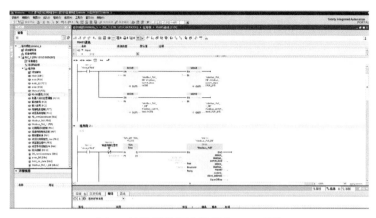

图 1 地铁隧道打孔机器人 PLC 系统

（二）关键自主技术的难点和创新点

地铁隧道打孔机器人通过对不同孔径、不同高度、不同距离的安装孔以及不同形状的隧道等进行大数据采集、处理和分析，解决了在受限空间打孔无法有效定位、自动纠偏、数据处理、自动运行等关键技术难点。

1. 通过测量与钻杆平行的激光束光斑与目标之间的距离及方位，引导伺服控制系统控制末端执行器准确定位。

2. 使用抱轨器、弹性顶头等机构增加系统的稳定性，在各个液压驱动机构上增加液压锁，并选择蜗轮蜗杆减速机等带自锁功能的传动机构。

3. 定制机械臂，建立 BIM 数据库，采用软件控制，增加液压受力监控系统判定是否钻到钢筋，在控制程序中增加规避程序。

4. 设置多组激光测距传感器与拉线传感器监控钢轨顶面偏差数值，通过折臂组件的蜗杆、打孔执行组件的升降油缸补偿角度和高度。

（三）关键技术经济指标

地铁隧道打孔机器人在徐州地铁 3 号线顺利投入使用，打孔效率与人工相比提升约 6～10 倍，完成各种安装孔约 620000 个，为施工单位节约人工成本约 25 万元，且全线打孔施工精确度较高，确保了徐州地铁 3 号线的顺利试运行。

（四）应用场景

地铁隧道打孔机器人适用于城市轨道交通全工况下的隧道环网电缆支架、弱电托臂支架、疏散平台支架以及刚性接触网悬挂安装打孔。

三、案例实施情况

（一）案例基本信息

徐州市城市轨道交通 3 号线一期工程北端起于下淀站，止于连霍高速公路北侧的规划安科园（图 2）。线路长约 18.13km，设站 17 座，最大站间距 2039m，最小站间距 747m，线路平均站间距为 1.19km。结合徐州地铁 3 号线实际长度，需要各种不同深度不同大小的安装孔约 62 万个（表 1）。

图 2　徐州市城市轨道交通 3 号线线路图

徐州市城市轨道交通 3 号线打孔统计表　　　　　　　　　　表 1

序号	专业(用途)	孔径	孔深	每个孔平均耗时	每打一个孔所需人员	打孔总量	所需人工(1 人 1 天 8 小时计算)
1	变电专业环网支架	ϕ16mm	4.5cm	72 秒	3	100000	750
2	变电专业上层支架	ϕ16mm	4.5cm	80 秒	4	100000	1111
3	接触网绞线固定卡	ϕ18mm	6cm	30 秒	7	7000	51
4	接触网悬吊角钢/吊柱	ϕ24mm	17cm	400 秒	7	8000	778
5	接触网悬吊底座	ϕ24mm	10cm	200 秒	7	4800	233
6	接触网悬吊底座	ϕ24mm	12.5cm	160 秒	7	14000	544
7	接触网吊柱	ϕ28mm	21cm	500 秒	7	500	61
8	通信区间弱电支架	ϕ12mm	5cm	40 秒	3	126000	525
9	通信漏缆卡具	ϕ6mm	5cm	40 秒	3	42000	175
10	疏散平台扶手	ϕ18mm	8cm	50 秒	3	26000	136
11	疏散平台支架	ϕ18mm	16cm	320 秒	3	105000	3500
12	疏散平台支架	ϕ24mm	21cm	400 秒	3	3000	125
13	信号漏缆卡具	ϕ6mm	5cm	40 秒	3	84000	350
合计						6203000	8339

（二）应用过程

1. 设计阶段。2019 年 1 月开始进行地铁隧道打孔机器人的策划研制工作，开展在地铁施工应用的可行性分析，组织机械结构和控制系统的初步设计，确定初设方案及参数，进行机械结构与控制系统计算机仿真，并依据策划进行样机制造工作，依据打孔极限孔位，对设备各个部件进行模块化生产，并完成整机组装，通过 BIM 模型及仿真试验，在设备试制过程中解决了机械机构和运行的问题，减少了现场反复调整工程量（图 3）。

打孔机构研发

最高点：
位于轨道中心面，
轨面上6500mm。

最低点：
位于轨面下150mm，离地面
250mm，
水平距离为2200mm。

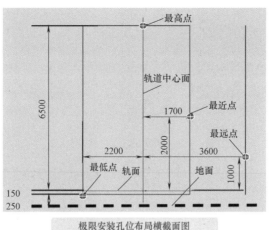

极限安装孔位布局横截面图

最近点：
水平离导轨中心面1700mm，
垂直至轨面2000mm。

最远点：
水平离导轨中心面
3600mm，
垂直至轨面1000mm。

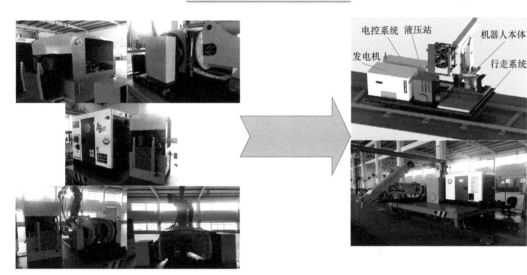

图 3　孔位模拟机组装制造

2.调试阶段。2019 年 8 月地铁隧道打孔机器人运输至徐州地铁 3 号线出入段线进行现场调试试验，根据现场在力矩控制、自动走行、姿态反馈等方面出现的不稳定因素进行调整，并对调试过程中存在的问题返厂改进（图4）。

3.应用阶段。2020 年 6 月 6 日，地铁隧道打孔机器人在徐州市城市轨道交通 3 号线银山站至创业园站左线投入使用，进行了打孔精度、打孔位置、自动打孔的调试。同时，对地铁隧道打孔机器人通过车站、盾构区间、马蹄形隧道、道岔等地段时的打孔准确性和作业姿态进行了修正和调整，确保了地铁隧道打孔器人在全断面和各类型道床的顺利安全运行（图5）。经调试及现场试验，地铁隧道打孔机器人技术水平达到钻孔位置与目标位置偏差 2mm，孔间距的相对位置为 5mm，方向偏差为 1°，钻孔直径8～30mm，适应的隧洞直径为 5～8m，平均单孔作业时间小于 24 秒（传统人工打孔时间约 100 秒）（图 5、图 6）。

图 4　现场试验及返厂调试

图 5　现场应用

精度±2mm

环网支架打孔　　　　　　　　　　　　　　　　　　　通信支架打孔

图 6　打孔位置及精度

四、应用成效

（一）解决的实际问题

城市轨道交通需在隧道区间敷设环网电缆，通信、信号光电缆及漏缆，完成刚性接触网悬挂安装以及疏散平台搭设等工作，为完成以上工作，需安装大量环网电缆支架、弱电托臂支架、疏散平台支架以及刚性接触网悬挂，以满足地铁安全运营的要求。根据各专业支架安装要求，需根据现场实际情况在隧道区间大量钻孔用以安装各类支架，目前如此庞大的工程量全靠人工完成。

地铁隧道打孔机器人解决了地铁施工过程中的打孔问题，该设备综合先进检测、视觉跟踪与闭环控制技术实现钻孔作业的机械自动化：一是车载测量与标识系统能够自主快速、精确地标记孔位和孔姿；二是执行机构能够平稳、快速、准确抵达目标位置，该设备可以考虑惯性、动载荷、传动间隙、弹性变形、摩擦等复杂因素的影响，解决目前智能化精准作业面临的机构优化难度大与高精度控制不稳定等方面的技术难题。

下一步将通过传感装置在受限空间的应用、高精度三维视觉技术攻关，使地铁隧道打孔机器人在工程实施效率及施工成本等方面得到改善，实现多设备协同作业。

（二）应用成效

1. 经济效益

徐州市城市轨道交通 3 号线工程通过应用地铁隧道打孔机器人，总共节约了 253.2 万元，主要包括人员成本、机械设备投入、能源节约等方面（表 2）。

地铁隧道打孔机器人经济效益统计表　　　　　　　表 2

序号	成本类别	经济效益(元)	具体情况
1	变电专业环网支架打孔	300000	需 3 人作业 100h，左右线共计 40km，每天打孔作业 8h，需 500 个工作日
2	变电专业上层支架打孔	336000	需 3 人作业 112h，左右线共计 40km，每天打孔作业 8h，需 560 个工作日
3	接触网悬吊角钢/吊柱打孔	322000	需 7 人作业 46h，左右线共计 40km，每天打孔作业 8h，需 230 个工作日
4	接触网悬吊底座打孔	224000	需 7 人作业 40h，左右线共计 40km，每天打孔作业 8h，需 160 个工作日
5	弱电支架打孔	240000	需 3 人作业 80h，左右线共 40km，每天打孔作业 8h，需 400 个工作日
6	区间漏缆卡具打孔	210000	需 3 人作业 70h，左右线共 40km，每天打孔作业 8h，需 350 个工作日
7	区间疏散平台支架打孔	900000	需 3 人打孔 300h，左右线共 40km，每天打孔作业 8h，需 1500 个工作日

2. 社会效益

本案例通过应用地铁隧道打孔机器人，对传统施工工艺进行革新，提高了施工效率，降低了项目人工和材料成本，同时，自动化打孔作业避免了人员登高作业的安全风险，提高了打孔精度和质量，减少了反复打孔及孔位错位情况的发生，为装备制造提供了新场景。

（三）市场推广价值

地铁隧道打孔机器人的成功研发与应用将直接减少施工建设人员的投入，实现地铁站后机电工程的自动化、智能化打孔作业，且打孔效率与人工相比提升约 6~10 倍。该设备也将在中建安装参建的多条地铁线路进行推广应用，并根据中标和参建情况，批量生产并进一步研制改进，扩大影响力，实现地铁站后工程的智能高效建造。

据中国铁路总公司工程设计鉴定中心统计的全国铁路隧道情况汇总，截至 2021 年底，全国在建铁路隧道 3784 座，总长 8692km；规划隧道 4384 座，总长 9345km。再加上 40 多个城市的地铁建设，地铁隧道打孔机器人获得推广后将会形成一定的市场规模，预计年市场需求不低于 50 台。地铁隧道打孔机器人将在中建安装参建的天津地铁 7 号线、长春地铁 2 号线、长春地铁 9 号线等工程中持续应用并改进推广，以形成良好的示范推广效益。

执笔人：

中建安装集团有限公司（刘福建、王宏杰、张志轶、张睿航、李政）

审核专家：

宋晓刚（中国机械工业联合会，执行副会长、教授级高级工程师）

袁烽（同济大学建筑与城市规划学院副院长、教授）

砌筑机器人"On-site"在苏州星光耀项目的应用

中亿丰建设集团股份有限公司

一、基本情况

(一) 案例简介

该案例是砌筑机器人"On-site"在苏州星光耀项目的应用,可以在无预设的实际工况下开展人机协作施工,可以满足单块重量30kg以下的各种尺寸砌块施工需求。通过与同等条件下的传统人工砌筑情况对比发现,智能砌筑机器人在砌筑大工减少50%、整体砌筑质量提升的情况下,平均砌筑工期节省了1~2天,降低了人员劳动强度,提高了持续施工作业能力,提升了砌筑施工环节的机械化和工业化水平,有利于缓解建筑工人招工难、用工贵的问题。

(二) 申报单位简介

中亿丰建设集团股份有限公司(以下简称"中亿丰建设")是中砌智造科技(苏州)有限公司的创设股东单位,公司拥有投融资、规划设计、技术研发、装备制造、数字建造技术咨询等完整的产业链条。

二、案例应用场景和产品技术特点

(一) 应用场景

砌筑机器人"On-site"适用于医院、学校、商业、办公等各类公共建筑项目的非承重墙墙体室内砌筑施工,可使用目前国内各种主流砌块材料,材料适应范围广。此外,针对施工作业面可不预设条件,无需进行额外的施工准备,完全在实际施工技术条件下遂行砌筑作业,应用门槛低。

(二) 产品技术特点和主要指标

本案例采用的砌筑机器人"On-site"(图1)是专门针对国内建筑室内砌筑场景和工序作业特点研发的,可以在无预设的实际工况下开展人机协作施工。

砌筑机器人"On-site"的主要性能指标(表1)及其技术特点:

图1 砌筑机器人"On-site"

1. 场地适应性强。机身采取可折叠设计，方便通过建筑门洞，并利用施工人货电梯实施垂直转运，具备自动调平功能，作业时对地面平整度无要求。

2. 环境耐受性高。采用了专门的防护设计，耐湿热变化，可耐施工现场的重度粉尘、砂浆污染，对电磁干扰和施工用电电压变化耐受性高。

3. 砌块适用性强。专门针对砌体结构中的室内大砌块砌筑，可以满足单块重量30kg以下的各种尺寸砌块施工需求。

4. 智能化程度高。采用六轴运动控制，搭载了专门研发的智能化砌筑控制系统和多种传感器，可灵活适应多种砌体构造要求下的砌筑作业。同时，对于砌块材料的尺寸偏差和砂浆黏结剂的流变情况具备良好的适应性。

砌筑机器人"On-site"主要指标 表 1

项目	指标	项目	指标
最大砌筑高度	3.4m	最大砌块重量	30Kg
最大砌筑速度	20s/块	移动展开部署时间	<10min
8小时砌筑产量	>15m		

（三）与国内外主要同类产品比较

国际方面：经调研发现，国际上砌筑机器人可作对比的有三种：澳大利亚FBR公司开发的Hadrianx机器人具有一个30m长的机械臂，可以安装在卡车或汽车上，并且已在单层砖混结构的房屋砌筑上得到试用。Hadrianx机器人适用于在室外砌筑单块重量小于3kg的小砖，砌砖速度很高，但不适用于国内的绝大部分砌体砌筑场景。由美国Construction Robotics公司研发的砌墙机器人SAM100，目前已经开始商业化，预计可以提升3～5倍的施工效率。SAM100运行时需要铺设事先调平的长轨道，其搭载的六轴机械臂负荷仅适用于单块重量2.5kg以下的小砖，结构形式和工作负载也无法满足目前国内的砌筑实况。第三种是瑞士苏黎世国家能力中心研发的In-situ智能建筑机器人，使用车载六轴机械臂通过预定的模式进行搬砖和砌墙，采用Slam激光导航技术，可在工地当中自由移动，目前该机尚处于实验室阶段。

目前，国内有多个厂家开展了建筑机器人的研发及应用，但能用于工地现场进行实际砌筑的砌筑机器人相对较少。本案例采用的砌筑机器人"On-site"是一款创新型机器人产品，与国内外同类型产品相比，具有一定的优势。

（四）市场应用总体情况

截至目前，砌筑机器人"On-site"已在上海梅川一街坊、中信泰富高层商办楼、苏州博物馆西馆、苏州星光耀公寓楼、国家质量检测中心、苏州纳米实验室、中亿丰三期研发大楼等多个项目上开展了工程试点应用。在无预设的真实施工条件下，已完成砌体砌筑施工量约5000m³，且已全部通过检验验收。中亿丰建设集团在总结上述试点应用经验的基础上，正在制订相关工法，下一步将加大对于砌筑机器人"On-site"的推广力度，完成砌筑机器人应用的产业化推广。

三、案例实施情况

（一）苏州星光耀项目基本情况

苏州星光耀公寓楼项目（图2）位于苏州市金阊新城虎池路与金筑街交汇处，总建筑面积 16 万 m²，由中亿丰建设集团负责施工。该项目由 6 座高层（21F）单体组成，除 2 号楼外，1 号楼、3 号～6 号楼的内外墙体均采用蒸压加气混凝土（ALC）砌块现场砌筑（图 3），项目使用的砌块规格等级为 A5.0 B06 级，总使用量约 2.5 万 m³，砌筑施工人工费约 580 万元人民币。

图 2　苏州星光耀项目外观

图 3　砌体砌筑前的室内场景

该项目于 2020 年 8 月开始进入墙体砌筑施工阶段，高峰时 3 座楼同时进行砌筑作业，期间遇到较为严重的砌筑工短缺问题，砌筑工不但招募困难，而且年龄普遍偏大。据项目部统计，在岗的砌筑工年龄超过 50 岁的占比达到了 65% 以上，难以适应持续高强度作业，从而造成施工工期严重滞后。为此，中亿丰建设集团在星光耀项目开展砌筑机器人"On-site"砌筑应用试点，破解砌筑作业人力短缺和工效低下的难题。

（二）施工组织实施情况

2020 年 10 月，在星光耀项目 1 号楼的在建楼层（16F～21F）开展了砌筑机器人"On-site"砌筑施工试点，并选择相邻的结构、体量完全一致、采取传统全人工砌筑的 3 号楼作为对比参照。试点工程砌体施工基本情况：1 号楼和 3 号楼相同，单层砌体砌筑量约 210m³，采用 600mm×200mm×240mm 规格、等级为 A5.0 B06 的砂加气砌块，砌块平均重 24～26kg。砌体结构主要为内部隔墙、窗台、空调围护和风井道、楼梯间围护。砌体施工时，按照构造要求以及规范留置构造柱、过梁、圈梁，每两皮设置通长拉结筋。

1. 对比 3 号楼人工砌筑的情况

作为对比参照的 3 号楼采用人工砌筑，根据传统作业方法进行施工（图 4）组织和人员配备。由于工具原始（图 5），完全依靠砌工的体力劳动，因此，工人体力消耗大，工程工效无法提升，质量情况也参差不齐。

图 4　人工砌筑施工场景

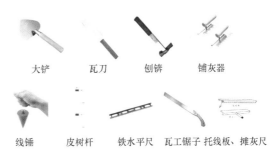

大铲　瓦刀　刨锛　铺灰器

线锤　皮树杆　铁水平尺　瓦工锯子　托线板、摊灰尺

图 5　人工砌筑使用的原始工具

3号楼在工期紧迫、一再动员的情况下，人均日砌筑量也仅能达到 $3m^3 \sim 3.5m^3$，该工作量相当于重物举升操作 $3t \sim 3.5t$，对于普遍高龄的从业人员，已接近体能极限。在劳动力配置上，单层投入的砌筑队人员包括8名砌筑大工（负责黏合剂拌制和砌筑施工）和2名小工（负责材料搬运和卫生清理），单层砌筑工期约10天。

2. 砌筑机器人"On-site"在1号楼的施工效果

1号楼投入一台砌筑机器人"On-site"，该型机器人完全针对建筑室内砌筑的应用场景特点进行设计，具备轻量化的可折叠机身，可方便地通过施工人货电梯进入作业楼层和遂行垂直转运（图6）。在施工组织上，采取砌筑机器人和砌筑工混合编成，依据大小工作面进行分工协作，以充分发挥各自的优势和效能。

1号楼施工力量的具体编成：砌筑机器人1台（含操作手1名），砌筑大工4名，材料转运和卫生清理，由2名小工负责。

4名砌筑大工中3人负责不利于机器人展开的小墙面砌筑，1人与机器人操作手合作，编成机器人双人班组开展机器人作业（图7、图8）。

图6　砌筑机器人"On-site"垂直转运

图7　砌筑机器人"On-site"班组施工场景

图8　砌筑机器人"On-site"班组施工场景

机器人双人班组的分工：操作手（经过培训的产业工人），负责砌筑机器人"On-site"操控和砌块上料；配合的砌筑大工主要负责批浆、安放拉结筋、过梁板等辅助性作业以及最后塞砌顶层砖。

施工组织方面，根据大小墙分工原则，由机器人双人班组负责承担最有利于发挥效能的大墙砌筑，该部分砌筑量约 $120m^3$，占比60%。砌筑机器人"On-site"由于在设计时考虑了真实工况下的可操作性和部署便捷性，具备环境耐受性高、移动展开部署简单等优势，更换作业面后的砌筑准备时间小于10min；加上其六轴运动机构完全根据室内砌筑的工作条件来设计，实现运动路径最优化，砌筑节拍达到3块/min，因此，机器人双人班组日砌筑量超过了 $15m^3$，是人工砌筑速度的5倍。

同时，砌筑机器人"On-site"在软件设计上具有智能排砖系统，可根据项目使用的砌块种类、砂浆种类以及各地构造柱留搓方案的不同，自动给出最佳砖块排列方案进行砌筑。其末端抓手装备了力矩传感器，可保证墙体砌筑质量（图9）。

图9　砌筑机器人"On-site"砌
筑的成墙质量情况

四、应用成效和推广价值

(一) 应用成效

施工效能对比（表2）：1号楼对比3号楼，在砌筑大工减少50%，整体砌筑质量明显提升的情况下，平均砌筑工期还节省了1～2天。人员的劳动强度显著下降，持续施工作业能力得到提升。

1号楼和3号楼施工效能对比表 表2

项目	1号楼	3号楼	项目	1号楼	3号楼
砌筑大工人数	4	8	单层施工工期(天)	8	10
人均日砌筑量(m³)	6.5	3	砌筑质量	优良	合格

(二) 推广价值

国内建筑砌体砌筑市场存在两个基本特点：一是体量巨大，各类砌体的砌筑施工量年均超过10亿 m³，在ALC墙板材因为各种原因普及缓慢的情况下，人工现场砌筑在将来仍会是一个巨大的刚需市场。二是业态原始，砌筑业的人力资源组织方式（包括人员招募与职业培训）、施工组织形式和作业工具基本上都还停留在几十年前的状态，表现为用工时临时招募、师徒相授、手工作业拼体力。行业业态的原始必然导致行业生产效率低，表现为较低的人均产值和庞大的用工人数（低效率下的劳动力密集型行业）。2018年全国建筑业砌筑施工从业人员约600万，占当年建筑业5563万从业总人数（国家统计局2019年7月31日发布）的10.7%，砌筑从业人员的人均建筑业名义产值比全行业平均数低23%。在上述600万名砌筑施工从业人员中，具备技能的砌筑大工人数约占50%，即300万人。尽管在收入分配上，大工有较大的分配权重，但由于整体效率低下，每天要砌筑3m³，完成举重量达3000kg以上的带技能的重体力劳动，这样的劳动报酬已经不具备吸引力。因此，砌筑施工从业人员大量流失，呈现普遍高龄化，砌筑单价上行的压力不断增强，近年来这些痛点已经非常明显。

所以，研发适合室内砌筑这一工序场景的砌筑机器人 "On-site" 或是自动化施工机械，推行机器人砌筑这一新工艺，对落后的传统手工作业方式进行新技术加持下的工艺变革，大幅减少砌筑劳动用工，提升行业施工效率，已势在必行。

经过试点项目的实践发现，使用砌筑机器人 "On-site" 开展砌筑施工不改变现有工序流程，对应用场景无特殊要求，可复制性强。

砌筑机器人 "On-site" 的推广，不但可以显著提升砌筑施工的科技含量，减少劳动用工，有效应对有技能的砌筑大工日益减少的用工困境和行业痛点。同时，采用机器人砌筑大大降低了劳动强度，效率的提升又带来工人收入和岗位工作积极性的提升，有利于吸引年轻一代产业工人。

面对逐年上升的人工成本，规模化推行以砌筑机器人为抓手的智能建造势在必行。中亿丰建设将在今后继续加大对于砌筑机器人 "On-site" 的推广运用，丰富其应用场景，扩大市场覆盖率，以实现砌筑机器人应用的规模化、产业化。

执笔人：
中亿丰建设集团股份有限公司（李国建、柴勤）

审核专家：
袁烽（同济大学，建筑与城市规划学院副院长、教授）
宋晓刚（中国机械工业联合会，执行副会长、教授级高级工程师）

船闸移动模机在安徽省引江济淮工程项目中的应用

安徽省路港工程有限责任公司

一、基本情况

（一）案例简介

船闸移动模机以"装配化""智能化""轻量化"为技术特点，将船闸移动模机装备应用

图1　船闸移动模机 BIM 效果图

至船闸闸室墙建造全过程，通过模机的各系统协同作业建造技术达到各闸室施工段定位准确、施工便捷、管理高效的效果，实现了"闸室墙一体化成型、大模板一次性安拆及移动"的施工目标，定向解决了闸室墙大体积、大面积混凝土平整度不够、大模板拼装相对错位及移动缓慢的问题，提升了水运工程建设中高大闸室墙施工的智能化应用水平（图1）。

（二）申报单位简介

安徽省路港工程有限责任公司于 1952 年 4 月成立，是安徽建工集团股份有限公司核心成员企业，随其于 2017 年整体上市，目前为安徽建工集团股份有限公司控股子公司，为国家高新技术企业，拥有省级企业技术中心、省级劳模创新工作室。

二、案例应用场景和技术产品特点

（一）技术方案要点

船闸移动模机核心技术由行走系统、支撑系统、悬吊系统、大模板系统、电气及智能化控制系统 5 大体系构成。

行走系统中的轨道使用螺栓压板将夹轨器锚固于闸室底板上，以此固定钢轨，钢轨的间距、顶面高程应保持一致。小平车上设纵、横梁，以均衡承受上部荷载，重点检查轨道牢固性、电气设备可靠性、台车行走顺畅、纵横梁承受荷载值；支撑系统是搭建框架结构为两侧混凝土浇筑时提供支撑及拆模后移动、起吊的主体结构，重点检查结构整体的稳定性、受力、变形指标；悬吊系统布置在支撑系统的悬臂端，可以前后左右移动，起到安拆及固定大模板的作用，重点检查电动葫芦承受荷载、空间位置、钢丝绳状态；大模板系统上侧被悬吊系统的钢丝绳约束，迎水侧被支撑系统约束，内侧是以对拉螺栓约束为主的大面积钢模板，以保证浇筑的闸室墙平整度满足规范，重点检查模板空间定位、稳定性、对

拉螺栓的紧固性、可靠性以及螺栓孔封堵状况；电气及智能化控制系统协同多系统进行施工作业，系统根据不同指令自动汇总分析后形成对施工装备的有效控制。系统界面采用直观、形象的图表形式展示，在兼容物联网其他设备后，缩短反应时间，提升处理效率，保障移动模机操作的流畅性，重点检查电气线路的连接，智能化控制系统的调试。

（二）关键技术经济指标

船闸移动模机正在引江济淮工程中使用，闸室墙外观质量、表面平整度明显提高。同时，不需要重复安拆模板，施工进度加快的同时施工安全风险大幅度降低，单段闸室墙对比传统支架搭设、贝雷片组合钢结构施工技术节约工期 10 天，节约人工费 8.6 万元，闸室墙大面平整度合格率提升至 98％，创造出良好的施工安全环境，节能降耗，取得良好的施工经济效益和社会效益。

（三）产品特点及创新点

1. 船闸移动模机各构件实现装配式，达到运输方便、安拆快捷、长宽高均可调节（设置调节段）的效果，并兼顾Ⅱ级以上船闸宽度使用。

2. 船闸移动模机各构件实现轻型化，通过支撑系统骨架优化设计，将铝模板或铝合金模板作为大模板，辅助钢结构厂家加工，减少钢材用量。

3. 船闸移动模机实现电气控制系统智能化，研发出了基于物联网技术的大型船闸移动模机智能安全预警与风险控制系统，将数据实时反馈至智慧工地平台，达到安全预警效果。

（四）应用场景

船闸移动模机适用于水运交通领域的大中型船闸工程闸室墙建造的全过程各环节，目前已在安徽省引江济淮派河口船闸工程中成功应用，受地域、规模、环境等因素影响小。

三、案例实施情况

（一）工程项目基本信息

引江济淮工程（安徽段）江淮沟通段 J001-3（派河口船闸）标段总长约 3.10km，派河口船闸是一座 2000 吨级的Ⅱ级船闸，布置于派河主河槽内，船闸中心线与环湖大桥的航道中心线一致。船闸有效尺度为 280m×23m×5.2m（长×宽×门槛水深，下同），该尺度能满足 2000 吨级货船四排一列一次性过闸，整个闸室墙设计共分 15 个施工段，1号、15 号闸室墙长度为 15m，2 号～14 号闸室墙长度为 20m，工程施工中闸室墙采用船闸移动模机。项目于 2020 年 6 月 16 日开工，预计 2023 年 6 月 15 日开通试运营。

（二）实施应用过程

在进一步完善引江济淮工程水运交通工程建设与管理体系过程中，引江济淮工程派河口船闸以建设管理需求为导向，分阶段分重点有序开展船闸移动模机应用：研发阶段协同设计，BIM 技术虚拟建造，现场施工控制。

1. 研发阶段协同设计

公司于 2018 年 2 月成立第三代船闸移动模机研发小组，第三代船闸移动模机在灵璧船闸项目成功应用后，进行了悬挑系统的改造，由原先的人工升降系统改造为自动升降系统，增加了操控室、监控系统、智能行走系统、喷淋系统等，实现了船闸移动模机的装配化、智能化、轻型化等功能。

结合引江济淮工程派河口船闸的工程情况，与船闸设计单位协同研发设计，对船闸移

动模机悬挑系统的长度、安全监控监测系统等进行了升级改造，开发出了装配化、轻量化、标准化智能船闸移动模机，实现船闸移动模机装备可拆可调功能，从而适应各类大型船闸工程复杂建造技术的需求。船闸混凝土浇筑施工环境呈现多工种交叉作业、安全风险源多、监测视觉技术有瓶颈等特点，研发出了船闸移动模机智能安全预警与风险控制系统，并在引江济淮工程派河口船闸项目中进行了应用（图2）。

图2　第三代船闸移动模机在引江济淮工程派河口船闸的应用

2. BIM技术虚拟建造

（1）周边环境及船闸移动模机建模。根据勘察资料、地形图、模机设计图纸，采用统一坐标系构建全线环境、船闸移动模机模型。建模范围为船闸边界50m范围内，将构筑物、地形（含高程）、植被、道路及附属设施等导入BIM平台，建模精度达到LOD300，该等级等同于传统施工图和深化施工图层次。此阶段模型包括业主在BIM提交标准里规定的构件属性和参数等信息，模型已经能够很好地用于成本估算以及施工协调（包括碰撞检查、施工进度计划以及可视化）（图3）。

（2）土建方案模拟。根据周边环境及船闸移动模机建模，模型细度达到施工图设计深度，指导船闸移动模机安拆、闸室墙施工、重大工程风险分析等应用，可制作3D作业指导书，提高工程施工质量。

3. 现场施工控制

（1）行走系统安装

轨道采用16b工字钢，布置在闸室底板两侧，模机行走系统由轨道、小平车、机电设备和横梁车系统构成，采用吊车安装（图4）。

图3　引江济淮工程（安徽段）BIM管理平台登录界面

图4　轨道及行走系统

（2）支撑系统及悬吊系统安装

模架系统作为支撑系统，形成整个体系的稳定骨架。整体采用箱型结构，通过螺栓连

接组成。模架立柱左右两侧对称布置，立柱分段，方便安装时根据需要调整高度，立柱之间通过框架连接。主梁之上采用拉杆组用以稳定悬臂端。模架立柱与横梁采用自制连接梁连接，利用斜撑加强。行车顶部悬挂横梁采用28b工字钢，利用法兰盘与横梁连接。模架立柱上设置丝杠支撑梁，采用20号工字钢。采用模架立柱剪刀撑进行整体加强，轻型移动模架及悬吊系统均使用吊车安装（图5）。

（3）大模板系统安装

模板加工结束后，必须在生产车间试拼，符合要求后方可运往施工现场，将单侧模板先拼接成六大块，待模机运行到指定位置后，将单块模板吊装就位，利用模板调节丝杠调整模板垂直度。电动葫芦悬吊模板后，吊车松钩，逐块拼装。最后利用横梁将模板进行整体加强，在支撑系统上把六块大模板拼装成整体钢模（图6）。

图5　支撑系统及悬吊系统　　　　　图6　大模板系统

（4）电气及智能化控制系统安装

待整体结构安装完成后，安装调整配套的电气及智能化系统，线路有预埋和后期接入两种（图7）。

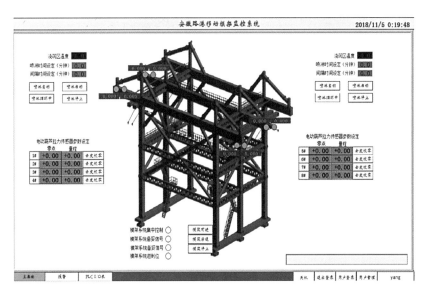

图7　电气及智能化控制系统

（5）钢筋绑扎大模板定位校准

闸室墙钢筋绑扎完成并验收通过后，通过悬吊系统移动大模板至待浇段。再利用在模架系统立柱上设置的丝杠，调整模板垂直度和模板位置；用 $\phi25$ 精轧螺纹钢拉杆，按 900mm 间距对穿模板，以调整和固定模板，防止模板移动，支立好端头、浮式系船柱等模板。

（6）混凝土浇筑及变形观测

在钢筋及模板验收完成后，运用汽车泵进行闸室墙混凝土浇筑，在每块大模板的中间及两边设模板变形监测点，安排专人密切观察和测量，发现异常现象，立即停止浇筑混凝土，待问题解决后方可继续进行。严防胀模、上浮情况发生，在开始至完成 1/3 时段，每小时记录一次观测数据，此后逐步延长记录间隔时间，直至混凝土终凝（图8）。

（7）脱模及移至下一段闸室墙

在闸室墙混凝土具有 5MPa 以上强度后脱模，必须有专人统一指挥协调施工。先松开所有钢模对拉螺栓，松动钢模板，使其完全脱离混凝土表面。按照"从上至下、两侧同步"的原则，同时回缩并缓慢松开两侧迎水面钢模调节丝杠（以免支撑系统承受较大水平推力），使模板脱离墙面较大距离。待模板安全稳定后，方可开始进行模板的外移工作。按不超过 3m/min 的速度，通过行走系统将整体大模板缓慢而稳定地移运至下一闸室墙施工段，清理模板后就位固定（图9）。

图8 混凝土浇筑　　　　　　　　　图9 将模板移至下一段闸室墙

（三）创新举措

对船闸工程建造装备技术水平及应用开展基础研究，深入安徽省及周边省份多个船闸工程进行现场调研，找出船闸建造装备可能存在的技术问题，总结出相关设备及系统集成的性能及指标，开展新一代大型船闸移动模机成套装备的研发制造。

1. 调研工程案例，梳理钢筋绑扎、螺栓孔处理、模机移动等技术问题，采用结构计算、理论分析等技术手段和方法，研发钢筋绑扎智能移动平台。

2. 采用 BIM、VR 等技术，进行船闸移动模机数字化设计研发，通过拆分设计实现构件标准化、轻量化，研究整台船闸移动模机装配化方式及组装关键工序。

3. 现场调研船闸工程混凝土浇筑的难点和技术瓶颈，研发混凝土振捣机器人，开发自动化行走定位及混凝土振捣自动可调控制系统。

4. 现场调研移动模机施工工况，明确船闸移动模机安全控制关键节点；在模机上安装无线传感器，开发适合于船闸工程环境的物联网技术，实现数据的实时收集和实时传输；建立模机智能安全预警机制，将智能船闸移动模机安全预警和风险控制系统应用于该工程的重大风险源识别与评估。验证新一代智能船闸移动模机安全预警与风险控制系统的可靠性，从而提高模机运行期间的安全性和可靠性，提升施工的智能化和信息化管理水平（图10）。

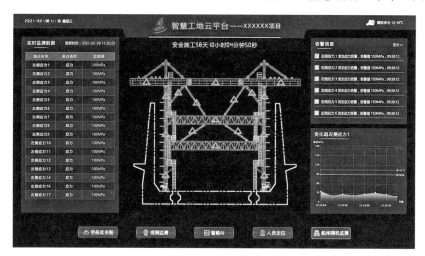

图10 智慧工地结构应力监测系统界面

在工厂对新一代大型船闸移动模机成套装备进行小试，在安徽省引江济淮工程派河口船闸等新建船闸工程中进行现场中试，并在引江济淮其他工程及港航集团所属临淮岗复线船闸等重点水运项目中进行推广示范应用。同时，结合高校、科研院所在建造装备数字化、装配化与智能化技术研究方面的优势，开展大型船闸闸室装配式智能移动模机、钢筋绑扎移动平台等装备技术开发，研发新一代船闸移动模机成套重大装备，申报安徽省内河船闸建造重大装备工程研究中心，在蚌埠建立安徽路港施工装备产研基地（图11）。

图11 安徽路港施工装备产研基地效果图

四、应用成效

（一）解决的实际问题

1. 提升了闸室墙整体质量。传统的施工技术是将多个小块模板组装成大模板进行闸室墙施工，且每段要重复组装，模板变形破坏程度随着工程进行逐渐严重，表面平整度也不满足规范要求。而船闸移动模机中的大模板系统一次安装成型，在后续闸室墙浇筑中只需要清洁模板即可，解决了模板反复安装带来的安装误差，有效保证了闸室墙表面平整度及钢筋保护层厚度，提升闸室墙整体质量。

2. 提升了BIM技术在工程中的实际应用。开工前将船闸闸室墙模型导入BIM平台验证工程量，平台工作人员根据不同模型编号准则进行审核，提高了后期工程计量效率。船闸移动模机 BIM 模型渲染成的施工安拆动画也有效指导了项目施工。

（二）应用效果及应用前景

船闸移动模机在不断升级改造，该装备有效应用于我省浍河南坪船闸、耿楼复线船闸以及新汴河航道灵璧船闸，正服务于引江济淮重大工程，可以在市政和房建工程中推广应用，产品具有良好的市场前景，有助于建筑业转型升级和持续健康发展。浍河南坪船闸是 500 吨级兼顾 1000 吨级船闸，船闸有效尺度为 200m×23m×4.0m，整个闸室墙设计共分 12 个施工段，应用第一代船闸移动模机技术，节约工期 98 天；耿楼复线船闸是 500 吨级兼顾 1000 吨级船闸，船闸有效尺度为 240m×23m×4m，整个闸室墙设计共分 15 个施工段，采用第二代船闸移动模机技术，节约工期 132 天；新汴河航道灵璧船闸是 500 吨级兼顾 1000 吨级船闸，船闸有效尺度为 240m×23m×4.5m，整个闸室墙设计共分 14 个施工段，采用第三代船闸移动模机技术，节约工期 142 天。"十四五"期间全国将投资建设上千亿元的大型船闸工程，其中仅安徽省规划船闸工程就达 20 余项，为大型船闸工程建造智能装备的研发与应用提供了广阔前景。

执笔人：
安徽省路港工程有限责任公司（苏颖、钱叶琳、余梦、过令、刘春梅）

审核专家：
袁烽（同济大学，建筑与城市规划学院副院长、教授）
宋晓刚（中国机械工业联合会，执行副会长、教授级高级工程师）

超高层住宅施工装备集成平台在重庆市御景天水项目中的应用

中建三局集团有限公司

一、基本情况

（一）案例简介

超高层住宅施工装备集成平台（以下简称"集成平台"）是中建三局集团有限公司研发的融合外防护架、伸缩雨篷、液压布料机、模板吊挂、管线喷淋、精益建造等功能的智能建造设备，具有结构轻巧、承载力大、多级防坠、施工效率高、周转性强、适用性广等特点。有利于实现高层住宅项目施工现场"工厂化"，促进高层建筑建造方式升级，目前已在重庆御景天水项目、珠海港珠澳合作创新项目中应用。

（二）申报单位简介

中建三局集团有限公司（以下简称"中建三局"）年合同额逾 6000 亿元，营业收入约 3000 亿元，公司充分发挥规划设计、投资开发、基础设施、房建总包"四位一体"优势，不断拓展建筑工业化、地下空间、水利水务、节能环保等新兴业务。

二、案例应用场景和技术产品特点

（一）技术方案要点

2005 年，中建三局在广州西塔项目研发了顶模集成平台，集材料平台、钢筋绑扎、混凝土浇筑、清理养护立体空间等功能于一体，后经多次创新，形成超高层建筑智能化集成平台。在此基础上，中建三局针对住宅项目特点，进一步进行轻量化、标准化、人性化方面的升级优化，形成超高层住宅施工装备集成平台（图 1）。

（二）关键技术及创新点

1. 可周转附墙支座。配套研发系列可周转全装配式混凝土结构附着件（图 2），由可取出预埋组件及与其配套的外部连接件组成，通过现场装配安装，可多次重复周转使用。

2. 支撑系统通用化、系列化。

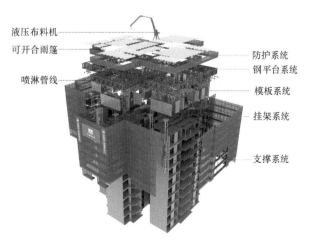

图 1　超高层住宅施工装备集成平台系统组成

（图中标注：液压布料机、可开合雨篷、喷淋管线、防护系统、钢平台系统、模板系统、挂架系统、支撑系统）

通过通用化、系列化设计，形成了60吨、100吨、150吨承载力的不同支撑系统方案（图3）。

图2　可周转附墙支座

图3　60吨承载力支撑系统方案

3. 钢平台构配件标准化。贝雷架钢平台采用标准化设计，包括主桁架十字节点、贝雷架标准节、非标准节、连接件等构件（图4）。

图4　标准化钢平台构配件

4. 支点部位混凝土龄期长强度有保障。集成平台两层支点分别位于N-2层、N-3层（N层为主体结构作业层），保证支点位置混凝土强度达到附着要求，可有效降低安全隐患。

（三）产品功能

1. 设备设施集成功能。全面利用钢平台系统，实现顶部雨篷设备、外围竖向模板、布料机整体爬升，还可将操作架、模板、施工机具、配电箱等布设于钢平台内（图5），实现同步提升，减少物料周转，节约现场劳动力20％以上。

图5　顶部钢平台设备设施集成功能

2. 安全高效顶升功能。自主研发的步履式自动顶升系统（图 6）具有结构轻巧、承载力大、多级防坠等特点，可以在 2～3 小时内完成一个结构层的顶升作业。顶升过程中，集成平台的运行数据实时反馈到控制中心，系统自动纠偏，确保设备运行安全可靠。除此之外，在集成平台受力关键部位设置应力监测装置，支撑系统采用双支座，设置双倍安全冗余，设计多级防坠及顶升导向装置，确保顶升及工作状态的安全可控。

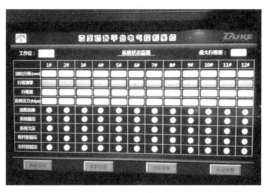

图 6　液压顶升平台电气控制系统

3. 混凝土高效布料功能。集成平台顶部集成全自动液压布料机，随平台同步顶升，实现混凝土浇筑一次性全覆盖（图 7）。

图 7　高效布料

4. 混凝土喷淋养护功能。在集成平台下弦设置喷淋、喷雾装置与工业喷雾风扇，可实现作业环境温度调节及混凝土养护（图 8）。

图 8　喷淋养护及降温喷雾系统

5. 全天候施工保障功能。设置可开合雨篷装置，并布置喷淋养护、除尘、降温管线，打造封闭式、工厂化作业环境，提升防雨、防晒，隔音降噪效果，为实现全天候作业创造条件（图9）。

图9 雨篷闭合效果

6. 精益建造。集成平台可同时覆盖5～8层（图10），把施工所需的操作架、模板、工机具、配电箱等合理布设于集成平台内，随集成平台整体同步顶升，减少物料周转，实现外立面结构、砌体、保温、抗裂砂浆、腻子、栏杆、门窗、外墙装饰等多工序的高效立体流水化作业，提升精益建造水平。未来将考虑集成建筑机器人等设备，进一步提高施工效率。

（四）应用场景

超高层住宅施工装备集成平台能广泛适用于高层、超高层住宅及公共建筑领域，未来随着集成平台功能进一步丰富，集成平台将结合钢筋集约化理念，成为与成品钢筋集中加工厂互补的"移动工厂"；集成智慧工地技术，成为项目现场的信息化管理硬件平台；集成钢筋绑扎、模板安装等建筑机器人产品，成为主体结构施工阶段的高端科技装备。

图10 集成平台覆盖多个结构层

（五）竞争优势

超高层住宅施工装备集成平台与常规采用的爬架技术相比，具有以下优势（表1）。

超高层住宅施工装备集成平台优势　　　　　　表1

功能特点	功能详述
一体化设备设施	顶部设走道、材料堆场、布料机等；中间设置控制室、泵站、水箱、配电箱等；下弦挂设模板、挂架、振捣、降温、降噪设备等
集成式高效布料	集成平台顶部集成全自动液压布料机，随平台同步顶升，实现混凝土浇筑一次性全覆盖
整体式模板悬挂	实现外墙及电梯井、采光井墙体模板整体式悬挂、整体提升，减少散拆散拼及人工倒运工作量
高质量喷淋养护	设置喷淋、喷雾装置与工业喷雾风扇，实现作业环境温度调节及混凝土养护
精益建造水平提升	外立面挂架采用吊挂式设计，可覆盖5～8个结构层，实现外立面高效立体流水化作业，提升精益建造水平
安全高效顶升	对集成平台受力关键部位设置应力监测装置，采用液压同步控制及视频监控系统，支撑系统采用双支座，设置双倍安全冗余，设计多级防坠及顶升导向装置，确保顶升及工作状态的安全可控
作业环境改善	设置可开合雨篷装置，并布置喷淋养护、除尘、降温管线，打造封闭式、工厂化作业环境

三、案例实施情况

（一）案例基本信息

重庆市御景天水项目 D20 号楼采用超高层住宅施工装备集成平台进行施工，地上 41 层，建筑高度 128.0m。D20 号楼地上部分 1 层、14 层、27 层为非标准层，其余楼层为标准层，标准层层高 3m（图 11）。

D20 号楼外墙为全混凝土外墙，墙厚 200mm，为钢筋混凝土剪力墙结构，核心筒外分为 6 户，其中南北方向各 2 户，东西方向各 1 户，标准层单层建筑面积 692.14m^2（图 12）。

图 11　重庆市御景天水项目 D20 号楼效果图

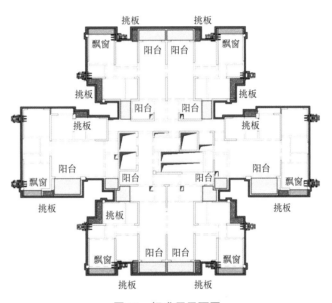

图 12　标准层平面图

（二）集成平台设计过程

本项目集成平台设计阶段综合考虑结构形式、结构层高、墙体形状、墙体刚度等因素的影响（图 13）。

1. 立面功能分区。根据项目需求，挂架设计为 8 层（图 14），实现材料堆放与作业层分开，有效解决了作业面空间狭小的问题，并且便于保证文明施工；贝雷架钢平台下方始终留空部分空间，可保证施工持续性，混凝土浇筑完成后，部分上层钢筋工程即可开始，进一步提高了施工效率。

2. 平面功能分区。贝雷架钢平台顶部除吊料洞口外均满铺花纹钢板，主要作为钢筋堆放场

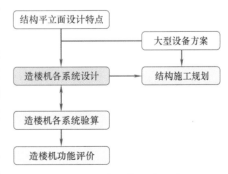

图 13　集成平台设计思路

地、钢筋二次转运场地、施工人员通道、布料机基础，同时钢结构工具箱、焊机、氧气、乙炔瓶等，以及移动卫生间、监控室、垃圾集中处理区等可以合理布置在其顶部（图15）。

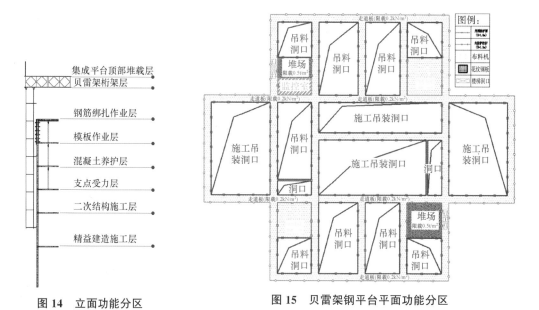

图14　立面功能分区　　　　图15　贝雷架钢平台平面功能分区

3. 支撑与顶升系统。支撑系统设计有十二组顶升机位，均匀对称布置在外墙外侧（图16），支撑点避开薄弱墙体，同时与塔式起重机、施工电梯位置协调。

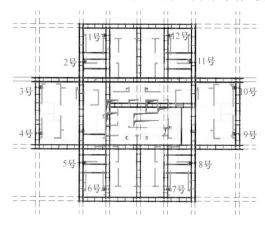

图16　支撑与顶升系统平面布置

4. 钢平台系统。贝雷架桁架采用平面桁架结构，布置间距及尺寸根据剪力墙特点、支撑点位置以及功能要求进行合理布局，确保荷载传递形式清晰明确（图17）。

5. 挂架系统。挂架系统总高度为17.23m，按照8层进行设置，各层高度根据需要设置（图18）。上部第一层主要为人员安全通道及电线电缆布置路线通道；第二、三层为钢筋绑扎；第四层为整理模板、合模工作的操作架；第五层为模板拆除、模板清理工作的操作架；第六、七层为预埋件清理、已浇混凝土养护、兜底防护等工作的操作架；第八层为精益建造施工的操作架，满足楼板施工防护需要。挂架各层之间设置钢爬梯。

（三）集成平台安装过程

本项目集成平台自地上2层开始安装，自第3层结构混凝土浇筑开始使用，随后逐层向上顶升，完成第8层结构后安装施工电梯。集成平台每顶升5层，塔式起重机相应的附着爬升一次，进而集成平台与塔式起重机协同交替向上，经过38次顶升，直到结构浇筑至第41层（标高125.6m）后，拆除集成平台（图19）。

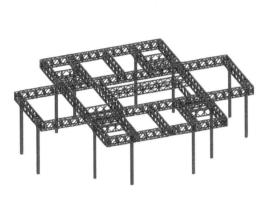

图 17 贝雷架平台系统整体三维示意图

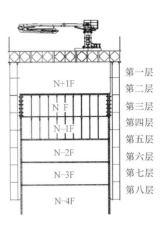

图 18 挂架系统立面示意图

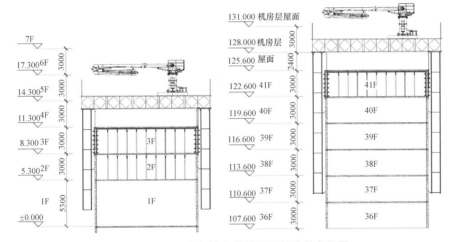

图 19 集成平台初始安装位置及拆除状态位置

（四）集成平台运行流程

集成平台运行包含初始状态、顶升状态、提升状态等基本状态。基本流程如下：初始状态→顶升状态→提升状态→进入下一个循环（图 20）。

（五）集成平台穿插作业流程（表 2）

四、应用成效

（一）解决的实际问题

高层建筑施工面临着垂直运输效率低、设备布置难度大、流水施工协同差、安全保障程度低等问题，随着市场竞争的不断加剧、劳动

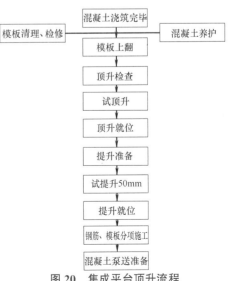

图 20 集成平台顶升流程

力成本的大幅上升、节能减排要求的不断提高,传统高层建筑施工技术亟待革新升级。中建三局在顶模平台基础上进行轻量化、标准化创新,研发了超高层住宅施工装备集成平台有效提升了现场施工效率与工程质量,明显降低了安全隐患,创造了良好的作业环境,为行业提供了可供参考借鉴的解决方案。

集成平台与主体结构穿插施工作业流程　　　　　　　　　　表 2

阶段一:初始状态 作业内容:N 层顶板、N 层竖向混凝土浇筑	阶段二:竖向拆模 作业内容:N 层竖向模板、N−2 层支架拆除
阶段三:顶升模架 作业内容:模架顶升一个结构层,N−2 层支架拆除	阶段四:竖向钢筋绑扎 作业内容:测量放线(混凝土浇筑完毕 12h 后),N+1 层竖向钢筋绑扎、验收
阶段五:竖向模板合模 作业内容:N+1 层竖向钢筋合模,N−2 层支架倒运,N+1 层部分立杆支设	阶段六:水平模板拆除与铺设 作业内容:N+1 层立杆支设,N 层顶板水平模板拆除与倒运,N+1 层顶板水平模板铺设
阶段七:梁、板钢筋绑扎 作业内容:N+1 层顶板梁、板钢筋绑扎、线盒埋设	阶段八:管线预留预埋 作业内容:管线预留预埋
阶段九:钢筋验收 作业内容:N+1 层顶板板面钢筋绑扎及验收	阶段十:混凝土浇筑 作业内容:N+1 层顶板、竖向混凝土浇筑

(二) 应用效果

御景天水项目 D20 号楼采用超高层住宅施工装备集成平台进行施工,D22 号楼采用传统爬架施工,两栋楼结构形式相同,楼层数量相近(图 21)。

图 21　D20 号楼(集成平台)与 D22 号楼(爬架)

1. 工期效益。相比使用传统爬架施工的 D22 号楼,使用超高层住宅施工装备集成平台施工的 D20 号楼平均每层可节约 1 天时间,由于实现模板整体式悬挂提升、两台布料机同时浇筑,降低了工人劳动强度,缩短了工序施工时间,集成平台在模板拼装和混凝土浇筑两道工序中提效最为明显（表3）。

工期对比分析表　　　　表3

对比分析项	超高层住宅施工装备集成平台	爬架施工
安装耗时	相较爬架施工 增加8天左右	整体拼装影响工期3～5天
提升耗时	80～90分钟	平均6个小时
模板安装	节约3～4小时	常规作业时间
混凝土浇筑	节约7～8小时	14～16个小时
恶劣天气影响	小雨天气、中雨天气不受影响 能有效增加高温天气作业时间	雨季、高温天气对现场施工作业影响较大

注：集成平台相对爬架施工，平均每层楼节约1天时间。

2. 安全效益。采用常规爬架施工时，易出现架体混乱、临边洞口、电线杂乱、架体分散等问题（图22）。而超高层住宅施工装备集成平台规避了上述问题，稳定性更好，安全风险远低于爬架施工（表4）。

图22　爬架施工典型安全隐患

集成平台与爬架施工安全效益分析　　　　表4

安全隐患	D20号楼	D22号楼
冒顶作业	永不冒顶	抢工时出现冒顶现象
提升时架体坠落	三级防坠	整体性差，分片提升
露天作业中暑	雨篷遮阳，喷淋降温	作业与防暑矛盾
电箱电线外露，发生触电危险	电器位于集成平台顶部，更受保护；工人一般不在此作业	结构层尖锐物品容易破坏电线保护层，造成漏电
塔式起重机司机攀爬时坠落	在集成平台顶部集成塔式起重机上人通道，缩短塔式起重机司机攀爬距离	塔式起重机司机需要攀爬至少20m
布料机转位坠落伤人	两台固定布料机覆盖所有工作面，不需要转运	浇筑400m³需要转位3次
吊篮施工，高坠风险	外保温工人利用集成平台挂架施工，且没有挂座缺口	外保温工人利用爬架施工，但挂座缺口需要后做
架体堆载其他材料	承载量大，可堆载部分材料	有一定承载量，可堆载少数材料
卸料平台出架体开口，临边隐患	利用采光井设置掉料平台，无临边高坠隐患	卸料平台处临边高坠风险极大

3. 质量效益。相比爬架施工方案，一是布料机设置在钢平台上，不与结构作业面直接接触，避免扰动与破坏预埋管线；二是通过悬挂大模板，外墙模板随集成平台节节提升，减少散拆散拼，提高墙面成型质量，间接缩短修补时间或免除修补，同时不占用楼地面空间，提供更大工作面；三是无附墙支座缺口，保温施工可以一次完成，外立面平整、整洁，连续性较好（图23～图25）。

图 23　液压布料机遥控浇筑

图 24　大模板整体吊挂，减少散拆散拼

4. 环境效益。利用钢平台系统、喷淋养护系统、雨篷，可打造出工厂化作业环境，可将施工产生的噪音降低 20 分贝，有效实现降尘，同时布料机、配电箱等可集成到钢平台，作业面更加清爽、方便（图 26～图 28）。

图 25　外立面整体性好

图 26　施工降噪效果

图 27　喷淋降尘效果

图 28　工厂化作业环境

撰稿人：

中建三局集团有限公司（朱海军、王磊、刘汉文、刘恒、檀小辉）

审稿专家：

袁烽（同济大学，建筑与城市规划学院副院长、教授）

宋晓刚（中国机械工业联合会，执行副会长、教授级高级工程师）

大疆航测无人机在土石方工程测量和施工现场管理中的应用

深圳市大疆创新科技有限公司

一、基本情况

(一) 案例简介

深圳市大鹏新区人民医院项目采用了深圳市大疆创新科技有限公司的无人机一站式航测解决方案，实现施工现场数据全流程自动化采集与查看。该项目通过在工地区域部署无人机值守机场，自动控制无人机在工地现场执行航线任务并采集数据，在上传至深圳市工务署成果信息管理平台后自动开启模型重建任务，构建了高精度二维正射影像与三维实景模型。项目通过在线化的工程数据依托实景模型，实现了土方量快速计算与分析、工程进度动态查看与对比，可以无死角掌握项目现场信息，从而提升了项目进度精细化管理水平，提高了多方沟通效率，降低了项目建造成本。

(二) 申报单位简介

深圳市大疆创新科技有限公司（以下简称"大疆公司"）于 2006 年成立，从事无人机系统、影像系统等研发，现已广泛应用于测绘、工程、新闻、影视、农业、消防、救援、能源、安防、林业、野生动物保护等领域。大疆公司的行业应用为政府、公共事业机构及企业客户提供无人机飞行平台、多样传感器载荷、专业软件、售后服务及飞行培训一体化的解决方案与定制服务。

二、案例应用场景和技术产品特点

(一) 技术方案要点

无人机倾斜摄影技术作为当前国际测绘遥感领域中新兴发展的一项技术，其实质是在同一飞行平台上搭载多个传感器，同时从垂直、倾斜等多个角度对地物进行拍摄，使得获取的地物信息更完整、更全面。其中，以垂直于地表水平面的角度对地物拍摄获取的影像为正片，以倾斜角度（即传感器与地面的水平线成一定的角度）对地物拍摄获取的影像称为斜片。影像数据被传入计算机系统以后，经过专门软件的处理，即可建立三维模型。

1. 技术基础。无人机倾斜摄影技术由数据采集系统、数据处理系统组成。其中数据采集系统是指获取生产三维实景模型所需外业数据的主要软硬件设施（图 1），主要包括无人机、GPS（全球定位系统）、无人机操控系统和航线规划软件。数据处理系统主要是指用于无人机三维建模的数据处理软件，包括大疆智图、ContextCapture、Metashape、Pix4Dmapper 等。

2. 无人机值守机场。无人机值守机场，也称无人机自动机场（图 2），具备无人机自

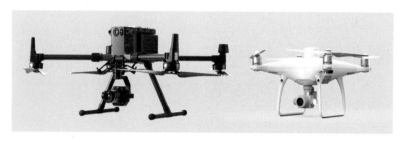

图 1　硬件设施

图 2　小型无人机值守机场

动存储以及放飞回收、充电功能,可将无人机直接部署到作业现场,解决人工携带无人机通勤的问题。不工作时,无人机在自动机场内待机;工作时,机场舱门打开,升降平台上升至顶部,无人机自动起飞,按照既定巡检线路自动飞行。由于无人机值守机场具备远程执行飞行任务、自动采集、自动充电管理等功能,可实现每日执行多次任务、辅助工程现场的安全文明施工检查以及工程进度的实时更新。

　　3. 工作流程。利用无人机倾斜摄影技术构建三维实景模型的工作流程(图3),主要包括飞行前准备、倾斜影像数据采集和倾斜影像数据处理等几大步骤。

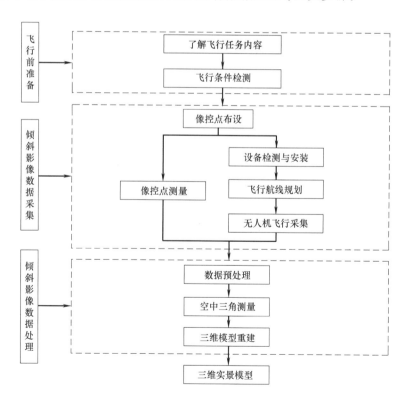

图 3　三维实景模型构建技术流程

（二）技术创新点

1. 项目模型宏观微观综合呈现。将无人机生成的高精度全视角实景三维模型与 BIM 模型、CAD 图纸、GIS 模型等数据融合，构建"地形＋影像＋模型＋矢量"宏观微观一体化三维空间场景，实现工程概貌全视角展示，形象进度互动式体验、工程数据场景式查看。

2. 工程进度对比与展示。通过无人机倾斜摄影全景照片解决传统进度管理中颗粒度粗糙、进度量化比对不完善等工程管理问题，配合洞察云平台，直观地展示施工现场的真实进度情况，高效、便捷地进行形象进度管理。同时，通过对影像数据处理生成的不同时间段施工现场三维实景模型，配合测量、分析及标注功能，提高工程管理中多方沟通进度的效率。

3. 在线土方测量辅助算量。不同于正射影像只能竖直向下观察目标的特性，通过倾斜摄影技术建立的三维模型具有实物的完全尺寸特征，可以从任意角度对目标进行测量、分析。将倾斜摄影与 RTK（实时动态载波相位差分技术）定位有效结合，通过对原始地形信息进行多视影像联合平差、多视影像关键匹配等数据加工，实现场地平整，路基开挖及填筑土方量的快速精确化计算，与传统人工土方测量相比，可提高土方测量效率，减少人工测量造成的误差，数据客观，可作为土方测量的一个辅助验证手段。

4. 安全文明施工预警预测。智能空中巡检项目的质量和安全管理问题，辅助作业规范、事故定责与回溯，测量建筑实体影像的高度、角度、坡度等参数，实现问题查看、分析、对比一体化监测，助力项目现场常态化、全方位无死角管控。可用于安全文明施工巡检，对施工过程中的状态、行为进行巡检管理，如对裸土覆盖、围板、塔式起重机等重点位置进行监控管理，弥补摄像头监控盲区，对于重点施工隐患区域及时推送预警信息。

（三）应用场景

无人机倾斜摄影技术结合无人值守机场可进行土方测量、形象进度查看、空中巡检，适用于建筑全生命周期各环节阶段。

（四）与国内外同类先进技术的比较和市场应用总体情况

1. 海外市场

Skycatch 是 2016 年成立的基于无人机的 SaaS 数据服务提供商，为建筑及数字矿山客户提供便捷的工程测量、分析、可视化服务，目前仅提供 SaaS 云产品，不提供实施服务。Aerodyne 是一家综合解决方案提供商，提供"SaaS＋本地服务"商业模式，产品覆盖电力、精准农业、物流多个领域，可以提供从解决方案、云管平台到技术等全链条服务。

2. 国内市场

奇志动联于 2015 年成立，2017 年开始转做建筑方向的无人机技术服务，具备业务流量以及实践场景。因诺科技于 2015 年成立，2019 年着手启动信息化平台研发，深耕管道巡检垂直细分领域，在商务端有先发优势。

（五）大疆航测解决方案优势

大疆行业应用部以"重塑生产力"为使命，致力于为政府、公共事业机构及企业客户提供无人机飞行平台、多样化载荷、专业软件、售后服务及飞行培训一体化的解决方案。其中大疆航测解决方案提供一体化飞行平台、网络 RTK 及云 PPK（动态后处理差分技术）解算的厘米级导航定位服务、高效智能的大疆智图建模软件，已成功应用于测绘、能源、建筑、基础设施巡检、公共安全等 20 多个细分行业。

同时，大疆与深圳市奇航疆域技术有限公司（以下简称"奇航"）开展深入合作，基于智能硬件巡检学习多源融合模型算法，突破了传统基于图像的单一维度的识别分析算法，将图像、视频、工程模型、业务数据、IoT（物联网）传感器数据进行多重融合比对分析，为客户提供更精准的运维诊断，并且经过升级迭代，可以完成运维状态的预测与评估。

三、案例实施情况

（一）案例基本信息

深圳市大鹏新区人民医院（以下简称"大鹏医院"）位于广东省深圳市大鹏新区葵涌街道葵新社区，总建筑面积 41.7 万 m^2，建筑高度 80.25m，地上最大层数 16 层，地下 2 层。规划建筑为 1 栋裙楼、2 栋塔楼，床位 2000 张，内设住院楼、康复中心、门诊医技楼、行政楼、宿舍楼、报告厅、科研楼以及地下室等。

（二）现场踏勘与航线规划验证

1. 项目信息收集与入库。针对项目位置、范围线、坐标信息等自然地理信息进行初步收集，借助地理信息工具进行远程的项目地调，为硬件、设备、网络施工进场做好前期准备工作。

2. 现场踏勘。项目工程师到达现场后，针对地形范围线、采集区域进行实地踏勘，聚焦于地形、部署地点、限制飞行条件等方面。针对地形进行必要的原始数据采集，以便进行自动化采集流程的规范设计。

3. 航线规划与验证。经评估，在踏勘现场符合需求的前提下，工程师进行施工进场方案、飞行线路、网电等方案的设计和模拟踏勘，确保硬件进场的可行性，并且以书面形式提供项目方评定审核，确认后方可执行。

图 4　固定机场现场安装效果示意图

4. 飞行许可报备。项目工程师在进场前进行项目位置查询，对存在的禁飞区域进行报备飞行申请。

（三）固定机场安装

现场系统实施需要对现场条件进行详细踏勘。在保障现场具备物料运输条件、物料装卸条件、确认机场的安装位置的前提下，再根据设计要求进行机场硬软件系统、通信系统和供电系统的安装。实现从机场系统部署、场地部署、供电系统部署、机场本体与桅杆整体部署到管控平台部署（图 4）。

（四）成果处理

大疆智图是一款提供自主航线规划、飞行航拍、二维正射影像与三维模型重建的计算机应用软件，可智能、高效地输出厘米级实景二维、三维模型，建模效率是市面主流软件的 5~10 倍。

洞察信息化平台（图5）是由奇航自主研发的自动化的数据上传、处理、呈现及管理的综合性信息化平台，清晰明了的多任务管理系统，可以快速地定位及查看相应的数据，并进行数据分析、调阅及查看。开放的API接口（应用程序接口）可以便捷地将数据接入到对应的数据信息化平台中。

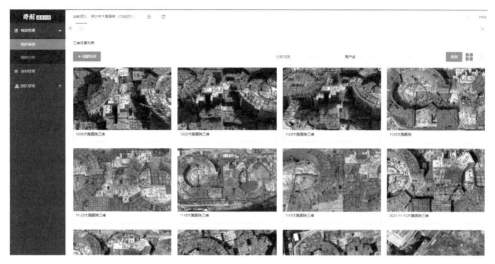

图5 洞察信息化平台

大鹏医院三维模型成果可以在平台中查看、分析及分享（图6）。

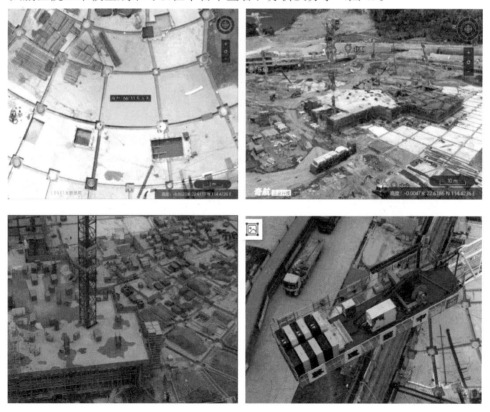

图6 大鹏医院三维模型

由于无人机倾斜摄影技术可以采集精确的建筑物侧面纹理，且重建的高精度三维模型能够嵌入准确的地理信息，因此可以利用"工具箱"内距离、面积、可视域分析等功能（图7），快速对模型进行技术测量和分析。

图7 平台工具箱展示

此外，平台还可以通过标注将地块分为不同的功能区域（图8），方便辨识及查看，同时也可以将部分地块进行置平工作。

图8 平台标注功能展示

四、应用成效

（一）解决的问题

无人机倾斜摄影技术结合自动值守机场在工程项目管理上的应用，充分运用了信息化和可视化的方法，不仅能够有效解决施工现场数据获取速度慢、周期长、人工成本高、受场景局限影响等问题，而且对施工过程中施工方案的顺利实施、施工现场各工序的有效推进、施工现场动态安全监控、施工过程档案资料数字化存储提供了重要的技术方法保障。

1. 自动采集现场数据。打破传统无人机单一、复杂、低时效的使用问题，通过远程控制机场、自动航线、云推送任务等功能，实现项目现场一键采集倾斜摄影影像、全景影像、视频并自动化处理，在提高原有进度信息丰富度的基础上，大大减少了项目现场操作的工作量。

2. 云计算提高模型重建时效。充分利用云计算的技术优势，将无人机采集到的综合数据与集群云服务的强大计算力相结合，最大实现 5000GFLOPs 的浮点精度运算，做到当天采集，当天便能查看数据成果。

3. 可视化成果数据立体交互呈现。在高效采集的基础上，实现"模型＋影像＋地形＋矢量"的融合，现场项目数据不仅可以在真实三维空间进行实景查看，在线化的数据信息可以实景模型为承载，查看各种工程数据。如文明安全施工预警、方量测量在线分析等，实现查看、分析、对比一体化，全面掌握项目现场信息。

4. 模型成果创新轻量化分享。快速实现 TB 级别三维 GIS 数据服务，使用轻量化分享功能，一键分享成果数据，手机、电脑等多个终端均可同时查看，大大降低使用与沟通成本，满足项目参建各方快速查看项目实时信息的需求。

（二）应用效果

1. 土方工程测量。相对于人工测量，标高点提取数量多 7 倍，方量准确度最高提高 15%，投标阶段使用可有效提高施工成本预估准确性，基坑施工阶段以此方量结果结算，相对于人工测量结算，平均节约 10% 的成本。

2. 形象进度管理。使用大疆—奇航一站式航测解决方案，可节约乙方、监理方 20% 的人员，节约人员费用 30 万元/年。通过节点安全文明施工检查，提前发现、排查多处施工隐患，预估节约工时 10 余天，停工成本约 20 万元/天。甲方单位通过平台可以实时查看施工进度，节约甲方管理人员 30% 的工时，节约人员费用 40 万元/年。

执笔人：
深圳市大疆创新科技有限公司（李焕婷）

审核专家：
袁烽（同济大学，建筑与城市规划学院副院长、教授）
宋晓刚（中国机械工业联合会，执行副会长、教授级高级工程师）

建筑机器人在广东省佛山市凤桐花园
项目的应用

广东博智林机器人有限公司

一、基本情况

（一）案例简介

广东省佛山市凤桐花园项目应用了广东博智林机器人有限公司（以下简称"博智林"）研发的多款建筑机器人，探索了建筑机器人在主体结构、二次结构、室内装修、室外工程等环节的工程实践。通过采用基于 BIM 技术的施工策划、智慧工地管控系统及自动计划排程系统，项目较好发挥了机器人施工效率高、工序配合更紧密等高效作业优势，在提高施工效率、减少用工、减少环境污染等方面取得了一定成效。

（二）单位简介

广东博智林机器人有限公司成立于 2018 年 7 月，聚焦建筑机器人、智能工程设备以及新型建筑工业化产品的研发、生产与应用。公司现有在研建筑机器人近 50 款，30 多款投放工地测试应用，18 款投入商业化应用，4 款进入租售环节。截至 2021 年 10 月，公司已有效申请专利 3281 件，获授权 1431 件。

二、案例应用场景及技术产品特点

（一）产品方案要点

博智林的建筑机器人主要由运动底盘、工艺上装机构、定位导航、动力驱动、调度及控制单元五大部分组成，综合运用多种不同类型的执行机构、融合了多种定位导航及避障技术、不同的网络通信方式和不同的动力源等，以适应不同的施工工艺和场景环境，寻求高效、低成本、高柔性度之间的最佳平衡。

建筑机器人的研发是多学科、跨行业的融合与挑战；多机器人的联合作业又是更高维度的集成和运用，不仅仅对建筑机器人本体的标准化、可靠性提出了要求，对施工环境、物流通道、物资配给、辅助装置等也提出了新的要求和挑战。所以，建筑机器人的研发不仅仅只是研发一款工具，而是一个大系统的研发。

（二）关键技术难点及创新点

通过自主研发的移动底盘、定位导航技术、BROS 操作系统、各种工艺上装机构、关键的核心部件和传感器部件等，初步解决了目前工业部件直接组装所面临的底盘稳定性差、导航定位精度低、环境适应性低、运动部件可靠性低及关键技术参数无法达标等问题。

项目团队通过深入研究材料特性、工艺参数、环境因素及人体施工模型，运用 AI 及其他先进的检验、测试手段，较为完整的复刻了施工工艺的数字化，进而转化为机器人施工工艺程序和工艺参数。通过参数匹配和自主学习，自主优化作业路径和作业过程参数，达到最佳的施工质量。

这些共性的创新技术包含但不限于激光及视觉定位导航技术、自扫图、自建图和自我路径规划、建筑数字虚拟仿真系统、建筑环境下自适应底盘技术、多机器人调度系统、卫星与惯性组合导航、基于视觉及超声波的自动避障和绕障技术、视觉处理共享内存技术、分布式实时机器人系统。

（三）产品特点

项目应用BIM技术，前期进行整体策划部署，建筑机器人科学工序排布，多系统、多维度、多线条穿插作业。在BIM地图引导下可实现自动施工作业、转场和回库维护等功能，使整个机器人"施工队伍"劳动力高效投入，有效减少项目的工期空档和资源消耗，展现工业化和数字化时代的新型施工工地（图1）。

图1　建筑机器人产品

1. 混凝土施工类机器人

智能随动布料机结合地面整平机器人实现完全无人化布料整平作业；地面整平机器人、地面抹平及地库抹光机器人的组合使用，借助激光水平仪作为高精度标高体系，实现混凝土成型面的高质量要求，稍加打磨修整即可达到高精度地面要求，直接进行地砖薄贴和木地板铺设。

2. 混凝土修整类机器人

解决了过程作业中劳动强度大、粉尘和噪声污染严重等问题，效率是人工作业的2倍以上，粉尘量降低10倍以上，噪声降低10dB左右，打磨效果一致性好，与人工打磨相比墙体极差有明显改善（图2）。

3. 墙面装修类机器人

根据规划路径可实现自动行驶，自动完成喷涂作业。与传统人工施工相比，机器人能

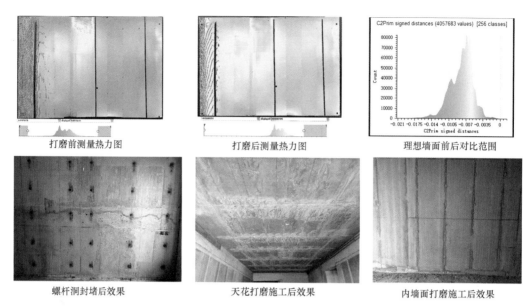

图 2　混凝土修整类产品的人机对比及机器人施工效果

长时间连续作业，从而提高作业效率，降低施工成本，同时极大减少了作业过程中有害粉尘和挥发物对人体的伤害。

4. 外墙施工类机器人

用于建筑外墙装饰工程施工，通过代替人工施工，大大提高了施工效率，提高涂装质量，降低了高空作业风险。

5. 地坪施工类机器人

可结合设计要求选择不同的地库地面地坪工艺，具有质量优、效率高的特点，可实现的工艺除原浆收光外，也可实现金刚砂耐磨地面、密封固化剂地坪以及地坪漆涂敷地坪等。机器人自带吸尘系统，减少了施工过程环境污染。

（四）应用场景

除了传统的住宅建筑外，还可以应用于大型工厂、交通枢纽工程、大型体育场馆和商业建筑等场景。

三、案例实施情况

（一）案例基本情况

凤桐花园项目位于广东省佛山市顺德机器人谷，总用地面积 $41966m^2$，总建筑面积 $137617m^2$，共 8 栋 17～32 层高层建筑，最大建筑高度 98.35m，分两期建设，其中住宅面积 $104196m^2$，商业面积 $5000m^2$。目前，项目已进入主体结构施工阶段，工程进展顺利（图3）。

图 3　凤桐花园项目

（二）应用过程

1. 设计阶段

为更好地发挥建筑机器人的优势，前期与设计院深度协同，机器人产品参数数据同步，在结构设计的预留预埋、高精度地面的标高体系变更、荷载校核、通过性审核、降板优化等方面提高了机器人施工效率和覆盖率。项目从设计阶段就启用 BIM 正向设计，投标阶段就导入机器人施工的一些特殊要求，为机器人导航系统提供 BIM 模型信息，并做了适配性的设计优化。

2. 施工阶段

产品应用团队完成了建筑机器人从个体试验到成规模、成体系穿插作业的验证。相较于传统的施工流程，建筑机器人需要做好适配的施工策划、智慧工地管控系统及自动计划排程系统的导入，更好的发挥机器人施工效率高、工序配合更紧密等高效作业优势。

（1）混凝土施工类机器人

作业流程如图 4 所示，需要完成前置工作条件的验收（包括钢筋绑扎质量、预埋件、降板高度、清洗水源、网络信号、塔式起重机吊装能力、混凝土坍落度、环境条件包括辐射强度、温度和湿度等），然后进行施工相关机器人的吊装、安装调试准备，安装布料机、激光发射器、适配尺寸的振捣板、标高标定、创建作业范围及起始位置、机器人开始作业（布料、整平、抹平、抹光）、机器人及时清洗、退场入库。

图 4　混凝土施工类机器人作业流程图

各环节工序之间，需借助相关工具或仪器，掌握机器人入场时机，以便达到最佳的作业效果。作业完毕后，机器人需及时清理作业时粘接的混凝土，避免对机器人后续作业造成影响。具体项目可以选配不同尺寸的布料机、整平抹平的作业模组，以提升作业效率。

（2）混凝土修整类机器人

螺杆洞封堵机器人封堵孔洞约 21115 个，综合效率为 102 个/时，约为人工作业效率的 2 倍。作业前对前置条件、作业区域和导航原点进行确认，装载物料进场作业，完成后通过质量验收，清理场地并退出，产品可实现自动和手动作业模式的切换，具有较高的灵活度。

也可结合测量机器人，自动完成建筑施工点、建筑缺陷扫描，利用多机器人调度系统，实现一人多机操作，依据作业条件及工序不同，可匹配一人三机（螺杆洞封堵、内墙面打磨和天花打磨机器人）联动作业（图5）。

图5　混凝土修整类机器人作业现场

（3）墙面装修类机器人

墙面装修类机器人主要有腻子涂敷机器人、腻子打磨机器人、室内喷涂机器人和墙纸铺贴机器人，涂料工艺和传统人工大致相同（图6），部分基层目前需要人工处理，由机器人完成腻子涂敷打磨、1底2面的涂漆工艺，大面积采取机器人喷涂作业、小面积采取人工涂刷或者辊涂作业。

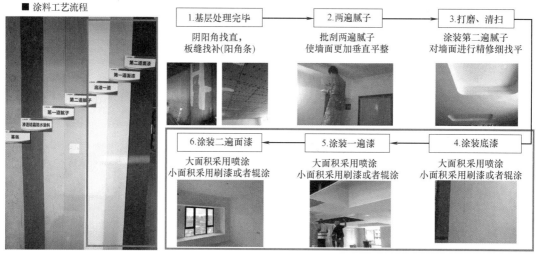

图6　墙面装修类机器人作业流程1

腻子涂敷机器人目前单遍涂敷综合工效 $62m^2/h$，单机24小时可施工 $650\sim750m^2$，喷涂作业净功效约为 $150m^2/h$，作业覆盖率超94.5%，并可实现单机3班24小时施工 $2200\sim3200m^2$，其典型作业流程如图7所示。

墙纸铺贴工效 $25.8m^2/h$，为传统人工的3.5倍。一般户型覆盖率可以达到60%以

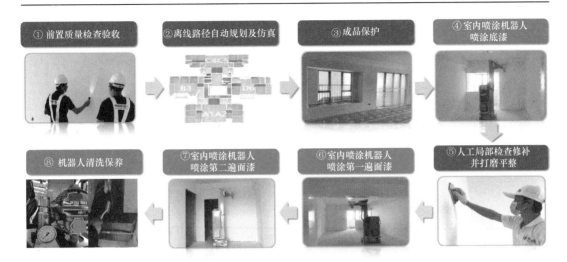

图 7　墙面装修类机器人作业流程 2

上，部分可以做到 80％以上。

（4）外墙施工类机器人

项目塔式起重机拆除前，可以选择卷扬式外墙喷涂机器人作业。作业前需对喷涂区域的门窗、护栏等做保护处理，根据外墙设计作业路径并启动作业，作业质量验收合格后完成机器人清洗并退场（图 8）。

图 8　外墙施工类机器人作业流程

施工前需要对作业面进行划分（图9），并规划作业路径（图10）。

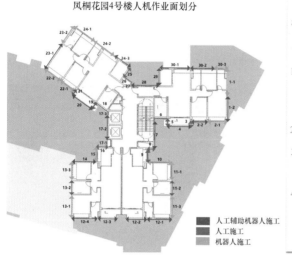

凤桐花园4号楼人机作业面划分

机器人场地要求与人工吊篮基本一致。

机器人使用主要限制如下：

1.对主体立面造型、屋面结构有一定要求

 (1)净空不足；(2)飘板或悬挑结构；

 (3)墙身落脚空间不足；(4)首层落脚空间不足。

2.喷涂机器人现场用电需求高于人工吊篮

3.若选用卷扬式喷涂机器人，悬挂总成进、退场需要通过塔式起重机进行垂直运输

4.部分工序与部位需要人工完成

 (1)阴角内侧；(2)施工面最底端1.5米；(3)窗边修复；

 (4)精准分色；(5)分格缝施工；(6)拆除保护。

■ 人工辅助机器人施工
■ 人工施工
■ 机器人施工

图9　作业面划分

机器人设备需求数量估算依据：

1.外墙工程总工期

工期越短，设备周转次数越少，设备需求数量越大。

2.划分的人机作业面数量

主体建筑面积越大、轮廓越复杂，划分作业面越多，设备需求数量越大。

3.是否提供夜间作业赶工

若能夜间作业赶工，将提高机器人单日作业时间，从而缩短工期或减少设备需求量。

4.是否能实现合理的人机作业流水

合理的作业流水，能提高工作效率，实现工序无缝衔接，从而缩短工期或减少设备需求量。

■ 爬升式机器人1号
■ 爬升式机器人2号
■ 爬升式机器人3号
■ 数字为机器人施工轮转次

凤桐花园4号楼机器人施工流水示意图

图10　施工流水示意图

（5）地坪施工类机器人

主要有地坪研磨机器人、地坪漆涂敷机器人和地库车位划线机器人，可完成密封固化剂地坪、金刚砂地坪和环氧地坪漆地坪施工作业。

地坪研磨机器人是目前采取市电供电的两款产品之一，作业前需要对地面进行裸露钢筋的排查和供电条件的准备。机器人作业具备自动路径规划和导航、自主避障、自动收放线、自动吸尘和监控集尘重量等功能，真正做到高效、环保施工，极大地降低了对作业人员的职业伤害（图11）。

| 基层清理 | 开机点检 | 对图 | 下发路径 | 自动作业 |

| 收尾退场 | 细磨地面 | 中磨地面 | 喷涂固化剂 | 粗磨地面 |

图 11　地坪施工类机器人作业流程 1

　　地坪漆涂敷机器人解决的是 VOC 危害人体健康这一痛点。传统作业模式下，项目交付使用前地下车库未开启通风，油漆施工积累的 VOC 很长时间都难以消散，即便工人佩戴了防护面罩还是会受到不同程度的有害物质的伤害，而无人化作业的机器人就可以彻底解决这一问题。博智林研发的这款产品其效率是人工施工的 3 倍以上，具有极高的经济效益。两者工作对比如图 12 所示。

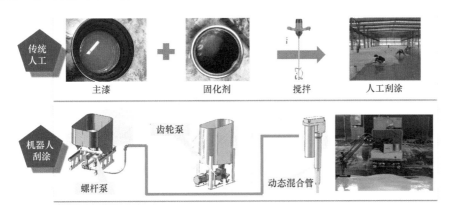

图 12　地坪施工类人机作业流程对比

　　地坪漆涂敷的各涂层施工的时间间隔大于 8 小时。作业前需要对前置工作面进行核查和处理。依据不同的工艺选择备料，添加涂料后下发作业路径、启动作业，作业完毕后对机器进行清洗，在固化之前对管路进行清理。对比底漆用料，机器人比人工节省 28％；工作效率约为人工的 2 倍（图 13）。

　　地库车位划线机器人可以完成单车位、双车位、三车位、子母车位、车道线和车中线的喷涂作业。在项目中自动作业覆盖率 98.33％，车位工效 10.5 个/时。

四、应用成效

　　目前，博智林在凤桐花园成规模商用的机器人有 18 款，总计投入工地试用的机器人达 46 款。这些产品的整体应用情况如表 1 所示，具体的应用效果按具体的施工工序进行介绍。

图 13　地坪施工类机器人作业流程 2

在凤桐花园项目中使用的机器人情况　　　　　　　　表 1

产品名称	工作效率	覆盖率	成本	环保优势	劳动强度	质量
智能随动布料机	高	100%	略优	无	低	提升
地面整平机器人	高	≥85%	持平	无	低	提升
地面抹平机器人	中	≥90%	优	无	低	提升
地库抹光机器人	中	≥90%	持平	无	低	持平
螺杆洞封堵机器人	高	≥70%	略优	降低耗材	低	提升
天花打磨机器人	持平	≥90%	低	低噪声、无粉尘	低	提升
内墙面打磨机器人	高	≥50%	优	低噪声、无粉尘	低	提升
腻子涂敷机器人	高	≥90%	优	低耗材	低	提升
腻子打磨机器人	高	≥70%	优	无粉尘	低	提升
室内喷涂机器人	高	≥96%	优	低耗材、无污染	低	提升
墙纸铺贴机器人	高	≥75%	略高	无	低	提升
外墙喷涂机器人	高	≥98%	优	无高空作业危险	低	提升
外墙多彩漆喷涂机器人	高	≥98%	优	无高空作业危险	低	提升
地坪研磨机器人	高	≥99%	优	无粉尘污染	低	提升
地坪漆涂敷机器人	高	≥95%	优	无 VOC 污染	低	提升
地库车位划线机器人	高	—	优	无 VOC 污染	低	提升
地库喷涂机器人	高	≥98%	优	无 VOC 污染	低	提升

1. 作业场景图片展示（图 14）

2. 作业效果对比展示

（1）混凝土施工产品组合

施工面积：智能随动布料机完成 63955m²，地面整平机器人完成 249337m²，地面抹平机器人完成 27904m²，地库抹光机器人完成 9040m²，作业效果如图 15 所示。

（2）混凝土修整产品组合

螺杆洞封堵机器人完成 101040 个螺杆洞封堵，天花打磨机器人完成 110971m²，内墙面打磨机器人完成 42477m²，作业效果如图 16 所示。

智能随动布料机

地库抹光机器人

地面抹平机器人

地面整平机器人

地坪研磨机器人

螺杆洞封堵机器人

天花打磨机器人

内墙面打磨机器人

腻子涂敷机器人

地库喷涂机器人

腻子打磨机器人

室内喷涂机器人

图 14　机器人施工现场

混凝土布料和整平

混凝土抹平和抹光

免找平直接铺设木地板

图 15　混凝土施工类机器人施工情况

螺杆洞封堵后效果

天花打磨施工后效果

内墙面打磨施工后效果

图 16　混凝土修整类机器人施工情况

（3）墙面装修产品组合

室内喷涂机器人作业面积超 25 万 m^2，腻子涂敷、打磨机器人完成 13 万 m^2，地下车库喷涂机器人完成 6.6 万 m^2，墙纸铺贴机器人完成超 1.2 万 m^2，作业效果如图 17～图 19 所示。

类别	内容
机器人数量	1台
施工区域	凤桐花园 15、16、6-2、18区地库
施工工艺	乳胶漆
覆盖率	100%
喷涂面积	12047 m^2
施工人员	产业技师：1人
施工周期	61.8小时

● 传统木模体系的施工验证

图 17　地下车库喷涂机器人作业效果

墙面与天花板同色同类涂料效果图　墙面与天花板同色不同类涂料效果图　墙纸与天花板喷涂效果图

图 18　室内喷涂机器人作业效果

总部办公室　　　人才房样板间　　　公寓E栋

图 19　墙纸铺贴机器人作业效果

（4）外墙施工产品组合

外墙施工类机器人目前可作业于山墙面、窗洞口、异形面和保温板面（图 20），目前施工面积达 32459 m^2。

具体施工效果图如图 21 所示。

山墙面施工

窗洞口施工

异形面施工

保温板施工

图 20　外墙施工类作业场景

施工时间：2020.08
分缝：无分缝
多彩漆耗量：0.64kg/m²

施工时间：2020.10
分缝：描缝
多彩漆耗量：0.62kg/m²

机器人喷涂施工均匀性好，颜色、光泽度较均匀

图 21　外墙施工类机器人施工效果

（5）地坪施工产品组合

目前，地坪研磨机器人完成 23186.3m²，地坪漆涂敷机器人完成 4000m²。地下车库划线机器人完成 1200m。三款产品已完工项目 13 个，施工中项目 19 个，综合效果如图 22、图 23 所示。

图 22　传统施工的扬尘情况与研磨机器人作业场景

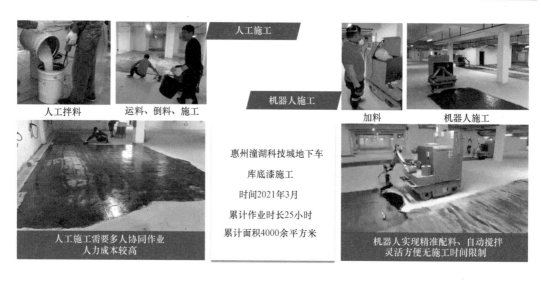

人工施工

机器人施工

人工拌料　　　运料、倒料、施工　　　　　　　加料　　　机器人施工

惠州潼湖科技城地下车
库底漆施工
时间2021年3月
累计作业时长25小时
累计面积4000余平方米

人工施工需要多人协同作业
人力成本较高

机器人实现精准配料、自动搅拌
灵活方便无施工时间限制

图 23　地坪漆涂敷机器人与人工施工作业对比

执笔人：

广东博智林机器人有限公司（曹敬、王磊）

审核专家：

袁烽（同济大学，建筑与城市规划学院副院长、教授）

宋晓刚（中国机械工业联合会，执行副会长、教授级高级工程师）

三维测绘机器人在深圳长圳公共住房项目中的应用

中建科技集团有限公司

一、基本情况

（一）案例简介

针对传统建筑行业"实测实量"面临的用工荒、用工难等问题，中建科技集团有限公司研发了三维测绘机器人，适用于墙面平整度、垂直度、方正性、阴阳角、天花和地面的水平度及平整度等内容的测量。该机器人可在 2 分钟内完成单个房间实测作业，能够自动生成点云数据，测量效率较人工提升 2～3 倍，测量结果客观、准确。机器人采用先进的点云扫描、点云数据拼接处理测量算法技术，可自主移动到指定位置点云扫描室内建筑完成实测实量工作，具有一键启停、易操作、易维护、效率高、精度高、智能化程度高、数据可追溯以及无纸化测量等特点。

（二）申报单位简介

中建科技集团有限公司（以下简称"中建科技"）是世界 500 强企业中国建筑集团有限公司开展建筑科技创新与实践的"技术平台、投资平台、产业平台"，深度聚焦智慧建造方式、绿色建筑产品、未来城市发展，致力于建筑产业生产方式变革，加速新型建筑工业化进程，推进建筑产业现代化，始终引领行业发展。公司组建于 2015 年 4 月，注册资本 20 亿元，由中国建筑股份有限公司 100％持股并直接管理。公司先后主持 4 项国家"十三五"重点研发计划，联合主持 1 项国家自然科学基金重大专项，以及各类省部级课题 30 余项，是国家级装配式建筑产业基地。

二、案例应用场景和技术产品特点

（一）技术方案要点

三维测绘机器人融合了基于空间点云智能分析技术、大数据处理技术、云计算技术和机器人技术等新一代自动化、智能化和数字化的实测实量技术，是新的建筑施工质量全过程数字化实测实量解决方案（图 1）。该产品以三维测绘机器人为"工地底层数据采集"前端数据自动化采集抓手，凭借其"全自动"与"全覆盖"两大创新核心优势，从数据采集、传输、运算，再到对比分析和生成测量报告，全流程全自动化实现，可在极短时间内完成建筑空间的实测实量，并智能、高效、精确、直观的处理各项数据。依托中建科技智慧建造平台实现数据交互，构建行业生态，实现工程建设实测实量底层数据真实可信，信息可追溯可共享，形成数字化闭环，解决实测实量管理的数字化难题。同一套数据，建设单位、监理单位、总包单位、购房者、政府主管部门均可使用，避免重复劳动，为建筑工程项目提供智能、迅捷、公信、全面、透明的实测实量解决方案,助力工程建设行业的数字化转型升级。

致力于为建筑工程项目提供智能、迅捷、公信、全面、透明、
的实测实量解决方案,助力工程建设行业的数字化转型升级!

图 1 中建科技实测实量数字化解决方案

(二) 关键技术经济指标

三维测绘机器人关键技术指标见表 1。

三维测绘机器人关键技术经济指标 表 1

序号	关键技术经济指标项目	关键技术经济指标
1	单个房间作业所需时间	2 分钟
2	对比人工测量效率	提升 2~3 倍
3	实际测量值正确率	99% 以上
4	测量精度	毫米级
5	定位精度	可达 0.5%

(三) 创新点

1. 机器人自动导航技术。本产品机器人导航系统由两台工业相机和一块惯性测量单元(Inertial Measurement Unit,以下简称"IMU")组成,自主研发了机械定位结构和控制板,可输出时间帧对齐的双目图像和 IMU 传感器数据。在机器人导航系统的研发过程中,相机的成像质量和 IMU 数据的可信度对算法效果的影响很大,市面上没有可以满足工地工况需求的模组,需采用自主研发的方式提高整体的精度和稳定性。本产品在这方面进行了技术创新,使机器人导航工作稳定,定位精度与市面上现有的模组比较,具有更高的精度,实现全自动移动功能。

2. 机器人定位辅助多片 3D 点云拼接技术。处于施工阶段的建筑物内存在区域面积大、隔间多等特点。为了满足大范围地测量工作要求,需要将建筑物分为多个测量站点,并将多个测量站点的数据进行自动化拼接,将多片点云转换为一片完整的点云用于计算。自动拼接功能通过自动导航系统提供的机器人三维位置信息进行多组点云的粗定位,再采用网络内容服务商(Internet Content Provider,以下简称"ICP")算法对点云位置进行修正,最终达到高精度点云拼接的效果。

3. 自动化。机器人一键启停,自动导航避障,自动扫描、计算、输出实测成果,全流程自动化实现。杜绝了人为干扰,保证数据准确性。减少了人工作业,工作效率高。可实现施工现场质量测量的简单化、自动化及无纸化作业。

4. 基于云端的监控管理技术创新，可实现机器人与智慧建造平台的信息交互，实现智能化、数字化和信息化质量检测。所有实测数据自动在云端保存，可以确保数据真实可信，并且可追溯、可共享、可重复利用，所有相关单位——建设单位、监理单位、施工单位、政府主管部门、消费者都可以基于云数据进行决策和行动。

（四）与国内外同类技术比较

目前，在建设工程实测实量方面的智能建造装备产品较少，国内仅益锐、领盛等极少数公司的智能扫描装备在工程建设中有实测实量应用案例。与同类技术产品对比，中建科技三维测绘机器人拥有全方位优势：运用市面上先进的视觉同步定位与地图构建（Simultaneous Localization and Mapping，以下简称"SLAM"）技术；工作方式采用全自主移动；可进行全自动模型对比，且支持网页端展示。

（五）市场应用总体情况

项目成果依托于中建科技集团平台，在长圳公共住房项目（全国最大的装配式建筑示范性项目）、香格里拉酒店、徐州园博园宕口酒店、深圳坪山第十八高级中学等6个示范性项目中全面应用，提高了这些工程项目实测测量工作效率，缩短了建设工期，减少了人力成本和管理成本，增强了项目数字化应用和智能建造科技创新（图2）。

图2 长圳公共住房项目应用点云扫描图

三、案例实施情况

（一）工程项目基本信息

长圳公共住房项目位于深圳市光明区凤凰城，项目总用地面积 20.61 万 m^2，总建筑面积约 115 万 m^2，建筑面积 85.7 万 m^2，2017 年 12 月 8 日，由中建科技、深圳市建筑设计研究总院和中建二局联合体以 43.8 亿元中标深圳长圳公共住房项目，是目前全国规模最大的装配式公共住房项目（图3）。

工程名称	深圳市长圳公共住房及其附属工程项目（EPC)				
工程地点	位于深圳市光明区凤凰城，南临光侨路，西临科裕路				
建设单位	深圳市住房保障署				
EPC工程总承包（联合体）	**中建科技集团有限公司（牵头单位）**				
	深圳市建筑设计研究总院有限公司				
	中国建筑第二工程局有限公司				
设计单位	**中建科技集团有限公司（设计甲级资质）** 深圳市建筑设计研究总院有限公司				
施工总承包单位	**中建科技集团有限公司** 中国建筑第二工程局有限公司 中建二局第一建筑工程有限公司				
监理单位	深圳市东部建设监理有限责任公司				
质量、安全监督单位	深圳市建筑工程质量安全监督总站				
合同额	43.78 亿元	开工时间	2018年6月15日	合同工期	1247天

图 3　长圳公共住房项目概况

（二）应用过程

1. 扫描效果。三维测绘机器人打包装箱运往深圳长圳公共住房项目工地，在主体施工完成后的11B栋4层及7A栋4层进行组装调试机器人，以确保测量顺利进行（图4、图5）。

 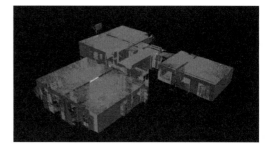

图 4　长圳公共住房项目 11B 栋 4 层扫描效果　　图 5　长圳公共住房项目 7A 栋 4 层扫描效果

2. 扫描结果。三维测绘机器人按照设定的程序路线或人为规划的路径进行建筑数据三维扫描（图6、图7）。

3. 扫描对比。扫描完成后将扫描测量报告结果与设计图纸进行比对，检查该项目施工质量如墙面平整度、垂直度、方正性、阴阳角、天花板水平度、地面水平度、天花板平整度、地面平整度、极差等是否达标，其结果与实际测量值比较正确率达99%以上。

（三）典型做法和创新举措

中建科技集团有限公司针对传统建筑行业施工现场施工质量检测采用人工测量方式，打造三维测绘机器人。实现自动化、智能化的数据采集、数据处理和交互以及实测成果评估，并能够及时输出整改报告和图纸，可实现对实测实量工作的远程管理，助力解决施工工地质量检测效率低下的问题、施工工地现场人工测量精度差的缺点，打破传统质量检测数据难以共通的信息壁垒。主要有以下创新点：

图 6　三维测绘点云扫描测量报告

图 7　三维测绘机器人现场点云测绘图

1. 信息感知模式创新。传统的建筑测量和信息交流存在人工测量效率低、精度差以及信息孤岛等问题，本产品实现了模式的转变，由人工测量转变为智能检测，采用物联网实现数据的互联互通。

2. 质量检测技术创新。在建筑施工的多个阶段都需要实测实量，准确、高效的实测实量是建筑项目推进的必要保障。传统的测量方式却受限于人员素质、操作规范、测量效率等因素。三维测绘机器人采用 3D 建模，数字化测量的方式，不仅效率高，而且准确性高。

3. 导航巡检技术创新。通过视觉、激光、惯性导航融合型导航技术，研发基于 BIM 轻量化模型的自动路径规划技术，可应用于复杂地形的全地形巡航技术。

4. 无纸化测量。智能化数据采集、数据处理和实测成果评估，及时输出数字化整改报告和图纸，远程管理与监控，实现无纸化测量与反馈。

四、应用成效

（一）解决的实际问题

1. 减少企业劳动力成本。传统建设施工质量检测项目中，现场勘察通常使用卷尺测量与照片结合的方式记录，其准确性与设计过程中能够参阅的资料较为有限。三维激光点云扫描形成的数字化模型，能够为设计团队提供精确至毫米级的三维空间现场勘察结果，设计团队和验收部门无需进行多次现场考证，基于点云模型和新设计方案，能够精准定位建筑施工中的关键技术难点，从而提供符合现场真实状况的建筑施工方案，减少人力、时间和后续现场变更带来的成本浪费。

2. 提高生产效率。传统的人工测量需要多人配合操作，时效低。本产品一键扫描，自动输出实测成果，无需人工介入分析或处理数据，全流程自动化实现，2分钟左右即可完成一个房间的全系列实测数据采集和计算，效率高，节省劳动力成本。

3. 提高扫描精度。传统实测实量工具和手段较为落后，人员主观性影响测量结果因素强，测量数据结果误差较大。本产品采用点云扫描和自动拼接技术，高精度成像与图像自动处理，测量精度可达毫米级。

4. 提高工地扫描智能化水平。本产品实现了全自主导航、自动测量、自动识别和测量数据自动处理、自动生成检测报告等一系列自动化作业。

（二）应用效果

传统测量需要两个人配合20分钟左右，机器人测量仅需一个人3.5分钟完成，并且可以自动汇总数据报表，综合效率是传统人工的8倍。

（三）对行业的借鉴意义和推广价值

中建科技三维测绘机器人可实现自动化、智能化的数据采集、数据处理和交互以及实测成果评估，并能够及时输出整改报告和图纸，可实现对实测实量工作的远程管理，并对不同工程建设场景提供相应服务。

1. 追溯服务。勘察设计、施工、验收、运维阶段建筑全生命周期数据追溯服务。

2. 逆向建模。旧改项目、古建筑项目逆向建模，通过三维测绘功能及定制化点云数据处理算法，实时输出现场模型及测绘数据。

3. 数据分析。通过数据交互及数据分析，构建建筑行业上中下游信息化建设生态，建立模块化产品体系。

执笔人：
中建科技集团有限公司（苏世龙、雷俊、刘峻佑）

审核专家：
袁烽（同济大学，建筑与城市规划学院副院长、教授）
宋晓刚（中国机械工业联合会，执行副会长、教授级高级工程师）

墙板安装机器人在广东省湛江市东盛路公租房项目的应用

中建科工集团有限公司

一、基本情况

（一）案例简介

中建科工集团有限公司研制的墙板安装机器人具备视觉识别、距离感知、重力感知等能力，可实现墙板安装在抓取、举升、转动、行走、对位、挤浆等全过程的自动化。该机器人能够实时提取墙板所处的位置，通过内置算法，自动调整板材的位置，实现墙板的自动安装，解决装配式建筑围护墙板安装现场人工劳动强度大、效率低、安装风险大等问题，获得了全球设计大奖意大利 A'Design Award 银奖。相比于人工安装，使用墙板安装机器人不仅可以提升墙板安装的质量，保证施工安全，而且可以提高施工效率（图1）。

（二）申报单位简介

中建科工集团有限公司（以下简称"中建科工"）是中国最大的钢结构产业集团、国家高新技术企业，隶属于世界500强中国建筑股份有限公司。公司聚焦以钢结构为主体结构的工程、装备业务，为客户提供"投资、研发、设计、建造、运营"一体化或核心环节服务，自主研发了钢结构装配式建筑体系，目前已广泛应用于学校、医院、住宅，以及酒店、写字楼、产业园。"十四五"期间，公司将持续向建筑工业化、智能化、绿色化迈进，致力于创建"具有全球竞争力的建筑工业化科创集团"。

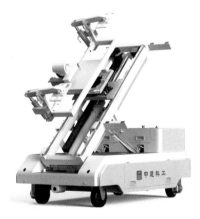

图1　墙板安装机器人示意图

二、案例应用场景和技术产品特点

（一）技术方案要点

在当前钢结构装配式建筑施工过程中，大量采用蒸压加气混凝土（ALC）板材进行内、外墙的安装。目前，ALC 板材的搬运抓取、调整就位、挤浆拼接等安装过程均主要通过人工或建议的辅助设备来实现，存在工人劳动强度大、效率低、安装风险大等问题。基于此，中建科工开发墙板安装机器人，通过配置激光测距传感器、陀螺仪、避障雷达、重力传感器等技术设备，实现安装全过程的自动化。各流程操作员可通过手机或平板电脑远程控制墙板安装机器人，仅需遥控确认设备内置算法反馈输出的安装情况，保证操作过程的安全性。

中建科工先后开发了适用于5～6m长ALC板材安装的"墙板安装机器人原型机"（图2）和适用于2～4m长ALC板材安装的小型化"墙板安装机器人"（图3）。设备主要包括行走驱动结构、举升调整结构和控制系统（图4）。

  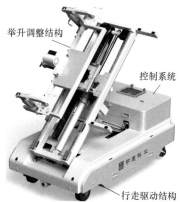

图2　墙板安装机器人原型机　　　图3　墙板安装机器人　　　图4　墙板安装机器人机构示意图

各功能模块具备的特点概述如下：

1. 行走驱动结构。行走驱动结构设置双舵轮加双转向结构，可实现设备的前进、后退、左右横移、原地旋转、角度调整等灵活调整；设置液压站，为举升调整结构提供动力；在车体四周安装距离传感器、雷达等检测元件，防止出现撞击等安全事故。

2. 举升调整结构。举升调整结构整体采用液压作为各动作的动力输出元件，采用比例阀的控制方式实现各执行动作的微动调整；通过视觉识别和板材预设的对中标记，设备可自动调整实现自动抓板；通过视觉识别和距离传感器，实时提取待安装板材与已安装墙板的位置关系，借助控制系统的算法，提取待安装板材的位置调整数据，结合各调整结构，实现板材的位置调整；通过高精度编码器，实时采集执行端的位移数据，安装位置控制精度可达±1mm；在举升架上安装长距离传感器，对地面信号进行检测，实现防止墙板安装机器人冲出楼层的安全管控。

3. 控制系统。控制系统可采集视觉识别、各传感器数据，通过内置算法智能识别当前板材和设备的状态；通过所提取的数据，结合现场人员的操作指令，实现板材的自动抓取、立板、装板等动作；通过各传感器的反馈，设备可有效控制运行速度，确保设备的运行安全；实时记录板材的安装完成数据，实现实时数据上报。

（二）产品特点和创新点

墙板安装机器人具有以下特点和创新点：一是底盘采用双舵轮结构，可实现机器人行走过程的灵活调整。二是通过视觉识别和距离传感器，借助控制系统算法，可实现板材的自动抓取和自动调整安装位置，并通过压力传感器，实现墙板安装的自动挤浆，最终实现墙板的自动安装。三是通过内置算法，各流程均可实现远程控制。四是通过距离传感器，可有效控制机器人的运行安全。

（三）应用场景

墙板安装机器人目前主要应用在装配式建筑领域的住宅和学校工程项目的 ALC 墙板安装中。随着产品的迭代和功能升级，可广泛应用于学校、医院、住宅，以及酒店、写字楼、产业园等不同类型装配式建筑围护体系的轻质墙板安装，不受地域、规模、环境、资源、能源等因素影响，具有可复制推广性。

三、案例实施情况

（一）案例基本信息

湛江市东盛路钢结构装配式公租房 EPC 项目位于广东省湛江市赤坎区东盛路与华田路交界处，是湛江市政府投资建设的保障性公共租赁住房项目，被列为住房和城乡建设部钢结构装配式住宅试点项目，也是湛江市重点民生工程，建成后将为青年教师、青年医生、环卫工人、公交车司机等群体提供公共租赁住房。

项目建设用地面积 24885m²，总建筑面积 68606m²，包含 2 层地下室、2 层商业裙房和 3 栋住宅塔楼（塔楼最高 32 层，最大建筑高度

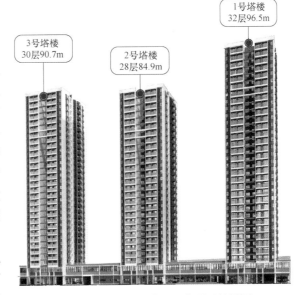

图 5　湛江市东盛路公租房项目效果图

96.5m）（图 5），采用单层 3 梯 10 户设计，共计 840 套公共租赁房。

（二）应用情况

墙板安装机器人具备自动抓板、自动举升、自动转板、自动行走、自动立板、自动对位、自动装板、自动挤浆等功能（图 6）。

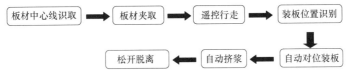

图 6　墙板安装机器人流程图

各流程应用过程中主要包含的设计功能概述如下：

1. 板材中心线识取：在墙板安装机器人机身设置水平测距传感器，通过激光测距，机器人自动行驶至离板材合适的距离，并调整角度使夹爪与板材平行；通过视觉识别预先在板侧标记的中心线，根据反馈自动移动车身使夹爪正中于板材中心。

2. 板材夹取、顶升和旋转：对中完成后，夹爪下降，通过竖直测距激光测距，使夹爪下降至合适高度后夹紧板材；通过自动升降、变幅、旋转等一系列动作完成墙板的顶升和旋转，并保证设备同时处于行走状态。

3. 遥控行走：通过平板电脑远程遥控墙板安装机器人自由行走；设备机身四周的超声波避障雷达，能确保机器人进行合理的避障。

4. 自动对位装板：通过探测激光测距，借助内置的控制算法将待安装墙板与已安装墙板调整至同一平面。

5. 自动挤浆：待人工完成拼缝处抹浆工作，便可通过自动挤浆功能完成墙板挤浆，其中自动挤浆功能主要是通过挤浆油缸上的压力传感器实现，保证墙板拼缝的施工质量。

6. 松开脱离：待人工完成墙板与梁板的固定工序后，机器人便可以松开夹爪，侧移后再退出安装位。

各流程操作员可通过手机或平板电脑远程控制设备，仅需根据设备的内置算法反馈进行确认，检查板材所处的状态，进一步保证操作过程的安全性。为更好的展示项目应用过程中操作员远程控制的界面，图7用电视屏幕展示各流程操作界面的反馈情况。

(a) 自动抓板

(b) 自动抓板控制界面

(c) 自动提升

(d) 自动转板

(e) 自动行走

(f) 自动行走控制界面

图 7 操作流程示意图（一）

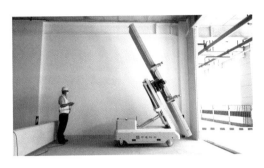

(g) 自动立板

(h) 自动立板控制界面

(i) 自动对位

(j) 自动对位控制界面

(k) 自动装板

(l) 自动装板远程控制

(m) 自动挤浆

(n) 自动挤浆控制界面

图7　操作流程示意图（二）

四、应用成效

(一) 解决的实际问题

墙板安装机器人重点解决了目前人工安装 ALC 板材存在的工人劳动强度大、效率低、安装风险大、安装质量受人工主观意愿影响较大等问题。ALC 板材现场拼装施工过程中,需将板材运送至安装位置,与相邻板材进行位置调整,最终完成板材间的挤浆,保证板材间的连接可靠,确保整片墙板的平整度和拼接质量。当前 ALC 板材现场施工中,ALC 板材的搬运、调整和挤浆等安装工序均采用人工或辅助简易安装设备来实现。特别是对于尺寸较大的 ALC 板材,一般需要多人共同完成安装 (图 8),且对于外墙板的安装需要外架配合,存在较大的安全隐患。而墙板安装机器人可实现板材安装全过程的自动化操作,且每个班组仅需 2 人,在保证墙板安装质量和施工安全的同时,可大幅提升墙板现场安装的工效水平 (图 8)。

图 8　人工安装与墙板安装机器人安装墙板对比

(二) 应用效果

相比于人工安装,采用墙板安装机器人进行 ALC 墙板安装,可大幅减少人工,提升安装质量。项目应用过程中,对于长度超过 3500mm、厚度超过 150mm 的 ALC 条板,一般需要 5～7 个工人同时安装,各班组将条板运送至现场并完成初步定位所需的时间一般约 5 分钟,对位完成后工人需采用撬棍等工具将板材调平,确保板材安装的平整度,调平时间需要 3～8 分钟。相比于人工安装,采用墙板安装机器人从抓板至装板并完成挤浆等全过程仅需 2 个工人即可完成操作,其中 1 人负责远程操作控制,1 人负责连接件安装、抹浆等工作,安装时间约 3～5 分钟。且采用墙板安装机器人安装的条板其平整度相比于人工安装有可靠保证,后期仅需微调即可保证墙板的平整度,微调时间约为 1～2 分钟。

对于板长 3000mm 左右的 ALC 条板,虽然现场安装工人各班组为 3 人左右,但墙板就位后的调平时间受工人技术影响较大,调平时间需要 3～8 分钟甚至更长时间;若墙板用于外墙安装时,工人需到墙板外侧的外架上进行辅助安装工作,存在较大的安全隐患。因此,采用墙板安装机器人进行 ALC 板外墙安装,可解决墙板安装过程中的安全问题,节约墙板的安装时间 (表1)。

墙板安装机器人与传统人工安装对比分析 表1

类别	板长	人员	抓板至挤浆时间	调平时间
墙板安装机器人	≥3500mm	2 人	3～5min	1～2min
人工		5～7 人	5min	3～8min
墙板安装机器人	约 3000mm	2 人	3～5min	1～2min
人工		3 人	5min	3～8min

可见，相比于人工安装，采用墙板安装机器人进行 ALC 条板安装，可在保证墙板安装质量、施工安全的同时，大幅提高墙板安装的工时工效水平，具体提高幅度与所安装板材的长度、厚度等有关，经现场测算，提高水平可达 50%～200%。

(三) 应用价值

近年来，ALC 墙板被广泛应用于装配式建筑中，例如 2021 年中建科工 ALC 墙板工程招标采购量达到 46.57 万 m^3，安装的墙板面积约 517.44 万 m^2。目前，ALC 墙板工程安装的招标采购价约为 145 元/m^2，其中人工安装的劳务费为 60 元/人/m^2。相比于传统人工安装，采用墙板安装机器人，每个班组仅需 2 人即可完成墙板安装，大幅降低人工费用，且安装时间也有效降低，预计节省人工费用至少 50%，即每平方米 ALC 板材安装预计可节省约 30 元。对于中建科工而言，使用墙板安装机器人每年可节约 15523.2 万元人工安装费用，经济效益显著。

执笔人：
中建科工集团有限公司（许航、陈杰、余运波、冷瀚宇、宋子烨）

审核专家：
袁烽（同济大学，建筑与城市规划学院副院长、教授）
宋晓刚（中国机械工业联合会，执行副会长、教授级高级工程师）